U0506044

本著作为吉林大学“中国式现代化与人类文明新形态”
哲学社会科学创新团队青年项目（2023QNTD08）的资助成果

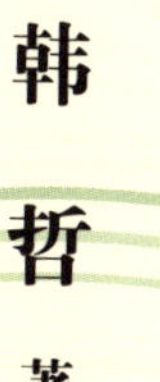

韩哲 著

Reflection and Reconstruction

反思与重构

A Study of Peter Wintz's Environmental Justice Theory

彼得·温茨环境正义论研究

社会科学文献出版社
SOCIAL SCIENCES ACADEMIC PRESS (CHINA)

前　言

近一段时期以来，学术界将环境非正义作为人们反思人与自然之间不和谐关系、人与人之间矛盾关系的主要研究内容。美国伊利诺伊大学哲学与法学教授彼得·温茨是研究环境正义理论的代表学者之一，他所构建的“同心圆”理论框架为环境资源分配时产生的“利益与负担应如何分配的问题”提供了新的解决思路。彼得·温茨所支持的“环境协同论”生态价值观是“生态中心主义”理论的一个分支，既关心人与人之间的分配困境，也同样关心人与非人存在物、生态系统（无知觉环境部分）之间的分配问题。温茨指出，每个生物都具有固定价值，应当被包括在任何综合性的环境正义理论之中。人类应当为物种和生态系统的持续健康而限制自身的权利，因为只有破除了人类的“主子心态”，才能真正实现人与自然的和谐共处。此外，温茨还相信，人类会在“同心圆”框架的指导下处理好积极权利与消极权利，消极人权与动物权利、无知觉环境之间的分配问题。从本书对温茨环境正义论的分析结果上看，彼得·温茨虽然为环境正义理论提供了多元视角，为环境资源配置方式提供了伦理支撑，也指出了资本主义的生产方式是导致环境非正义发生的诱因并对其进行批判，但是，他的学说本质上是为了维护资本主义分配方式，并且相信一个人道的、社会公正和有利于环境的资本主义是可能存在的。应该说，温茨所提出的环境分配正义学说，是“生态资本主义”的环境正义学说，他希望以一种温和的治理政策应对乃至解决当今世界所面临的环境非正义难题。有鉴于此，本书基于马克思主义生态批判视域，对温茨理论中存在的人与非人存在物的分配困境、人与自然对立的生态观、对马克思“科学技术观”的错解以及“同心圆”理论的局限性展开批判。

具体而言，本书首先论述了温茨环境正义论的时代背景、理论基础以及环境正义论的目标旨向。在温茨的环境正义思想诞生的年代，美国环境主义运动频发，环保阵营内部也出现了分化，一方面他们的关注点从环境污染拓展到了自然生态领域，另一方面他们开始关注有色人种和低收入阶层的环境正义问题。温茨环境正义思想的理论基础主要有两个方面，其一是近现代的正义理论，其二是生物中心主义和生态中心主义两个流派的生态伦理思想。温茨认为，产生环境资源分配问题的原因在于经济扩张以及科技力量的加持，而放任资源自由获取的结果则是会发生“公地悲剧”现象。

其次，本书对彼得·温茨的环境正义理论进行了细致的介绍和评析。本书对温茨所考察的环境正义诸理论进行详细的再考察，包括德性分配与财产权理论、人权与动物权利理论、功利主义与成本效益分析理论和罗尔斯正义论。在考察后，得出了如下结论：环境正义诸理论无法独立解决环境资源分配的问题，所有环境正义原则都存在不可调和的矛盾。因此，本书对温茨所建构的“同心圆”理论进行了探究和分析，并借助“同心圆”理论框架，以“反思平衡”为方法界定了个体的责任范围、义务优先顺序，为实现环境正义提供了理论原则、伦理基础和方法论。然而，彼得·温茨的环境正义框架并不能彻底地解决环境非正义问题。虽然温茨的理论为环境正义理论提供了多元的研究视角，有效地拓展了适用范围，为环境资源分配提供了伦理支撑，但其也存在局限性，其理论的本质是“西方中心论”的生态资本主义环境正义观，他的分配理论并没有从社会制度的角度对生态危机的根源进行分析，与此同时，其方法论也无法解决人与非人存在物的分配困境，客观上造成了人与自然对立的生态观念的形成，并错误地理解了马克思主义“科学技术观”。

最后，本书对彼得·温茨环境正义论的当代价值与启示进行了总结。温茨的思想对后发国家实现环境正义具有理论价值，揭示了后发国家生态危机的根源及其实质，阐释了西方先发国家的生态帝国主义是第三世界国家面临生态困境的主要原因。在对后发国家实现环境正义的启示方面，彼得·温茨的理论要求后发国家努力捍卫本国的发展权和环境权，立足于本国的发展模式，为全球环境治理贡献力量。温茨的环境正义论对中国生态文明建设也有着重大的借鉴意义，他主张多元主体共同参与环境治理，倡导“天下一家”，限制人类对自然的权利。中国生态文明实践在此基础上有所创新，提倡保护和发展“生态生产力”，构建人类命运共同体，共同维护地球家园。

从对彼得·温茨环境正义理论的分析中可以得出如下结论：其一是温茨的理论框架有效解决了人类在处理环境问题时该选择何种正义理论的问题，同时也创新性地提出了“以人际关系亲密度”来判断应承担义务的程度，这种方法极大地增强了“环境正义论”的适用弹性；其二是温茨相信“尊重人类”和“尊重自然”具有某种协同作用，人类可以在发展与保护环境之间找到某种平衡；其三是温茨虽然清楚地表达了对资本主义分配方式的厌恶，但他还是希望在不改变资本主义生产方式的前提下通过柔性的分配手段修改资本主义分配方式，要求个体或者国家（资本主义分配方式受益者）尽可能地帮助或补偿遭受不公正分配的人和非人存在物；其四是作为发达国家环境哲学家的彼得·温茨对于第三世界人民的苦乐有着很深切的关注，他并不赞同所谓的“西方中心论”，并且主张以“求同存异”的态度共建全球环境治理体系，实现“天下一家”的理想。

目录
CONTENTS

绪 论

进入工业文明时代以来，人类从未像今天这样面临如此严重的环境问题。由于遗传工程学对农作物品种的改良，世界粮食产量有着惊人的增长。可奇怪的是，先进的农业科学技术虽然能提升粮食产量，却无法阻止饥饿；更为奇怪的是，在先进技术的作用下，人类体内比前工业文明时期多出了上百种人造化学物。当财富（包括粮食）从相对贫穷的人手中转移到相对富裕的人手中时，正义就会遭到损害，而大多数针对环境质量的建议通常会给低收入人群带来不利影响。因此，世界上需要一种政治哲学来调节社会正义要求与环境保护需要之间的张力，彼得·温茨教授关注了这一议题，并提出：生态学关注并不能主宰或总是凌驾于对正义的关切之上，而且追求正义也必定不能忽视其对环境的影响。

一　问题的缘起与研究意义

（一）问题的缘起

从1962年生态学家蕾切尔·卡逊（Rachel Carson）所撰写的著名生态文学著作《寂静的春天》（*Silent Spring*）出版开始，环境问题就已经成为当今时代重要的理论热点，经过一段时间的发展后，那些从伦理、制度、生态、社会等各个方面探索生态危机根源的学者逐渐把目光转向了“正义”视角，即实现“环境正义”能否解决环境问题以及如何定义“环境正义”，在这一方面，彼得·温茨教授无疑是理论的先行者。

彼得·温茨是伊利诺伊大学哲学与法学教授，同时也是南伊利诺伊大学医学院医学人文学科方面的兼职教授。《环境正义论》一书是彼得·温茨教授的系列著作之一，除此之外该系列著作还包括《作为宗教信仰自由的堕胎权》《自然守卫者》《现代环境伦理》《道德冲突中的政治哲学》等。

彼得·温茨还与劳拉合编了《环境种族主义的面孔》，并担任《国际环境伦理学》等期刊的学术顾问。《环境正义论》的写作是深受当时的社会环境和环境伦理学思潮影响的，在20世纪80年代末，机器大工业的发展使环境危机日益严重，世界环境保护运动愈演愈烈，全球范围内的贫富分化加剧，使原本就非常复杂的人与自然关系、动物权利、有色人种环境权、女性环境权、环境资源分配正义等问题变得更为复杂。这些问题的出现一方面是因为人类与其他物种在生存问题上存在着紧张关系，另一方面也是因为人类社会赖以维系的正义基础不明晰。因此，彼得·温茨开创性地提出：以往的正义理论都是在一定的历史背景下产生的，它们都只适用于特定的情况，环境正义不应该把以往的理论全部抛弃，而是要扬弃这些正义论述，从而形成一种包含多种正义观的多元环境正义理论。温茨将道德关系以同心圆的形式描绘出来，提出亲密度是判断我们对某人或某物承担的责任与义务多少的标准，人应该根据亲密度承担对他人和他物的相应责任，并履行相应义务。温茨的这一观点被学界称为“同心圆”理论，他的理论为环境正义理论的发展提出了一种新的范式，并以此来使包括人类在内的地球物种得到最大可能的抚慰，阻止不正义事件的发生。

首先，本书选题充分考虑了现实背景。当今时代生态危机频发，使学界将正义问题的研究拓展至生态领域，环境正义问题的研究由此便成为当今学界的热门话题。其次，虽然很多学者都从生态学、政治学、伦理学和社会学角度对环境正义进行过剖析和解构，但至今为止有关彼得·温茨的研究文献还十分有限。再次，在国内学界还鲜有学者站在马克思主义生态批判的立场上、基于马克思主义哲学的基本观点对彼得·温茨的环境正义论进行研究，这就造成了许多学者对彼得·温茨环境正义观的误读。最后，环境正义的理论研究是分析当前我国所面临的生态问题的重要一环，可以为找出解决生态危机的具体路径、实践科学发展观、形成生态现代化治理体系奠定理论基础。基于马克思主义生态批判视域对彼得·温茨环境正义论进行研究，既是学习西方成熟的生态治理方法和分析其理论根源，又使我们不至于掉入“西方中心论”的理论陷阱，为我国实现环境正义提供借鉴。

（二）研究意义

本书研究彼得·温茨的环境正义理论的意义在于以下六点。

第一，在理论价值上，美国环境伦理学家、哲学家彼得·温茨的著作在环境正义理论方面尤为具有代表性。但是，从搜集的国内外文献来看，关于温茨著作理论的深入剖析较少，理论界对此的重视程度显然不够。本书对温茨的环境正义理论进行发掘和研究，有助于推动学界更多关注温茨的“同心圆”环境正义理论，也有助于科学地评判当代的环境正义思想。

第二，在理论取向上，环境正义论采用的是一种相对温和的理论取向，其理论特点是依据“反思平衡”的方法，着重于考察多元的环境正义理论。本书对温茨的“同心圆”环境正义理论进行研究，有助于对不同的正义观念进行重新检验和理解，以此来厘清环境现实问题与环境正义诸理论之间的关系。

第三，在研究方法上，温茨为我们提供了一种经得起考验的框架（至少他是这样认为的），在这个框架之内能够做出公正的决定。但是，由于他所提出的框架是一个多元的集合体，其理论仅仅把正义聚焦在分配上，因而不能够满足环境正义运动所提出的广泛而又多样化的正义诉求。此外，分配正义的理论具有相当大意义上的乌托邦性质，在处理现实问题时忽视了人与人、人群与人群之间的文化、社会、制度等差异。正因为如此，本书有必要从当代社会关系和时代主题的角度对温茨的正义框架进行追问。

第四，在理论体系上，温茨的环境正义论所关心的是在利益与负担稀缺或过重时的分配方式问题，主要涉及分配正义理论。但是，分配正义是以权利义务体系为基础的，这也就意味着涉及非人存在物的环境正义无法适用人类的分配正义理论。因此，本书的研究有必要对人与非人存在物之间的分配正义问题进行追问。

第五，本书是对“地球无限论”的有力回击。“地球无限论”是近代以来自然科学、经济学、哲学以及伦理学的重要基础，从哥白尼、牛顿到霍布斯、洛克、亚当·斯密、李嘉图，他们的理论无不是建立在“地球拥有无限资源”这个基础上的。西方的自由主义思潮也要求“无限资源”和“无限空间”，因为西方的崛起是建立在几百年前开始的殖民地掠夺基础上的。殖民地掠夺要求“无限空间”的存在，以便于当一个地区的资源消耗殆尽时，殖民者可以继续向新的殖民地进军。甚至诺贝尔经济学奖得主阿马蒂亚·森也宣称：发展中国家只要引入自由主义的经济和制度，就能解决贫困、人口、环境问题。他的这种论断依然是建立在无限资源基础上的。即便发展中国家选择了西方自由主义的经济和制度，恐怕发展中国家的人民也无法享受到奢侈的生活，因为发展的空间已经消失了。本书对现代环境伦理学进行了梳理，以文献陈述和数据列举的方式对过往的无限宇宙观进行回击，并提出要对消费公共环境资源进行严格的限制，从而消除“公地悲剧”。

第六，本书以马克思主义生态观为理论基础，深刻剖析了环境非正义的根源，进而为探寻生态危机的解决途径提供一个环境正义的视角。诚然，温茨的分配正义理论对我们思索环境正义的本质有着重要意义，但“同心圆”理论是一种狭隘意义上的分配正义，其目的在于为资本主义推卸解决生态危机的责任和义务。因此，本书有必要运用马克思主义生态政治哲学剖析生态危机的根源，分析资本主义环境非正义的基本因素，从而寻求一种兼顾“生产性正义”的方法论。

二　国内外研究述评

从国外的文献看，国外学界对彼得·温茨著作的关注度不高，在有限的资料中，对温茨的环境分配正义思想的研究也多是碎片式的介绍与评析。相比较而言，国内学界对温茨的思想虽然谈不上高度关注，但已经有研究人员专门就温茨的环境正义理论发表研究成果，并在文中细致考究温茨的“同心圆”理论。综合来看，国外的学者将温茨的“反思平衡的环境正义论”视为环境正义理论的早期思想，而国内学者则认为他的“同心圆”理论对我国的生态文明实践有重要启示和借鉴意义。

（一）国内研究综述

在译著方面，朱丹琼和宋玉波翻译了温茨所著的《环境正义论》和《现代环境伦理》，在译者序部分，两位学者对温茨的思想给予了高度评价，认为彼得·温茨对多学科研究的融通把握驾轻就熟，其学术视野的开阔与学术胸怀的宽广令人赞叹。在学术观点上，译者同意温茨教授对各种正义理论进行剖析的做法，并且相信可以运用“同心圆”理论框架对每个主体的责任与义务进行界定，从而使人们理性地解决环境问题。在发展中国家环境问题上，朱丹琼与宋玉波两位学者认为温茨教授十分关注第三世界人民的环境正义问题，并对温茨本人在生活和工作中努力践行“环境正义”感到钦佩。事实上，两位学者对温茨著作的翻译对国内学界研究温茨的环境正义思想有着十分重大的意义，译作为国内的环境正义论研究特别是有关“分配正义”的研究打开了一扇窗，为我们对国外环境正义的最前沿理论的研究指明了方向。在完成译作的同时，朱丹琼所在的西安电子科技大学人文学院还在2015年4月邀请温茨教授开了7场学术讲座，增进了国内外关于环境正义理论研究的交流与合作。

在研究专著方面，经梳理可以分为以下两类。一是关于彼得·温茨环境正义理论内涵的研究。王雨辰教授在《生态学马克思主义与后发国家生态文明理论研究》一书中对温茨的多元的、正义的“同心圆”理论做了分析，认为该理论的哲学基础是温茨运用“反思平衡”的方法，通过分析财产权理论、人权理论、功利主义、罗尔斯社会正义论和西方绿色思潮的理论得失，强调上述理论在处理“环境正义”问题上所具有的优势与不足；该理论的内容是应建立一个人类与非人存在物之间相互联系、相互影响的共同体，并以人际关系的亲密度为标准，规定人们应当承担的责任与义务。但是，王雨辰认为温茨的理论是存在问题的。王雨辰指出：温茨的环境正义本质上是一种分配正义，这就要求了解不同主体的需求和偏好，但这也对实现非人存在物环境正义构成了认识论、伦理学和政治学上的三重困难。温茨只是考虑了人类应当兼顾非人存在物的权利，却没有考虑到非人存在物是无法有效行使权利的，因此“环境正义”不应该包括人类与非人存在物的关系。[①] 二是关于彼得·温茨多元主义分配正义原则的研究。王韬洋在《环境正义的双重维度：分配与承认》一书中提到了温茨，认为温茨提供了一种特殊主义的分配原则，并以此来解决普遍分配原则在环境可持续信息方面的缺失。温茨的“同心圆”概念并不应该被理解为以现实的、物理的亲密关系为依据，而是应根据一个人对他者义务的强度和多少来被定义，

---

① 王雨辰：《生态学马克思主义与后发国家生态文明理论研究》，人民出版社，2017，第198~212页。

且这些义务都具有“普遍被尊重的正当性”。[①] 与此同时，王韬洋也指出温茨并没有提出具体的分配原则，比如如何向不同同心圆层的人进行分配，其只是从人与人之间的关系出发提出一个分配正义的理论框架。

在期刊论文方面，国内学者发表的论文大多采用述评、解析的形式，极少就温茨思想的某一方面进行细致的研究。关于温茨的正义理论的梳理及述评方面，国内期刊共刊登了两篇有代表性的论文。其一是东北财经大学的刘杰副教授为温茨的《环境正义论》一书所撰写的书评文章。[②] 刘杰从《环境正义论》关注的主题，“反思平衡”的方法论原则，温茨对财产权理论、人权理论、功利主义理论、罗尔斯的正义论的分析以及“同心圆”理论等方面对温茨的思想进行了介绍，并指出温茨的著作在促进分配正义论的广泛应用和引导人们普遍的正义行为方面有突出贡献。但刘杰也指出，其理论更为强调道德判断的标准只在于行为的动机、人的自律、人的自知，在本质上属于唯心主义；其分配方式更为强调个人义务，较少关注集体和国家在环境保护中的作用，在实践上缺少实操性。其二是王雨辰与游琴合作的论文《基于“反思平衡”方法的环境正义论——评彼得·S. 温茨的“同心圆”理论》。[③] 这篇论文重点评析了温茨的“反思平衡”方法，该方法主张在科学归纳和理智判断的基础上化解不同正义理论的矛盾。但论文指出，温茨的方法仍无法证明诸正义理论中哪个理论能作为主导性的价值判断依据，从而也就无法在处理环境问题时形成可操作的分配方案。关于环境正义的价值取向分析方面，陈雨豪认为，“充分利用温茨所提出的同心圆理论，能够对人类在生存与发展期间所存在的责任与正义之间的关系予以有效的梳理”。[④] 关于环境正义的信息基础，中南财经政法大学的何秋博士认为，温茨的“同心圆”以多维理论构建了环境正义的信息基础，其理论框架虽然并没有为“什么是环境正义、如何实现环境正义”提供明确的答案，但为选择某一种正义原理提供了正当的理由。[⑤] 关于环境正义与承认

① 王韬洋：《环境正义的双重维度：分配与承认》，华东师范大学出版社，2015，第 20 页。

② 刘杰：《反思平衡的环境正义论——彼得·温茨的〈环境正义论〉述评》，《国外社会科学》2013 年第 1 期。

③ 王雨辰、游琴：《基于“反思平衡”方法的环境正义论——评彼得·S. 温茨的“同心圆”理论》，《吉首大学学报》（社会科学版）2016 年第 1 期。

④ 陈雨豪：《温茨同心圆理论关于责任与正义的价值取向分析》，《学理论》2020 年第 5 期。

⑤ 何秋：《环境正义的信息基础》，《社会科学家》2015 年第 2 期。

正义的对比，福州大学人文社科学院的陶火生副教授认为："温茨把正义论与生态学结合起来推进了生态正义，而生态正义的社会性实现则需要立足于当代社会关系结构，因此，把生态正义与承认正义结合起来才能推进生态正义的真正实现。"①

在学位论文方面，博士学位论文中还没有人对彼得·温茨的环境正义理论做过深入研究。硕士学位论文中，湖北大学姜梦婷在题为《环境正义论的一种新思路——彼得·温茨的环境正义体系》的论文中对温茨的正义理论做了考察和介绍，长安大学何潇在题为《温茨的环境正义论研究》的论文中对环境正义的产生、建构、思想基础、实践方式等做出了系统性的研究，山西大学陈雨豪也撰写了题为《彼得·温茨的环境正义理论研究》的学位论文。从以上三篇论文的研究看，国内的学位论文更多的是采用书评的写作模式，重点对《环境正义论》一书的观点和看法加以介绍，并做了适当的评析，并没有深入剖析"环境正义"的理论内核以及温茨的"同心圆"理论如何作用于环境实践问题领域。

（二）国外研究综述

国外学者对彼得·温茨的思想研究较少，在有限的文献视野内，仅有大卫·施朗斯伯格在一篇名为《重新审视环境正义——全球运动与政治理论的视角》的文章中提到了彼得·温茨的环境正义理论。施朗斯伯格认为，温茨的方法是受欢迎的，在一定意义上复活了一种经典的多元哲学观，温茨的多元主义为人类思索环境正义提供了可能的框架，看到了在一种情况下使用一种理论，而在不同情况下使用不同理论这种事实的价值对我们的吸引。② 事实上，在施朗斯伯格看来，温茨的多元主义是一种综合的正义概念，多元化的正义理论不仅在理论上十分有效，在环境运动实践中也起到了很大作用。由于环保组织在全球各地分布广泛，其对环境正义的诉求也出现差异，"不同的团体和组织呼吁环境正义概念，提出了各自不同的、多

① 陶火生：《多元承认视野中的生态正义》，《东南学术》2012 年第 1 期。

② 〔美〕大卫·施朗斯伯格：《重新审视环境正义——全球运动与政治理论的视角》，文长春译，《求是学刊》2019 年第 5 期。

元的、但却是综合的正义概念”。[①] 因此，在环境正义运动中，人们需要将多元主义理论依据不同语境而排列出优先次序，从而清楚地表达诉求。与温茨不同的是，施朗斯伯格虽然同意环境正义理论必须从一元的、普遍的理论结构过渡到多元的、特殊的理论结构中，但环境正义必须在直面环境不正义的那些“基本的根本过程”时才能发挥效用，“基本的根本过程”指的是资本主义的生产关系、制度结构、话语体系以及信仰体系。

从上述研究文献看，虽然国内外对温茨著作的研究已经取得了一定的成果，但这些成果与全面系统的研究还相去甚远。从解析和评介的角度看，国内对温茨思想的研究主要集中于《环境正义论》，虽然在一定程度上肯定了温茨的“同心圆”理论对我国生态文明实践的重要意义，但并没有沿着温茨的理论继续探究具体的分配实践方法，而是过于苛责温茨的方法并没有形成最终的解决方案。正如温茨本人所讲：“我并没有提出这样一些环境正义问题的最终解决方案，而是提供了一种经得起考验的框架，在这个框架之内能够作出公正的决定。这样的一个框架不是在所有的形势下都能简单运用的死套或自动产生公正政策的处方。个人与集体的判断依然是十分需要的。”[②] 从批判研究的角度看，国内的研究尚存在以下几点不足。第一，一些学者把温茨的理论归结为唯心主义，批判其“同心圆”理论并不能简单地作用于人与人之间、人与非人存在物之间，因为实践中无法处理人类与其他动物、动植物“生态链”、稀有动物与不稀有动物之间的权利问题，无法简单地对这些关系进行排序。但学者们的讨论仅限于此，没有继续从认识论、伦理学的角度深入分析为何无法确定非人存在物的权利、责任、义务，为何只有人类对非人存在物有责任和义务，而非人存在物无法对人类负责。第二，学者们对温茨的“生态危机根源理论”批判较少。温茨的理论是建立在“西方中心论”基础上的（即便他非常关心后发国家的情况），他的方法是比较分配正义的各种替代性理论，以得出一种多元论的环境正义的分配框架。虽然温茨意识到了有色人种环境权、女性环境权等问题，但温茨并没有意识到环境不正义的根源在于资本主义的生产方式、制

① 〔美〕大卫·施朗斯伯格：《重新审视环境正义——全球运动与政治理论的视角》，文长春译，《求是学刊》2019 年第 5 期。

② 〔美〕彼得·温茨：《环境正义论》，朱丹琼、宋玉波译，上海人民出版社，2007，第 4 页。

度形式。第三，国内学者们对温茨的方法论讨论有限，只是简单地证明了“同心圆”理论无法提供一个根本的价值判断标准，但忽略了“同心圆”这种多元主义的框架对我们构建中国特色社会主义生态文明的方法论意义。第四，国内学者们尚未对温茨的环境伦理思想做出批判。温茨主张将直接的道德关怀延伸到环境的无知觉构成部分，个人应当努力避免对环境造成伤害，对已经造成伤害的，个人应当做出补偿。这本质上是一种生态中心个体主义的观点，其理论内核使人类文明与生态文明对立起来，让人类重新回到“荒野”，成为自然的附属品。第五，国内学者们没有深入研究环境正义与生态正义的本质问题。环境正义的本质在于解决环境不正义问题，关注的是在一定社会制度和生产方式下环境善物和恶物分配中的有色人种、少数族裔和底层人民等弱势群体的权利和价值问题，而生态正义的本质在于建构人类与自然之间的正义关系，关注的是人类之外存在物的权利与价值，此二者概念、本质完全不同，国内学者的研究混淆了环境正义与生态正义。[①]

三　核心问题、研究思路以及研究方法

（一）核心问题

第一，彼得·温茨环境正义论的生态价值观问题。面对当下日益严重的生态危机，人们从不同的角度进行了反思，由此形成了“深绿”“浅绿”“红绿”等几大阵营。温茨所建立的学说，致力于将“道德关怀”的范围从人类拓展到非人存在物和生态系统上，并期望通过个人生活方式的改变或发达国家主动对环境非正义受害者做出补偿来实现环境正义。他既支持“深生态学”和“环境伦理学”所提出的“内在价值论”，同时又不完全同意“深绿”思潮所提出的“走向荒野”方案；他既支持“浅绿”所提出的限制人类对现代技术的大规模使用，又不完全同意“浅绿”所提出的“环境正义”或“生态现代化”方案。

第二，彼得·温茨环境正义论的本质问题。本书通过研究温茨对资本

① 穆艳杰、韩哲：《环境正义与生态正义之辨》，《中国地质大学学报》（社会科学版）2021年第4期。

主义生产方式的批判以及对环境正义框架的设计，分析出温茨的环境正义论本质是维护资本主义再生产条件的正义论。深入分析后，笔者对温茨学说的支持者发问：在温茨的乌托邦世界中，环境正义框架的设计或许能够解决理论和实践两端的难题，但这种脱离政治制度的框架设计能否战胜生态危机？环境非正义两端的人能否和谐地生产、生活？

第三，彼得·温茨环境正义论的生态治理理念对中国生态文明建设的启示问题。本书通过对温茨生态治理理念的整理得出创新性结论：其“天下一家”观点与习近平总书记所提出的“人类命运共同体”有相似之处，虽然他的生态治理策略所实现的“环境正义”并不是生态文明的最终归宿，但其关于“全球环境治理体系”的构想对世界环境问题的改善有一定的积极意义。

（二）研究思路

本书以当前学术界所关注的环境正义问题为着手点，以世界各地暴发的环境正义运动为切入点，尽可能搜集彼得·温茨教授关于环境正义的论著和国内外学界对彼得·温茨的环境正义论的研究成果；梳理温茨环境正义思想的时代背景、理论基础和核心概念；探讨温茨对环境正义诸理论的分析；研究温茨所构建的“同心圆”理论；最终从马克思主义生态批判视域，科学、客观地对彼得·温茨的环境正义思想进行评价。

（三）研究方法

第一，文献分析法。本书对彼得·温茨教授的两本著作《环境正义论》《现代环境伦理》进行细致的分析，得出温茨理论的核心概念是：借助罗尔斯的“反思性平衡法”对不同正义论进行比较和修正，从而以“同心圆”理论框架为纲界定应该承担的责任与义务。

第二，问题导向法。本书对温茨所提出的问题进行逐一回答，对德性分配理论、财产权理论、人权和动物权利论、功利主义、成本效益分析法、罗尔斯正义论进行逐一的说明并分析其局限性，为多元环境正义论的重构奠定基础。

第三，文本批判法。本书从马克思主义生态观出发，对温茨所提出的理论的局限性进行逐一批判，从而得出温茨的理论应归属于“生态资本主义”，其环境正义论的价值旨归也是维护资本主义生产和分配方式。

第四，理论实践结合法。本书通过对温茨环境正义理论的整理和分析得出，其学说对解决我国生态文明建设的急迫问题、关键问题，有重要的理论价值和实践意义，温茨所提出的“天下一家”思想与习近平总书记所提出的“人类命运共同体”有相似之处，可以作为我国实现环境正义的理论借鉴。

第一章 彼得·温茨环境正义论概述

彼得·温茨强调应同时关注社会正义和环境保护，从不同视角关注出现环境非正义的原因。彼得·温茨环境正义思想形成的时代背景、理论渊源及其思想的目标指向，是其建构“同心圆”环境正义框架的内在根源。

第一节 彼得·温茨环境正义论形成的时代背景

20 世纪下半叶以来，西方工业革命的迅速发展使原本“取之不尽，用之不竭”的公共资源变得稀缺，西方世界第一次出现了现代意义上的环境危机。世界各国的学者们开始反思，地球是不是一个有限的星球，人类该怎样面对地球资源稀缺和地球空间有限的问题。对于资源稀缺，在不同的社会发展阶段、不同的研究领域，人们有着十分不同的认识。在地理大发现的时代，经济学家们认为拥有丰富的自然资源是一个国家实力和财富的象征。传统经济学的一个重要的假设性前提就是：地球资源取之不尽，不存在稀缺的可能，自然资源作为一种外生、可以无限供给的资源，不需要进入经济学的分析范围。经济学家朱利安·L. 西蒙（Julian L. Simon）认为：“进步在继续，进步不但没有破坏环境，反而实际上改善了环境。像伦敦这样的大城市，100 年前用马匹运输，整个城市处于一塌糊涂的屎尿污染中，现在科学家们和工程师们用煤炭和石油产生的动力运输，污染不见了。”[①] 即使煤炭产生的烟雾导致了雾霾的产生，但是在西蒙看来，进步在解决这些问题，人类的前途一片光明。可是现实的情况似乎与西蒙预测的不同，一些更为细致的观察揭示了令人不安的趋势和令人胆战心惊的可能。在 20 世纪下半叶，地球矿物资源的月开采量不仅已经大大超过产业革命时

① Julian L. Simon, *The Ultimate Resource* (Princeton: Princeton University Press, 1981).

期，而且地球表面的1/3或一半已被人类活动所改造；大气中的二氧化碳含量自工业革命以来增加30%；人为制造的氮气在大气中的含量已超过所有陆地制造源的总和；一半以上的淡水资源已被人类利用；22%的渔业资源正在过度开发（或已耗尽），其中44%已达到开发极限；地球鸟类的1/4由于人类的活动已濒临灭绝。①

一　美国环境正义运动的暴发

能源危机所引发的后果是骇人听闻的，但环境问题远远不止于此，更为严重的问题来自环境善物与环境恶物的分配领域，在这方面最受学界关注的是“环境正义”研究。环境正义的研究发源于美国环境保护运动，一般认为，美国环境保护运动应分为三个阶段，即荒野保护运动阶段、现代环保运动阶段和环境正义运动阶段。本书所关注的“环境正义运动”开始于20世纪70年代末，发展于80年代，繁盛于90年代。事实上，从20世纪60年代开始，美国的民间社会运动就纷繁迭出，如女权运动、民权运动、反战运动，这些由民间自发组织的大规模示威游行在一定程度上为环境正义运动提供了生成的土壤，这些社会运动的不断壮大，为美国人民推动和发展环境正义运动积累了丰富的经验，使中下层的社会民众都愿意投入时间和财物以支持环保运动，可以说，社会运动的萌发极大地拓宽了环境正义运动的社会基础。在环境运动大规模暴发的初期，在军备竞赛、大规模的资源开发和人类出生率激增等因素的刺激下，资源的快速消耗引发了如“空气污染”“水污染”“生化废料污染”“城市生活垃圾污染”等诸多的环境污染事件，随着各类污染事件的不断发酵，美国的底层民众逐渐认识到环境污染与否与个人的身体健康状况息息相关，日益恶化的生态环境已经影响到了美国人民的工作和生活，这种危机意识促使美国的中下层民众（特别是新兴的美国中产阶级）更加关注环境保护问题。此后，又由于事实上有毒填埋物在低收入人群社区和有色人种人群社区不成比例地集中，美国民众把关于环境问题的目光从人与自然关系问题转向了人与人关系问题。美国民众强烈要求：所有人都应不分种族、阶层、性别等社会因素，平等

① 数据引自〔美〕约翰·贝拉米·福斯特《生态危机与资本主义》（耿建新、宋兴无译，上海译文出版社，2006，第67~68页）。

地拥有健康宜人的工作和生活环境。20 世纪 70 年代末暴发的由底层白人领导的“拉夫运河”抗争事件，成为全美环境正义运动大暴发的导火索。拉夫运河位于美国纽约州，与著名的尼亚加拉大瀑布相近，其原是为修建水电站而挖掘的一条人工运河，20 世纪 40 年代后逐渐干涸而被遗弃。1942 年，胡克公司购买了这条运河的使用权，把它作为化学废料的填埋场，50 年代后转卖给了当地的教委，用来修建一所学校，此后，该地区逐渐开发并建成了 800 多套底层民众住宅和 200 多套工薪族公寓。[①] 从 1977 年开始，该地区就陆续暴出了不同类型的污染侵害事件，如孕妇流产、婴儿夭折、先天畸形、癫痫等病症不断侵袭着当地民众，甚至地表也开始渗出含有多种有毒化学元素的黑色液体。当地居民的不幸遭遇并没有得到政府的同情，政府以证据不足为由拒绝为当地民众提供安置费。异常愤怒的当地民众为了争取公正而站了出来，他们通过积极的抗争赢得了胜利，“拉夫运河事件震惊了全国甚至整个世界”。[②] “拉夫运河”事件推动了美国《超级基金法》的通过，该法案要求政府加强对有毒有害物质的管理，要求污染企业为造成的后果负责，同时要求设立“危险物质信托基金”，专门用于处理污染事件。在“拉夫运河”事件后，另外一场声势浩大的“沃伦抗议”事件拉开了美国环境正义运动的序幕，让环境正义运动走向了美国的政治前台。与“拉夫运河”事件不同的是，“沃伦抗议”事件是针对有色人种、穷人及其他底层人民受到环境不公正对待的环境种族主义运动，这场抗议的参与者大多是底层黑人。长期以来，美国境内的有色人种族群生活在环境恶劣的社区，很多少数族裔生活社区被选为垃圾填埋点和有害物质处理区。从“沃伦抗议”事件开始，越来越多的人意识到，环境不公通常与污染社区居民的社会层级有关，那些贫困、从事着底层工作、没有任何政治背景的居民正在承受着资源滥用的恶果。“黑人作为美国最大的少数族裔，一直备受歧视，在经济、政治方面都处于不利地位，环境权益也受到严重侵犯。”[③]

1991 年 10 月，环保人士在美国首都华盛顿召开了第一届全美有色人种环境领导人峰会，此次会议有 300 多个代表团出席并参加讨论，其会议宗旨

---

① R. Newman, *Love Canal: A Toxic History from Colonial Times to the Present* (New York: Oxford University Press, 2016), p. 89.

② 高国荣：《美国环境正义运动的缘起、发展及其影响》，《史学月刊》2011 年第 11 期。

③ 高国荣：《美国环境正义运动的缘起、发展及其影响》，《史学月刊》2011 年第 11 期。

是突出有色人种环保组织的自主性和为自己发声的权利，最终大会在激烈的辩论中达成了协议，制定了17条“环境正义原则”，正式向社会宣告反对不平等分配的“环境正义立场”。具体条款是：（1）环境正义确认地球之母的神圣性、生态调和、物种间的互赖性以及它们免于遭到生态摧残的自由。（2）环境正义要求公共政策基于所有人种的相互尊重与正义而制订，去除任何形式的歧视与偏见。（3）环境正义要求我们基于人类与其他生物赖以维生的地球永续性之考量，以伦理的、平衡的以及负责的态度使用土地及可再生资源。（4）环境正义呼吁普遍保障人们免于受核试验和有毒有害废弃物与毒药提取、制造、弃置之威胁，这些威胁侵犯了人们享有干净的空气、土地、水及食物之基本权利。（5）环境正义确认所有族群有基本的政治、经济、文化与环境之自决权。（6）环境正义要求停止生产所有的毒素、有害废弃物及辐射物质，而过去及目前的生产者必须负起全责来清理毒物以及防止其扩散。（7）环境正义要求在所有决策过程中的平等参与权利，包括需求评估、计划、付诸实行与评价。（8）环境正义强调所有工人都有权享有安全与健康的工作环境，而不必被迫在不安全的生活环境与失业之间做一个选择。它同时也强调那些在自家工作者免于环境危害的权利。（9）环境正义保障环境非正义的受害者得到全面的赔偿、损害的弥补以及良好的医疗服务。（10）环境正义认定政府的环境非正义行为是违反联合国人权宣言及联合国灭绝种族罪公约（Convention on Genocide）的行径。（11）环境正义必须认可原住民通过条约、协议、合同、盟约等与美国政府建立的法律及自然关系来保障他们的自主权及自决权。（12）环境正义确认了都市与乡村生态政策的必要性，以清理与重建都市与乡村地区，使其与大自然保持平衡。尊重所有社区的文化完整性，并提供公平享用所有资源的机会。（13）环境正义要求严格执行告知（被实验/研究者）而取得其同意的原则，并停止对有色人种施行实验生育、医疗程序及疫苗接种的实验。（14）环境正义反对跨国企业的破坏性行为。（15）环境正义反对对土地、人民、文化及其他生命形式实施军事占领、压迫及剥削。（16）环境正义呼吁基于我们的经验及多样文化观，对当代人及子孙后代进行社会与环境议题的教育。（17）环境正义要求我们个人做出各自的消费选择，以消耗最少地球资源及制造最少废物为原则；并立志挑战与改变我们的生活方式以确保大自然的健康，供我们这一代及后代子孙享用。

以上17条“环境正义原则”可细化为三个部分。首先，尊重生态系统的完整性及物种间的依存关系。其次，维持环境权益的平衡，公共政策的确立应以人类的正义和尊重为基础，不应掺杂任何形式的偏见和歧视，所有工人都应在保证安全的前提下工作，而不是在被迫失业与忍受污染中进行选择。保护环境不公正受害者获得全面赔偿、康复和优质医疗服务的权利，承认居民自治与自决的权利，为未来提供完善文化多元的能动性。最后，反对战争与污染，反对跨国公司对有毒有害物质的转移，反对任何形式的破坏性开发，全面保护环境免受不可逆转的损害。由此可见，这17条原则已超出美国本土弱势群体遭受过多环境负面影响的范畴，而确立了赔偿原则、反核、反毒、反战的立场，包括了代际正义、参与正义、种际正义和国际正义，并提出减少废弃物污染、改变生活方式等方法以实现人与自然和谐相处。自此以后，环境正义成为抗击环境不公正的代名词，环境正义运动掀起了美国底层人民寻求“环境正义”的高潮。

二　“穷人环保主义”与环境正义范围的拓展

随着环境正义运动的不断发展，另一种声音正在变得越来越强烈。印度生态学者拉马钱德拉·古哈（Ramachandra Guha）为环境正义的支持者提供了另一个思考方向——“穷人环保主义”。与美国环境正义运动的主旨不同，古哈更加关注后发国家所面临的环境非正义问题，在其《激进的美国环境保护主义和荒野保护——来自第三世界的评论》一文中，古哈论述了先发国家的环境正义本质上是白人中产阶级的荒野保护主义，而第三世界国家的环境非正义范围则大得多，绝不仅限于少数族裔的环境恶物分配问题。古哈考察了环境资源争端所引发的印度穷人、农民、妇女等的生存问题，这些人无法获得足够的土地、森林和水源等基本生存资源，并且“环境非正义”在工业发展模式下还在进一步加剧。因此，古哈要求国家和工业部门给予“穷人”足够的资源使用权，并且强调“穷人环保主义”要在非暴力模式下争取权利。

“穷人环保主义”引起了第三世界国家的广泛关注，环境正义运动也超越了荒野保护运动而在世界范围内广泛传播，由此也诞生了全球环境正义的概念。“全球环境正义”主要关注西方发达国家跨国公司对第三世界国家的迫害，跨国公司在第三世界国家大肆掠夺资源（比如在亚马孙和东南亚雨林大肆砍伐树木和采矿），并且将高污染工厂、工业垃圾、有毒物质等转移到贫穷的第三世界国家。而讽刺的是：发达国家在本国极力鼓吹环保主义，宣传其在本国的工厂和商业是低污染甚至零污染的，这种行为赢得了发达国家环保人士的好感，却对第三世界国家底层民众造成难以估量的伤害。综合来看，虽然全球环境正义的研究在国际学界已经产生了一定影响，但其因以下三点受到了很大的限制。其一，全球环境正义具有“同胞保护主义”的特点。在西方学界，极少有人关注发展中国家所面临的环境非正义问题，对跨国企业在欠发达地区的有害物倾泻进行有选择性的忽视，这也间接造成了发达国家国内环境正义运动态势趋好，而国际环境正义斗争却接连失败。其二，全球环境正义的研究面临着发展主义的冲击。发达国家将高污染工厂进行跨境转移，在维持跨国企业收益的同时也对欠发达地区的经济有促进作用（这一点更多体现在中国和东南亚的外资工厂中），因此发展中国家的一些经济派学者更关注本国的工业化发展程度以及经济结构是否合理，对国际环境非正义漠不关心，这也客观地造成了全球环境正义的研究难以推广。其三，学界对“环境非正义”的界定还很模糊。发达国家把技术和资金投向发展中国家，从而换取本国能够减少分配环境恶物，这是否属于环境非正义难以界定，而且在最新的联合国气候变化框架公约中已经明确规定了各国要按照“有区别的责任”进行付费。对于一些经济实力极强的国家来说，它们完全有能力在承担这部分费用的同时购买到更多的排放权和有害物转移权。

诚然，诸如“全球环境正义”等新型“环境正义”研究受到了很多限制，但不得不指出的是，“穷人环保主义”已经影响了包括印度在内的很多发展中国家的环境正义事业，与此同时，“生态女性主义”、“生态自治主义”以及“生态社会主义”等理论也在蓬勃发展。因此，古哈的“穷人环保主义”为“环境正义”打开了新的视域，同时也证明了白人精英阶层所争取的“回归荒野”与弱势人群所争取的“环境平等”有着天然区别，主要体现在以下两大方面。其一，白人精英阶层所追求的是更好的环境质量和随之而来的更高个人需求的满足；“穷人”所追求的更多是对“生存权”的保障，而不是阳光沙滩和高尔夫球场。其二，从概念上说，“回归荒野”所表达的正义诉求是“生态正义”，要求给予包括山川、河流、动物等在内的非人存在物以“自然权利”，赋予它们作为道德主体的“内在价值”，最终实现人与自然和谐共生；而“环境平等”所表达的正义诉求是“环境正义”，要求实现一种社会正义，涉及分配、承认、参与等内容，最终实现以人与自然为中介的人与人之间的正义。

三　西方环境正义实证研究的兴起

1962 年，生态学家蕾切尔·卡逊所撰写的著名生态文学著作《寂静的春天》出版，该书一经问世，立刻就引起了全美轰动和全民性大讨论。在书中，卡逊以大量的事实和科学依据揭示了滥用杀虫剂和除草剂等化学药物对自然环境所造成的伤害，特别是 DDT 对人类健康造成的巨大伤害，这种伤害完全出自一种狭隘的环境伦理观念。她的著作惊醒了处在环境危机中的人们，唤醒了公众的生态意识。在此之后，环境保护民间团体相继诞生，美国也在此背景下成立了美国环境保护局。1972 年，罗马俱乐部出版了《增长的极限》，该书在短短 10 余年间就被翻译成 30 多种文字出版，被誉为人类对环境思考的里程碑。书中详尽地研究了人口、经济的无限制增长对环境造成的恶果，并讲述了人类社会应该为之做些什么。罗马俱乐部建立了世界模型 world 2 和 world 3，并对模型中的参数和变量进行了设置，推测出如果人类继续加快发展速度，21 世纪中叶全球系统将会崩溃；如果人类经济活动造成的资源环境损害超出污染控制所带来的收益，21 世纪下半叶全球系统也将崩溃；如果按照可持续发展速度平稳发展，将既可以满足人类所需而且可以避免全球化崩溃。虽然《增长的极限》出版后引来了多方的批评，但该书所论述的“地球资源和空间是有限的”是不争的事实。这两部著作的出版也引发了学界对人与自然关系的关注和研究。

环境正义运动爆发后，美国审计署（GAO）和基督教联合教会种族主义委员会做了大量环境正义实证研究，并且在 20 世纪 90 年代的美国环境正义政策制定中起到了很大的作用。美国审计署的研究开始于“沃伦抗议”事件后，美国众议院与商务委员会委托美国审计署对美国东南部的四个商业废弃物填埋场进行有关种族与垃圾处理的调查，美国审计署于 1983 年发布了题为《危险废弃物填埋场选址和周边社区种族及经济状况的关系》的研究报告，结果表明：在四个填埋场中，三个填埋场位于黑人社区，这些社区中 26% 的人口处于贫困线以下，且黑人人口比例在社区内不断提高。[①] 同样由于“沃伦抗议”事件，基督教联合教会种族主义委员会发布了题为《有毒废弃物与种族：危险废弃物所在地的种族和社会经济特点》的调研报告，调研主要分为两个部分，一是他们集中调查了商业废弃物设施的管理，二是他们调查了处于无人监管的有毒废弃物场所，包括已经废弃的和处于停止使用状态的管理设施。基督教联合会的报告采用了1980 年的人口普查数据，以人口特征为变量将调研的社区分为四类，分别为无危险设施社区、拥有一个危险设施的社区、拥有一个垃圾填埋场的社区和拥有五大填埋场之一或两个以上危险设施的社区。结果表明，种族与危险设施的位置相关性最强，第四类社区少数族裔人口占比：第一类社区少数族裔的人口占比 =38%：12%，第二类社区少数族裔人口占比：第一类社区少数族裔人口占比 =24%：12%；此外，社会经济地位的差异也导致了危废设施放置位置的不同，全美五大填埋场中的三个位于黑人或西班牙裔社区。[②] 除了美国审计署和基督教联合会的实证研究外，社会学家罗伯特·布拉德（Robert Bullard）也进行了相关研究，他所撰写的《看不见的休斯敦》和《在南部倾倒废弃物：种族、阶级与环境公平》在实证研究学界产生巨大影响，他的研究表明了在美国南部地区（非洲裔居民的主要生活地区），危险废弃物的堆置、填埋、焚烧以及污染工厂都高比例地靠近少数族裔和穷人居住的社区。[③]

随着环境正义实证研究的浪潮不断涌起，纽约大学的维姬·比恩提出了不同意见。他认为美国审计署、基督教联合会以及布拉德的研究都是“结果取向的研究路径”，其研究诉求就是证明危险废弃物及其处理设施存在不公平分配。比恩则提出要遵循“过程取向的研究路径”，即政府以及商业机构对危废物处理设施进行选址时并没有针对少数族裔社区，而是市场

① The US General Accounting Office, “Siting of Hazardous Waste Landfills and Their Correlation with the Racial and Socio-Economic Status of Surrounding Communities,” 1983, http://archive.gao.gov/d48t13/121648.pdf, 2016 - 01 - 13.

② United Church of Christ (UCC), Toxic Wastes and Race in the United States (New York: United Church of Christ, 1987).

③ R. D. Bullard, *Confronting Environmental Racism: Voices from the Grassroots* (Boston: South End Press, 1993).

行为造就了危废物处理设施更多位于少数族裔社区和贫困社区。[①] 相对于选址决策将危险废弃物处理设施安置在了低收入社区附近，比恩更相信是一个竞争性的市场驱动少数族裔社区靠近危废物处理设施，这并不应该被解释为“环境种族主义”。

彼得·温茨在“环境正义运动”愈演愈烈的时代背景下，结合当时流行的“穷人环保主义”理论和美国环境正义实证研究理论，对维姬·比恩的观点进行了批判。温茨认为，比恩的学说将“市场行为”作为危险废弃物处理设施选址的唯一原因，让选址行为脱离了环境种族主义视域（经由经济的考量而不是种族的考量，因此选址决策并不是故意选择少数族裔社区的），故而摆脱了环境正义人士的指责，这种说法是极为错误的。而相反的是，虽然市场动力学理论（比恩的说法）能够回避种族主义的问题，但是它仍然要对“不公正的环境恶物分配”承担道德上的责任，当前的危废物处理设施选址政策无疑需要做出改变。温茨引入了一种创新性的分配原则——负担与利益相称原则。该原则的特征是：在原初条件相同的情况下，那些获得利益的人应当承担相应的责任，即便环境决策并不是有意将环境恶物更多地分配给低收入人群，在穷人居住区附近建设废弃物处理设施也是一种对居民权利的公然侵犯。

第二节　彼得·温茨环境正义论形成的理论渊源

一　当代政治哲学对正义的重构

事实上，在环境正义运动暴发以前，美国学术界就已经开始关注环境保护问题，只是尚未把“正义”概念引入环保层面，也可以说，环境正义理论源于“正义”理论。

人类思想史对“正义”概念的研究最早可以追溯到古希腊时期，其中以毕达哥拉斯、德谟克里特、苏格拉底、柏拉图、亚里士多德为代表。毕达哥拉斯与德谟克里特所代表的是宇宙正义论派别，他们把正义作为一种

① 比恩的理由有两个，其一是收入较高人群会主动搬离环境恶物分配较多的社区，其二是环境恶物分配较多的社区属于低房价社区，而少数族裔恰好是低收入人群。

调节自然平衡、宇宙平衡的先验的宇宙原则；以苏格拉底、柏拉图、亚里士多德为代表的德性正义论派别，认为正义是社会成员最高的德性和智慧象征。从17世纪开始，近代哲学开始对“正义”进行系统化研究。伊曼努尔·康德（Immanuel Kant）把道德准则作为“正义”的化身进行研究。在《道德形而上学原理》（*Grundlegung zur Metaphysik der Sitten*）中，康德总结了他称为“纯粹实践理性”的道德准则，这种道德准则要求理性存在者不受制于他律因素，能够主动遵循真正的自由意志和做到真正的道德自律。康德认为：第一，人类应该按照自己本人也能认可成为“普遍法则”的准则去行动；第二，无论是何种意义上的“人之为人”，在任何时候都只能看作目的，而不是手段；第三，人的行动所依从的准则只能是可能目的世界普遍立法成员的准则。[①] 康德所要表达的“正义”普遍原则，坚决地否定了从人类本性中提取出道德原则的可能性，坚决地否定了把经验性的东西带入道德原则之中，正义原则的前提在于所有理性存在者的前提共性，理性存在者意味着本体意义上的“纯然人性”，而不是一般人性或是经验人性。因理性所制定的道德准则在社会成员身上是以命令的方式表现出来的，这里指的是一个“应如何做”的强制命令，这种命令形式被康德称为“定言命令”，道德准则的最终形式一定要在“定言命令”的框架内，也就意味着社会成员在选择做出任何行动前，都必须按照其本人认可的普遍规律（适用于所有人）去行动。

相较于康德，霍布斯、洛克、卢梭等人所代表的是一种“权利至上”的正义理论。霍布斯构建了一个“自然状态”的世界，在那里，人与人之间永远是敌对状态，每个人都可以根据自己对自然法则的理解采取各种手段来保护自己的自然权利。为了消除敌对状态（也是为了保卫人类自己），人类不得不寻求方法去获得和平，这些方法当然也包括战争。于是，一个以保卫自己为目的的“利维坦”国家便顺理成章地出现了，因为人类意识到只有成为一个共同体中的一员，才能保护他们的自然权利。在霍布斯看来，人类于“自然状态”下并无正义可言，只有在和平状态下签订有效契约才能实现正义，不违反契约即为正义。洛克把正义归结为财产权的确立、

① 〔德〕伊曼努尔·康德：《道德形而上学原理》，苗力田译，上海人民出版社，2005，第57～60页。

分配和保障。所谓财产权的确立正义，指的是人对人的劳动及其劳动所及物拥有所有权，具有公共属性的生态资源属于先占者，先占者的劳动使公共资源变为“私有”即为正义；所谓财产权的分配正义，指的是当由于劳动产生的财产权确立了权利归属时，为使每个劳动参与人都能够获得其劳动所得，财产所有权进行公平分配即为正义；[①] 所谓财产权的保障正义，洛克认为在自然状态[②]后应存在一种契约状态，这种契约状态成为克服财产纠纷的保障，契约的产生能够改变财产权的不稳定状况，维护财产正当性。卢梭主张的正义形式是以契约为基础的，如他所说：“创建一种能以全部共同的力量来维护和保障每个结合者的人身和财产的结合形式，使每一个在这种结合形式下与全体相联合的人所服从的只不过是他本人，而且同以往一样的自由。”[③] 诚然，卢梭的正义理论是和功利主义结合到一起的，他所要求的正义是“把权利所许可的和利益所要求的结合起来，以便使正义与功利不至于互相分离”。[④] 近代政治哲学的另一个重要分支是以休谟和边沁为代表的功利主义正义理论。在休谟的知识谱系中，正义是一种社会性的德性，它是作为一种人为的德性被创造出来的，正是为了满足人们在自然资源和精神上的匮乏状态。道德来自感觉，而不是理性，所谓道德善就是使人愉快的感觉，所谓道德恶就是让人不快的特定情感。在边沁那里，正义理论解决的问题实际上是分配正义的问题，正义意味着分配平等。作为功利主义的开创者，边沁把提升整个社会财富总量作为现实社会中不平等问题的解决路径，用“做大蛋糕”的方式提升每个社会成员获取分配平等的机会，即以社会财富最大化为正义的代名词。黑格尔的正义观念继承于康德的道德心理学，同时，他对休谟的经验主义正义观大加批判。针对休谟所说的“意志不是自由的”观点，黑格尔争论道：“法[⑤]的基地一般说来是精神的东西，它的确定地位和出发点是意志。意志是自由的，所以自由

① 洛克规定了两个财产权分配的正当性标准，其一是“留有足够的同样好的东西给其他人共有”；其二是“不能取得超过他所能够享用的份额的共有物”。

② 自然状态指的是一种物资充裕但不能满足所有人欲望的状态，也被称为“前契约状态”。

③ 〔法〕让·雅克·卢梭：《社会契约论》，李平沤译，商务印书馆，2011，第18~19页。

④ 〔法〕让·雅克·卢梭：《社会契约论》，李平沤译，商务印书馆，2011，第3页。

⑤ “法”在德文中为“recht”，“recht”同样有权利、正当、正义的含义。

就构成法的实体和规定性。"① 关于"法"的定义，他总结道，其就是个人行为同他人的关系，即他们的自由存在的普遍要素或者决定性要素，或者对他们的空虚自由的限制。阿·德·托克维尔在继承了西方资产阶级民主政治思想传统的基础上，主张用新的政治理论来建立一个崭新的民主世界。他认为，法国大革命虽然迅猛激进，但国家领袖却没有为革命做准备工作，而是任凭民主由其狂野的本能去支配，使民主无法得到有效监管。因此，托克维尔的正义论要求各项正义原则不仅在原则上是民主的，在其作用的发挥上也同样是民主的。他把正义原则视为民主制度下的分权原则和制衡原则，并盛赞美国立法者的丰功伟绩，认为美国的分权制度使人民获得了平等与自由，并且强调自由高于民主与平等。

从 20 世纪 20 年代开始，以自由主义正义论派、社群主义正义论派、综合正义论派为代表的现代政治哲学兴起，呈现了正义理论百家争鸣的现代哲学格局。新自由主义正义论派以罗尔斯、诺其克、哈耶克为代表，他们重振了社会契约论的传统，强调个人自由的重要性，认为社会要建立在一个"国家与公民之间的隐性契约"之上，社会的全部成员都应该支持社会公正，正义即为公平；社群主义正义论派以瓦尔策、麦金泰尔、桑德尔为代表，他们将正义理解为一种最高意义上的善，指出这种善存在于道德共同体之中，社群作为一个道德共同体，它本身的善就是最高的善，在共同体中的每一个个体都可以获得同等的善，社会正义由此实现；综合正义论派以哈贝马斯为代表，他把正义理解为一种综合性的概念，其理论基础并不是个人权利的理想假说，而是人与人之间的相互认同。

综上所述，近现代政治哲学的研究对彼得·温茨的环境正义论产生了巨大影响，温茨对环境正义概念的解释是建立在正义论诸原理基础上的，特别是温茨在考察了包括洛克、罗尔斯等人的正义论之后认为，不同的环境政策应适用不同的正义原理，而分配正义的诸种理论正在或是可能会用于聚焦于环境问题的决策。

---

① 〔德〕黑格尔：《法哲学原理　或自然法和国家学纲要》，范扬、张企泰译，商务印书馆，2021，第 12 页。

二　当代环境伦理学研究对温茨的影响

人与自然关系的研究被学者命名为环境伦理学，它也是环境正义理论的学术史基础。环境伦理学的基本议题是：环境保护运动的伦理根据究竟是什么？具体地说，我们为什么有义务维护生态系统的完整和稳定，保护其中的动物和植物呢？我们对自然存在物的义务是一种直接义务还是间接义务？[①]环境伦理学解释这三个问题要从阿尔贝特·施韦泽（Albert Schweitzer）、奥尔多·利奥波德（Aldo Leopold）这两位环境伦理学的奠基人开始。施韦泽在其著名的《敬畏生命——五十年来的基本论述》中提到，伦理与人对所有存在于他的范围之内的生命的行为有关，只有当人认为所有生命，包括人的生命和其他一切生物的生命都是神圣的时候，他才是伦理的。[②] 他继续解释道，敬畏生命的伦理使各种伦理观念成为一个整体，敬畏生命伦理的关键在于行动的意愿，只有外部行动和内心修养相结合，行动的伦理才能有所作为。由此，施韦泽把环境伦理定义为敬畏生命伦理，把正义描述为“使生命实现其最高价值”，把非正义描述为“阻碍生命的发展”。另一位环境伦理学的鼻祖奥尔多·利奥波德，在《沙乡年鉴》中提出了著名的“大地伦理”思想。他指出，所有生命个体和非生命个体都同属于一个“生命共同体”，人、动物、植物、大地都应纳入“环境道德共同体”中来。在描述亚利桑那州的埃斯库迪拉山时，他深情地写道：“时间在这座古老的山上建造了三件东西：一个令人起敬的外貌、一个微小的动植物共同体和一只熊。”[③] 山、微小的动植物、熊构成了一幅“生命共同体”画卷。

施韦泽和利奥波德的思想为后来者所承继，他们为后世的环境伦理学者播下了环境思想的种子，并最终结出了现代环境伦理之花。在现代环境意识觉醒的同时，西方环境伦理学家们也扩展了伦理关怀的范围。动物解放论、动物权利论、生物中心主义、大地伦理学、自然价值论、深生态学、生态神学、生态女性主义、生态区域主义等环境伦理学理论在 20 世纪 70 ~

---

① 〔美〕霍尔姆斯·罗尔斯顿：《环境伦理学——大自然的价值以及人对大自然的义务》，杨通进译，中国社会科学出版社，2000，译者前言，第 2 页。

② 〔德〕阿尔贝特·施韦泽著，汉斯·瓦尔特·贝尔编《敬畏生命——五十年来的基本论述》，陈泽环译，上海人民出版社，2017，第 10 页。

③ 〔美〕奥尔多·利奥波德：《沙乡年鉴》，侯文蕙译，译林出版社，2019，第 148 页。

80年代层出不穷，人类的环境思想发生了巨大的转变，并呈现出多元化伦理思想的趋势。以人与自然是否有道德关系的论题，环境伦理学被分为人类中心主义、非人类中心主义两大阵营。非人类中心主义的阵营主要包括动物解放（权利）论、生物中心主义和生态中心主义。动物解放（权利）论的代表人物是澳大利亚生态哲学家彼得·辛格（Peter Singer）和美国北卡罗来纳州立大学的汤姆·雷根（Tom Regan）。辛格从功利主义的角度出发赋予动物道德地位，反对人类虐待动物，他把虐待动物的行为称为物种歧视主义，认为虐待动物就如同种族主义和性别主义。此外，动物解放论者还反对畜牧业对家禽的饲养方式和屠宰方式，认为家禽受到了残暴的对待；也反对马戏团表演中的套马和斗牛，认为其是以动物遭受痛苦为代价而换取人类快乐的。他们拥护素食主义，希望人类能发扬利他主义精神，伦理地对待动物，最终实现动物解放。雷根则从权利论的角度论证了人类应该对动物予以道德关怀。他宣称动物权利是与人权相类似的，即使以无痛楚的方式杀死一只动物，并且获得的收益大于对其造成的伤害，这也是不正当的，因为这样做侵犯了动物的生存权。雷根指出："权利论把生活的主体作为决定一个人拥有内在价值的基础。所有满足这一标准的人——即，作为生活的主体……都拥有价值，因而都拥有被尊重对待的直接义务，也有权利要求这样的对待。"[①] 生物中心论的代表人物是美国哲学家保罗·泰勒（Paul Taylor）。泰勒不赞成将人类的"权利论"应用到动物权利上，他认为，从"某人拥有某种利益"不能推导出"某人拥有某种权利"，非人存在物难以适用人类的道德权利。原因有三点：一是"道德权利的主体被假定为道德代理人共同体的一个成员，他们彼此承认对方的权利"；二是"道德权利的拥有前提是自我尊重"；三是"道德权利的拥有者必须具备行使权利的能力"。这三个条件显然是动物所不具备的，所以将权利理论应用于环境伦理是不正确的。物种拥有权利这一论断只意味着物种拥有内在价值。泰勒所主张的是一种所有生命形式都绝对平等的道德价值理论，他认为人的道德义务范围并不只限于人和动物，人对所有的生命都负有直接的道德义务，所有生命都具备成为道德顾客（moral patient）的资格。生态中心论则

---

① 〔美〕汤姆·雷根、卡尔·科亨：《动物权利论争》，杨通进、江娅译，中国政法大学出版社，2005，第129页。

进一步把道德义务的范围扩展到了整个生态系统，代表人物是挪威哲学家阿恩·奈斯（Arne Naess）和霍尔姆斯·罗尔斯顿（Holmes Rolston Ⅲ）。奈斯创造了深生态学理论，深生态学通过“把自我和自然融为一体，关怀自然即是关心自我”来证明保护环境是每个人不可推辞的义务；罗尔斯顿则试图通过确立自然系统的客观的内在价值，为保护自然提供一个适用的伦理依据。罗尔斯顿对此解释道：“自然系统的创造性是价值之母，大自然的所有创造物，只有在它们是自然创造性的实现意义上，才是有价值的。”①人类中心主义阵营的主要代表人物是约翰·帕斯摩尔（John Passmore）、默里·布克钦（Murray Bookchin），其观点自诞生以来就遭到了伦理学界的强烈批判。人类中心主义认为，人只对人自身（包括其后代）负有道德义务，人对人之外的其他自然存在物的义务，只是人的一种间接义务；非人类中心主义的动物解放论和动物权利论认为，人不仅对自己负有义务，对动物也负有直接的道德义务，因为动物（至少是高等动物）也具备成为道德顾客的资格。

随着环境伦理学研究的不断深入，“环境正义”逐渐成为研究的主要方向。

一方面，环境正义研究侧重于分配正义方向。学者将“正义”理论切入环境问题，对环境正义可能涉及的正义内涵进行分析。安德鲁·多布森（Andrew Dobson）运用类型学的方法，对构成分配正义的诸多要素进行了分析，其中包括分配者与接受分配者、分配内容、分配原则等。同时，多布森也对分配理论进行了多角度的讨论，如对分配理论应强调公正还是注重实际、是坚持程序论还是结果论、采用普遍分配原则还是特殊分配原则的讨论。大卫·施劳斯伯格（David Schlosberg）则从承认正义的角度进行了讨论，他认为，环境正义运动提出的主张仅仅将“环境正义”限制在环境资源的不公正分配上，并没有把尊严价值与承认价值考虑在正义的范畴内。有色人种因缺乏承认所受到的伤害比传统的分配不公正所带来的伤害更为值得关注，有色人种的形象同污染、败坏、不洁、堕落相联系，使其不但

① 〔美〕霍尔姆斯·罗尔斯顿：《环境伦理学——大自然的价值以及人对大自然的义务》，杨通进译，中国社会科学出版社，2000，第269～270页。

被刻板化，并且受到污蔑。①

温茨细致地考察了上述现代环境伦理学（包括人类中心主义、非人类中心主义、环境协同论）理论及其应用，并结合经济学、政治学以及农业的相关问题，形成了“温茨环境正义论”的理论资源。此外，温茨并不是对所有理论全盘接收，也不是试图将“温茨环境正义论”塑造成“大杂烩理论”，而是以一种批判的思维来解释和扬弃这些有争议的理论，将伦理学的讨论延伸至环境正义理论的讨论中。

第三节 彼得·温茨环境正义论的目标指向

如温茨所说，他研究的“正义论”会让所有关注“环境资源分配”的人从中受益。事实上，直到今天仍有很多学者不认为地球资源是稀缺的、有限的，他们仍然把资源看作外生的、可以无限供给的，但现代资本主义社会的无限扩张事实上已经终结了这种理论，在经济扩张以及科技力量的加持下，地球资源正面临着一场事关分配的危机。相较于其他学者，温茨把环境资源分配的问题分为两个问题，即环境善物分配的问题和环境恶物分配的问题。环境善物分配的问题是建立在资源稀缺的基础上的，人们通过反思资源匮乏的原因而逐渐认识到环境危机的来临，又在经历了数次环境危机后，才真正认识到环境善物的分配是一个值得研究的问题。而环境恶物的分配问题则更加容易被忽视，因为无论是国家还是个人，在环境恶物分配上被歧视的一方通常也是声势较弱的一方，他们难以让全社会都关注到环境恶物的不公平分配，更难以让掌握更大权力的组织或机构帮助他们解决问题。

一 “弱势群体”的环境正义

温茨认为，正义问题会在某些东西相对需要而供给不足或者被意识到供给不足的情况下出现。在这种状态下，人们所关心的是要得到他们的公正的份额，协议就此而达成，或者制度由此而产生，以在需求它们的人们

① 〔美〕费雷德里克·杰姆逊、三好将夫编《全球化的文化》，马丁译，南京大学出版社，2002，第304~305页。

中间对稀缺物资进行分配。[1] 面对分配资源稀缺，“弱势群体”的利益是最先被牺牲的，“弱势群体”不仅包括传统意义上的底层人士、穷人，还应包括无法发声或无法采取有效行动的非人存在物、无知觉环境以及人类后代。为了让所有存在物都能够得到公平的份额，通常做法就是制定协议，而协议制定的最简单原则就是“先到先得”原则，[2] 公民可以消费他们所最先获取的资源，这种方式可以确保所有人得到一个公平的分配结果。但是，“先到先得”原则并不是一个完善的方案，特别是无法为“弱势群体”提供帮助。温茨主要从如下三个方面进行解释：

第一，国家似乎不需要自愿性合作。国家作为国界范围内的最高权力主体，它拥有绝对的权力，可以通过暴力方式解决环境争端问题，政府可以通过颁布环境政策阻止环境争端的发生，也可以在环境不公正事件发生时使用暴力解决环境争端（如颁布法令阻止农民使用杀虫剂破坏臭氧层），因此国家能够通过暴力约束公民破坏环境的行为而并不需要依赖于“先到先得”原则。

第二，现代社会的脆弱性致使双方难以达成共识。现代社会出现了更多的劳动分工，这也就造成了人类成员中的每个人必须依靠其他人才能生存，因此一旦某一个劳动环节无法正常运转，资源短缺就会接踵而来，争夺资源的双方也就无法通过某种原则迅速达成一致。

第三，现代社会的非正义致使弱势群体受到极大伤害。当社会中的一部分人感受到严重的不公正对待时，这部分人就会终止维持社会秩序的合作态度，而且激进分子还会采取行动颠覆社会秩序。因此社会正义是阻止不公平分配的前提，而不是“先到先得”原则，也只有找到实现环境正义的实践路径，才能从根本上消除争端。

所以，温茨所构建的环境正义论的首要目标就是帮助“弱势群体”寻求环境正义，有关这一方面的目标指向集中在三个方面。其一，重新确立“弱势群体”的范围。相比其他关心“弱势群体”的学者，温茨不仅把有色人种、底层人士、穷人和第三世界国家视为“弱势群体”，还将“弱势群体”范围拓展到了后代、非人存在物以及生态系统，这是因为后代、非人

---

① 〔美〕彼得·温茨：《环境正义论》，朱丹琼、宋玉波译，上海人民出版社，2007，第8页。

② 这种原则避免了霍布斯所述的“自然状态”下的相互攻击。

存在物、生态系统有一个共同的特点，他们都不能通过正常途径表达出其受到的非正义对待，而必须由“道德代理人”代其发声，以保证他们可以作为“弱势群体”而得到帮助。其二，温茨期望通过“义务关系”使“获益群体”补偿“弱势群体”。温茨从环境伦理学的角度证明了“弱势群体”所受到的环境非正义对待最终也会反噬“获益群体”，当发展中国家的空气持续恶化，人均碳消耗逐渐升高，这些环境问题不仅会破坏当地的生态环境，而且会使全球生态恶化，温室效应也会使全球海平面不断攀升，最终酿成无法挽回的后果。因此，温茨希望通过“义务关系”说明富人有帮助穷人实现环境正义的义务，这也是“人类命运共同体”的体现形式之一。其三，温茨期望破除人类的“主子心态”，并从“生态女性主义”的角度证明了“主子心态”对“弱势群体”的伤害。他认为女性也象征性地与自然关联在一起，针对女性的暴力活动与人类对非人存在物以及生态系统的暴力破坏类似，都是因为强势一方没有尊重“弱势群体”的固有价值，女性（代表弱势群体）变为男性（代表强势一方）的从属。所以，只有破除这种“主子心态”，才能从根本上找出环境非正义的根源，让“弱势群体”平等地获得环境资源分配。

二　“反公地悲剧”的环境正义

在不使用暴力获取的情况下，允许公民自由获取、选择或接受他们能得到的任何资源，能否有效解决环境争端呢？答案是否定的。自由获取有时会使稀缺资源变得更为稀缺，而且从长远看，自由获取会使所有人无法获取基本的生存需求资源。加勒特·哈丁将这种现象称为“公地悲剧”。哈丁为我们展示了这样一个例子。在一个能被许多牧民共同使用的牧场中，牧场为牲畜们提供足够多的草料资源供给。假设有一位牧民通过增加一倍牲畜的方法为自己增加收入，他不得不将增加的牲畜们放入公共牧场（与此同时他也会在合法的范围内努力工作），最后得到超过原收入一倍的收益（额外收入并没有违反任何规则）。但是，作为一个公共牧场，其他牧民同样也会增加牲畜数量（而且会增加更多），随着公共牧场上放牧的牲畜越来越多，牧场内的植被会因为过度放牧而被彻底破坏，而无人会为这一惨痛的事实负责，牧场最终会变成荒地。因此，如果想避免“公地悲剧”的发生，每个牧民都应该与其他人协调所占资源的份额，以保证集体的占用不是过量的或是毁灭性的。然而，是否可以通过有效的环境治理手段协调各方的分配份额呢？事实证明，“公地悲剧”现象同样会导致环境治理的失效。在以市场为中心的环境治理中，环境治理部门通常希望通过这只“看不见的手”以完成对环境资源的合理分配，这就是科斯的“产权交易理论”。科斯的理论认为，只要通过产权制度和价格机制，就可以为竞争性的环境资源提供分配保护，因此只要环境资源的财产权是明确的，并且交易成本为零或者很小，那么市场这只“看不见的手”就会实现资源配置的“帕累托最优”。这种理论在实践环节却存在很多弊端，最终会因“公地悲剧”导致治理失效。原因在于科斯的理论没有考虑到生态资源的特殊性，如臭氧层、碳排放、新鲜的空气、干净的水等资源无法合理地确定其财产权，即便一些国家或者个人将大量财力投入环境治理中，这些无法核定产权的资源也会因其无法确定的“产权特性”导致其他国家和个人的“搭便车”行为，久而久之，所有国家和个人都将尽力索取资源而不是治理环境，① 最终形成“公地悲剧”的局面。温茨解释说：“为了避免公地悲剧，决定每个人在集体利益中的应得份额是符合实际的。这样一个决定只有在参考一致认可的正义标准下才能做出。对正义的本性和原理进行哲学研究是必需的。”② 温茨认为环境分配正义理论可以广泛适用于“公地悲剧”案例，若要所有人都抛弃逐利的市场行为，就必须设计并强制实施一种制度，该制度只准许人们限量使用环境资源，而若要确定每个人所应得到的公平份额，需要对正义的诸原理达成共识并付诸使用。

三　“反生态帝国主义”的环境正义

除弱势群体所遭受的环境非正义对待和公地悲剧之外，彼得·温茨还关注到了发展中国家所遭受的环境非正义对待。对于发展中国家来说，经济发展与环境保护是一对难以处理的矛盾关系。发展中国家由于经济基础和高新技术积累都处于起步阶段，亟须通过与发达国家的全球性贸易发展经济。然而，一些发达国家利用了发展中国家对“建设现代化国家”的渴

① 有一个例子可以说明这个问题：一些排污企业会愿意承担高额的排放处罚，而不愿购入更高额的排放处理设备。

② 〔美〕彼得·温茨：《环境正义论》，朱丹琼、宋玉波译，上海人民出版社，2007，第11~12页。

望，使这些发展中国家陷入“资源被掠夺”和“污染产业转移”的困境。这意味着发展中国家的生态资源被发达国家利用经济和技术优势侵占，与资源相关的人口和劳动力也发生了大规模的流动，并进一步加剧了其生态系统的崩溃，扩大了中心地带和边缘地带之间的鸿沟。彼得·温茨认为，发达国家向发展中国家输送了大量的危险生产工艺和有毒废弃物，因有毒物而受到伤害的发展中国家公民却得不到应有的赔偿，一个贫穷国家公民的生命的货币价值要远远低于富裕国家。与此同时，发展中国家与发达国家所制定的安全标准也是不一致的，发展中国家通常为了快速发展经济制定标准更低的安全规定，其安全隐患也常常被忽视，这种情况致使发展中国家的人们暴露于环境风险之中。

对上述事实的研究被学界称为“生态帝国主义”或“帝国式生活方式”，这一学说揭示了隐藏在经济发展背后的“不平等生态交换”以及国与国之间的环境非正义。其一，一些发达国家已经成为霸权性生产方式和消费方式国家，通过“毛细血管状的”扩展进程在全球范围内掠夺生态资源。这一进程与发达国家跨国公司的具体战略以及资本价值化、贸易、投资、地缘政治等方面的利益密切相关，与世界市场中从占据支配地位社会向外扩散的一种有吸引力的生活方式密切相关。其二，发展中国家与发达国家的贫富差距会进一步增大，在一个被技术、市场和通信编织得越来越紧的世界网络中，社会和经济差别都会越来越大，发展中国家在生态帝国主义的作用下也无法像预期那样实现现代化。其三，生态帝国主义会加剧全球变暖，发展中国家需要矿物燃料以加速经济发展，发达国家利用其对全球矿石能源的控制转移更多高排放工厂到发展中国家，并从中谋取巨额利益，所以，从全球层面来说，发达国家对自身的环境改革并不能阻止全球变暖，生态帝国主义导致了全球范围内对资源和“排污池”、劳动力的过度使用。

第四节　环境正义与生态正义的概念辨析

关注环境问题的学者从伦理、制度、生态、社会等各个方面探索生态危机的根源以及实现人与自然和谐关系的实践路径，经过了对多种方案的探究，学界逐渐将研究方向转入了“正义”视角，即只有实现了环境正义抑或生态正义，才能最终解决环境问题。然而，在此学术背景下，在对环境正义与生态正义概念定义的界定方式和理解方式上，学界仍然存在巨大分歧。与此分歧相伴随的是，由于环境正义与生态正义的内涵与生态文明建设“价值旨归”的抉择密切相关，因此学界的“争论”并不是无谓的，我们还须在此问题上“慎思”。

一　环境正义与生态正义的历史溯源

一般来看，环境正义的理论研究起源于美国环境正义运动，而生态正义的理论研究起源于环境保护运动。环境正义运动发生在20世纪70年代末的美国，部分社区与社会群体（尤其是少数族裔和低收入群体）因政府不公平的环境政策而受到环境恶物迫害，从而使环境种族主义、环境歧视等概念迅速进入公众视野。学者们大多把“拉夫运河”和“沃伦抗议”事件视为环境正义运动的导火索，这两个事件也开启了以环境风险的不公平分配为主题的实证研究。1987年，美国联合基督教会种族正义委员会发表了题为《有毒废弃物与种族》的研究报告，报告通过对当时美国415个仍在使用的有毒废弃物处理设施和18164个已经关闭的废弃物处理设施进行调查，发现美国国内的少数民族族裔生活社区所承担的环境风险远远高于白人中产阶级社区。[①] 此后，美国审计署、美国社会学家罗伯特·布拉德、马萨诸塞大学社会与人口研究所、纽约大学法学教授维姬·比恩、美国哲学家彼得·温茨等展开了环境正义实证研究的大讨论，虽然众多研究机构与学者之间的论点还有很大分歧，但所有研究人员都能够达成一点共识，即环境负担对于包括少数民族族裔、穷人在内的弱势人群确实存在不平等分配，环境正义要求人们距离有毒废弃物的远近不应该与他们的收入和财富处于正相关的状态。基于实证研究的结论，美国环保局给出了环境正义的定义：环境正义是指在环境法律、规则和政策的制定、贯彻和执行中，所有人，不分种族、肤色、来源或者收入，需得到平等对待并进行有效参与。[②] 随着实证研究的不断深入，一些研究者逐渐超越了实证层面，开始从理论层面切入。理论层面的研究大致沿着三种思路进行。第一种思路是环

① United Church of Christ (UCC), *Toxic Wastes and Race in the United States* (New York: United Church of Christ, 1987).

② US Environmental Protection Agency, "Environmental Justice," 1993, https://www.epa.gov/environmentaljustice, 2021 - 01 - 05.

境分配正义。分配正义在三种思路中占据支配地位，环境正义的研究大多围绕分配正义展开，以至于彼得·温茨曾对此指出，与环境正义相关的首要议题涉及分配正义。① 所谓环境分配正义指的是环境善物和环境恶物的公平分配问题，分配正义的范围应当包括代内正义以及代际正义（还有一些学者声称也包括种际正义），分配正义原则则具有多元化特点，包括德性论、财产权、功利主义、成本效益分析、人权与动物权利、罗尔斯的正义论、沃尔泽的“物品理论”、彼得·温茨的“同心圆”理论、戴维·米勒的“社会关系”理论等，诸多环境分配正义原则并没有获得一致认可，环境分配正义理论呈现出百家争鸣的局面。而后，由环境分配正义又衍生出了环境矫正正义，矫正正义主要是要求每一个环境受害者都能够得到同样的补偿，且这种补偿与受害者的地位与道德无关。第二种思路是环境承认正义。施朗斯伯格认为，环境正义的概念不应当仅仅局限于分配领域，当人们因环境种族主义、环境穷人歧视等遭受不公平对待时，除了会要求环境善物与恶物的平等分配，还会要求自身价值、尊严得到社会应有的承认和认可，这同样是一种环境正义的诉求。“正义必须关注既能解决社会利益的不公平分配，也能解决使社会承认条件遭受破坏的那些政治过程方式。”② 第三种思路是由生态学马克思主义（又称“生态马克思主义”）学者詹姆斯·奥康纳提出的，他认为“分配性正义”只属于资产阶级，“生产性正义”才能真正实现“生态社会主义”。分配性正义是以当前视域中的市场对人的生命和健康的估价为前提的，处理方式包括罚金、红利、税收、补偿金等，而生产性正义则同时关注生产领域以及积累领域，强调将消极外部性降为最低，并对积极外部性持赞成态度。奥康纳所描述的环境正义要求彻底废除分配性正义，以生产性正义实现“需求的最小化”，从而使环境正义成为全社会都能够享有的权利，而不是只有小部分资产阶级才能享有的个体权利。

与环境正义的渊源不同，生态正义的研究起源于资源与荒野保护运动，这也是美国现代环境保护运动的初级阶段。倡导荒野与资源保护运动的代

① 〔美〕彼得·温茨：《环境正义论》，朱丹琼、宋玉波译，上海人民出版社，2007，第4页。

② 〔美〕大卫·施朗斯伯格：《重新审视环境正义——全球运动与政治理论的视角》，文长春译，《求是学刊》2019年第5期。

表人物主要来自白人精英群体，如西奥多·罗斯福、约翰·缪尔等，他们对荒野有着浪漫主义式的关怀，在他们眼中，自然（荒野）是一个神圣的象征，是充满灵性的，是个体获得力量的源泉。通过在自然中独处，个体依靠自己的力量不断升华。[①] 这些倡导回归荒野的白人精英群体往往会依赖于专业技术和法律，通过有效的风险评估、政治手段、法律诉讼等达到回归荒野的诉求，在资源与荒野保护运动期间，美国的确取得了卓越的成绩，创立了大量的野生动物保护区，建立了第一批国家公园，积极推行自然资源保护政策。在此之后，1962 年，由蕾切尔·卡逊所撰写的生态著作《寂静的春天》横空出世，对当时美国广泛使用的杀虫剂、除草剂等化学药剂所产生的危害进行详尽的介绍，证明了在杀死害虫的同时人类健康也会受到影响。此时，美国环境保护运动进入第二阶段，“生态保护”概念深入人心，各色环保组织蓬勃发展。生态正义的研究正是在美国环保运动的大背景下发展起来的，其理论基础就是非人类中心主义的环境伦理学。与美国环保运动所主张的一样，非人类中心主义要求适度开发自然（甚至是停止开发自然），认为植物、动物甚至山川河流都与人类有着同样的地位，自然环境的多样性和各物种之间的联系都具有内在特征，任何破坏多样性的人类行为都是不道德的，多样性和物种联系的破坏也同样会伤害人类物种。在非人类中心主义的环境伦理体系下，非人存在物被赋予权利和道德地位，人类对非人存在物（这其中包括高等动物、低等动物、植物有机体、物种和生态系统）都负有义务，生态正义要求人类承担保护非人存在物的直接义务，同时要求人类在与非人存在物发生利益冲突时能够平等分配环境善物和恶物。

二　当今学界对环境正义与生态正义的概念辨析

什么是环境正义？什么是生态正义？这是探讨环境正义与生态正义的根本问题，也是辨析两种概念的“源问题”。正是因为概念辨析的“源问题”属性，有相当多的学者选择放弃区分两种概念，把这两种本质上不同伦理观属性的概念“混用”。

① S. E. Whicher, *Selections from Ralph Waldo Emerson* (Boston: Houghton Mifflin Company, 1957), p. 147.

(一)环境正义与生态正义“混用论”观点

在环境正义与生态正义“混用”的观点中,有学者认为,我们可以将生态正义看作与环境正义大体相当的范畴。[①] 这种观点直接把环境正义与生态正义认定为一个概念,认为两种“概念”在学术观点中可以通用,并且把受到学界主流观点认可的代内正义和代际正义统归为生态正义。但是,持“混用论”观点的学者们的观点也有分歧。一部分学者认为,生态正义的构成应当包括人与人之间的正义以及人与非人存在物之间的正义,应当承认非人存在物以及自然界具有不依赖于人的需要的内在价值,非人存在物同人类一样,既是道德主体又是道德客体,能够成为道德关怀和考虑的对象,因此,人类应该建立起一种保护自然的道德规范,不得随意干扰自然事物的正常生长。这部分学者的理论依据来源于以罗尔斯顿、汤姆·雷根、阿恩·奈斯为主要代表人物的“深绿”思潮,虽然他们的观点中还是有很多分歧,如动物权利论者、动物解放论者、生物中心论者更强调的是个体权利,而生态中心论者则强调生态整体的权利,但他们从根本上都是以“自然权利论”和“自然价值论”为理论之基的,都把人与自然和谐共生视为生态正义的最终归宿,并且都把人与非人存在物之间的正义视为生态正义的核心内容。另一部分持“混用论”观点的学者则支持只存在人与人之间的生态正义,认为人与非人存在物之间并不存在正义关系,“深绿”思潮所支持的“种际正义”“自然正义”则根本不属于生态正义的范畴。这一部分学者不支持人与非人存在物正义关系的理由主要有以下几点。其一,生态正义是生态权利与生态义务的有机统一,人类虽然可以作为非人存在物的“道德代理人”,为其争取相应的权利,但非人存在物无法承担相应的义务,“对于任何道德主体来说,如果只有权利而没有义务,是没有正义可言的,其权利也不可能得到辩护和确认”;[②] 其二,否认非人存在物具有“内在价值”,认为“价值从来都是对人而言的,无论何种价值形式都是以人的生存方式和实践条件为基础、以人为主体依据和尺度的”,[③] 内在价值

① 张云飞:《面向后疫情时代的生态文明抉择》,《东岳论丛》2020 年第 8 期。

② 汪信砚:《生态文明建设的价值论审思》,《武汉大学学报》(哲学社会科学版)2020 年第 3 期。

③ 郎廷建:《生态正义概念考辨》,《中国地质大学学报》(社会科学版)2019 年第 6 期。

论者无法通过科学论证非人存在物的内在价值，这种说法实际上属于一种神秘主义的后现代理论；其三，作为道德、权利主体的非人存在物难以表达自我意愿，也就无法对人与非人存在物进行生态资源的正义分配，因此“道德主体说”和“自然权利说”皆无法实现，人与非人存在物之间不存在生态正义。除上述两派“混用论”支持者外，还存在一些“普适主义”的“混用论”支持者，大卫·施朗斯伯格应是持有这种论点的学者中最有影响力的一位。在《对环境正义的界定：理论、运动和自然》一书中，施朗斯伯格以全球环境运动通常会跨越“环境正义”与“生态正义”的概念为由，判断出可以建立一种多元主义的“生态正义”概念，如同“环境正义”理论所做到的那样，把参与、承认、分配、能力等也加入“生态正义”中。更进一步说，施朗斯伯格所期望建立的是一种综合性的“环境或是生态正义”概念（寻求“普适”的正义概念），以便于赢得不同维度、不同文化正义观的一致认可，以多元的形式统一“环境正义运动”的目标。

（二）环境正义与生态正义“差异论”的观点

学界中对环境正义与生态正义论争的第二种论点是环境正义不同于生态正义，与持“混用论”观点的学者一样，持“差异论”观点的学者之间的分歧仍然巨大，这其中最重要的两个支论点分别是“生态正义对环境正义的超越”和“环境正义才是实现生态文明以人类为本位的价值目标”。

在所谓生态正义“超越论”的观点叙述中，一些学者会从“环境正义的局限”和“生态正义对环境正义的超越性”两个方面去论证。关于“环境正义的局限”，持“超越论”观点的学者认为，环境正义存在两个方面的局限。其一是其理论视域存在局限性。持“超越论”观点的学者认为环境正义仅仅将理论视域局限在人与人之间，缺乏自然的维度，并会导致人与自然的不和谐。其二是实践视域有限。认为环境正义只追求分配的正义，而没有从矫正正义的角度论证。所谓“矫正正义”，指的是强调人类的盲目扩张导致了人与自然的紧张关系，因此人类必须停止伤害自然并对自然进行补偿的一种正义形式，在“超越论”那里，“矫正正义”弥补了“分配正义”所缺失的人与自然的正义关系。关于“生态正义对环境正义的超越”，首先，持“超越论”观点的学者认为生态正义超越了环境正义的正义范围，把正义范围从人与人之间延展到了人与自然的领域，人类不再是环境正义的圆心，而与其他非人存在物具有相同地位；其次，生态正义超越了环境正义的思维范式，他们坚持“人与自然”之间的正义不能还原为“人与人”的正义，“自然”并不能作为人际分配正义的“中介”，必须把“自然”的权利还给“自然”；最后，生态正义超越了环境正义的价值范式，环境正义受制于个体中心主义的价值范式，生态正义则主张所有生物都具有内在价值并坚持整体主义的价值范式。从总体来看，“超越论”认为环境正义的视域只局限在人类的整体利益，是“人类中心主义”环境正义观的代名词，忽略了自然维度的保护和发展，无法为非人存在物的“内在价值”提供价值内核；而生态正义则是环境正义的进化理论，它要求人类反思自己在工业化进程中对自然所造成的伤害。除此之外，“超越论”还认为非人存在物应该与人类共同参与到生态资源分配中来，人类作为道德代理人应该遵从道德关怀原则以保障非人存在物实现“环境资源分配正义”，也就是说，生态正义超越了环境正义的适用范围，其适用范围包括“所有生命存在物之间的环境资源分配正义”。[①] 颜景高如此总结道：“‘生态正义’是对‘环境正义’的辩证扬弃，或者说，生态正义开启了人类文明转型的一种新价值范式。”[②] 英国学者布赖恩·巴克斯特也争论说：“生态正义的需要划定了环境正义的需要的边界。”[③]

“差异论”的另一种观点是“生态文明建设的价值归宿只能是‘环境正义’”。持有这一观点的王雨辰教授认为，环境正义与生态正义是具有不同内涵与价值指向的两种概念，马克思主义生态哲学强调了“人类与自然关系的性质取决于人与人关系的性质”，生态危机是以“自然”为中介关系的人际关系危机，只有解决了人际关系中资源分配、使用、占有等分配正义问题，生态危机才有可能在真正意义上得到解决。[④] 持“环境正义论”观点的学者有一个共识，即以西方“深绿”思潮为代表的非人类中心主义对人类中心主义的批判并没有洞悉生态危机根源的核心，以此为指导思想的生态文明实践会面临诸多问题，因此“生态正义”的价值指向（限制人口过

① Brian Baxter, *A Theory of Ecological Justice* (Milton Park, Abingdon, Oxon: Routledge, 2005), pp. 1 – 10.

② 颜景高：《生态文明转型视域下的生态正义探析》，《山东社会科学》2018 年第 11 期。

③ 〔英〕布赖恩·巴克斯特：《生态主义导论》，曾建平译，重庆出版社，2007，第 116 页。

④ 王雨辰：《论生态文明的本质与价值归宿》，《东岳论丛》2020 年第 8 期。

快增长和经济发展）并不能解决人类所面临的生态危机问题，只有“环境正义”所指向的消除资本主义现代化、全球化和资本的全球分工，对全球生态资源进行合理分配和利用，变革资本主义制度、生产方式和资本所支配的权利关系，才能为生态危机的解决找到出路。

（三）环境正义与生态正义的概念辨析

从对环境正义与生态正义的历史溯源和对当今学界各种论点的分析看，环境正义与生态正义所关注的都主要是对生态资源善物和恶物的分配问题，但二者的关注视角并不相同。环境正义所强调的是对有色人种、穷人、少数族裔、底层工作者等弱势群体的分配正义问题，而生态正义则是在批判“人类中心主义”生态伦理观的基础上，批判人类破坏了自然的正常循环，强调非人存在物的“内在价值”，建构人与自然的生态正义关系，因此，“差异论”的观点更受国内外学界认可。

两种概念在以下三个方面形成巨大差异。其一，两种概念的发源不同。生态正义发源于美国资源与荒野保护运动和美国现代环境保护运动，其主要参与人群是白人精英，主要诉求是回归荒野，保护自然，让非人存在物（包括动物、植物、山川河流等）能够享有与人类相同的权利和道德地位；而环境正义则发源于美国环境正义运动，其主要参与人群是有色人种、穷人和少数民族族裔，主要诉求是平等分配环境善物与环境恶物。其二，两种概念的哲学基础不同。生态正义概念的哲学基础来自环境伦理学的非人类中心主义思潮。非人类中心主义思潮经历了三个发展阶段，分别为动物解放/动物权利论阶段、生物中心论阶段和生态中心论阶段。生态正义的哲学基础秉承着非人类中心主义的核心主张，即反对人类中心论的“人只对人自身（包括其后代）负有道德义务”，支持“人不仅对自己负有义务，而且对所有生命和整个生态系统都负有义务”，使人际伦理关系拓展到人与非人存在物的伦理关系，以保障生态系统的和谐稳定。因此，生态正义的哲学基础是一种人与自然之间的正义关系，把人类看作整个生态系统中的普通一员，所有生命都拥有作为道德主体的自然权利。而环境正义的哲学基础来自人类中心主义思潮，以传统正义论、多元正义论和生态学马克思主义为主。但无论是哪种流派的人类中心主义，都反对非人类中心主义思潮将“以人类为中心框架”视为“人类的工具性”，认为非人存在物并不存在

“内在价值”，环境正义就是社会正义的一种形式，实现环境正义就是实现“以自然为中介的人与人之间的正义”。其三，两种概念的研究形式不同。生态正义只进行理论研究，试图证明“生命与花拥有平等权利”，[①] 对于如何将平等权利进行合理分配是漠不关心的（并没有提出明确的行动指南）；而环境正义的研究则是理论研究结合实践研究，研究的课题也多偏向如何实现环境正义，支持环境正义的学者对其可行性政策进行了详尽的分析。

综上所述，环境正义是以“实现人与人的正义”为立论中心的。“环境”一词指的是人类生存的空间及能够直接或间接影响人类生存、发展的各种因素，环境显然具有鲜明的属人性质。与环境不同的是，生态则是影响人的因素与自然因素的综合，更为重视自然的整体概念。在生态概念中，人类并不是自然的中心。尼古拉斯·洛（Nicholas Low）和布伦丹·格利森（Brendan Gleeson）早在1998年就对“环境正义”和“生态正义”做出了区分。洛和格利森认为，“为正义而斗争是以我们如何理解我们自身和他者之间的适当关系为基础的，在界定这一关系时，我们界定了‘我们是谁’以及他者是谁，而‘我们’却有两种含义——‘我们人民’和‘我们人类’。‘我们人民’总是由人类具有社会和地理共同性的某一地方所决定，所以存在分配问题，即‘环境正义’；‘我们人类’则是指我们作为一个物种所有的特性，而且我们人类现在必须思考我们与非人类自然之间的关系，即‘生态正义’。它们事实上是同一关系的两个方面”。[②] 环境正义与生态正义的词意看似相同，实则其理论发源、哲学基础以及研究形式皆为不同。至于大卫·施朗斯伯格所持有的“普适主义”混用论观点，学界普遍承认他所主张的“不同论点的理论和不同目标的环境正义或生态正义运动之间进行合作”是有必要的，这有助于解决现实存在的环境资源分配、承认、参与等“非正义”情况，但问题在于：即便是试图在概念上对“环境正义”与“生态正义”进行混淆化处理，但施朗斯伯格忽视了在资本主义框架下无法彻底根除生态危机这一事实，无论“环境正义”派与“生态正义”派的学者们如何在概念表达上达成妥协式的统一，其最终在是否应当走“生

① 玛丽·米德格雷：《动物和它们为什么重要》，哈蒙特沃斯彭圭出版社，1983，第26页。转引自〔英〕安德鲁·多布森：《绿色政治思想》，郇庆治译，山东大学出版社，2005，第57页。

② Nicholas Low and Brendan Gleeson, *Justice, Society and Nature: An Exploration of Political Ecology* (London; New York: Routledge, 1998) p. 2.

态社会主义”之路上也只能分道扬镳。正因如此，施朗斯伯格本人也只能期望道：“在环境正义的概念上仍然存在着统一的可能性，即使这一术语在文化定义上没有一致性。”① 通过以上辨析厘清环境正义与生态正义的核心概念，对于研究彼得·温茨环境正义论具有重要意义，可在“源问题”上扬弃“混用论”的观点。

三 彼得·温茨对环境正义与生态正义的思考

从对学界论争的分析来看，环境正义和生态正义“混用论”的说法从根本上是不具说服力的，“混用”的原因在于一部分学者并未严谨地分别讨论二者的不同内涵，而是做了简单化的通用处理。虽然“混用”的说法不成立，但“差异论”观点中也存在不少分歧，即所谓“生态正义对环境正义的超越”和“生态文明的价值归宿是环境正义”。因此，彼得·温茨从生态危机的动因、非人存在物是否具有“内在价值”以及生态治理这三个方面进行分析，判断出生态文明的价值旨归只能是环境正义。

（一）生态正义危机论的局限性和环境正义危机论的先进性

代表着“生态正义”的非人类中心主义学者们把矛头指向了人类中心主义，认为是人类的特殊化导致了生态危机的诞生，并由此提出要限制人类开发自然，认为生态危机的根源是一个生态权利/价值观的问题。然而，非人类中心主义的生态危机论却存在三个特点，使其无法进行严密论证。其一，非人类中心主义认为生态危机的本质在于人与自然关系的紧张，这种说法割裂了人与自然之间的联系，把人类置于自然的对立面，“这实际上是一种自我指责和自我道德化的、等同于无法理解的废话的抽象”。② 其二，非人类中心主义把生态危机归因于人类的技术发展，但实际上技术本身并无价值属性，技术的不合理运用的根本原因是技术与资本主义结合而导致的异化。其三，非人类中心主义强调是人类发展过程中的等级制关系导致了生态危机，要求以“自然价值论”为哲学基础改变个人生活方式，反对

① 〔美〕大卫·施朗斯伯格：《重新审视环境正义——全球运动与政治理论的视角》，文长春译，《求是学刊》2019 年第 5 期。

② 〔英〕戴维·佩珀：《生态社会主义：从深生态学到社会正义》，刘颖译，山东大学出版社，2012，第 133 页。

用激进的阶级运动来解决生态危机。这种结论显然是浪漫主义乌托邦式的，没有认识到生态问题与资本密切相关，地方自治无法解决问题，没有阶级环境运动就更加无法限制资本对生态的破坏。

与非人类中心主义者不同，彼得·温茨所支持的环境正义危机论坚定地站在人类中心主义一边，把暴发生态危机归因于资本主义的生产力和生产关系与生产条件之间的矛盾，这也被奥康纳称为资本主义的第二重矛盾。具体来说，第一重矛盾是从需求的角度对资本构成冲击的。资本为了维持利润而降低生产成本，造成需求下降，利润也就因此而再次下降，从而形成恶性循环，导致经济危机暴发。第二重矛盾则是从成本角度对资本构成冲击的。资本为了降低成本而将成本外化至生产条件，从而对外部自然界进行破坏性的利用，造成生态危机。在资本主义的生产方式下，资本扩张在经济维度上没有严格的限制，在生态维度上同样失去控制。经济危机以资本流通中断的形式表现出来，使资本家不得不将工人的成本和环境成本压榨到最低，致使经济危机升级为生态危机，而生态问题又使资本受到再一次的打击，最终演变成两种危机相互作用，如癌细胞一般迅速扩散至全球。

（二）神秘性的生态正义价值观和人本性的环境正义价值观

生态正义的生态价值观是生态中心价值观，其特点是坚持“地球优先论”，反对人类的价值凌驾于自然之上。生态中心价值观强调地球生态系统是一个完整系统，任何一环都至关重要，生态系统的所有存在物都具有“内在价值”，并且要求在必要时个体为整体的利益做出牺牲。可以得出的结论是：生态中心价值观核心在于承认非人存在物的“内在价值”和原则上的生物圈平等主义。但是，非人存在物的内在价值到底是什么，作为生态中心价值观伦理学基础的“深生态学”却没有给出统一的定义，只是给出了存在物拥有“价值”的一些理由。然而，当我们追问这些理由时，“深生态学”给出的答案通常无法自圆其说且具“神秘主义”色彩。生态学马克思主义学者通常运用布克金的“第一自然”和“第二自然”学说回击内在价值论。[①] 其一，生态中心价值观无法解释人类的进化过程，它凭借其“人与非人存在物平等”的概念藐视人类创造的第二自然，并认为第一自然

① 布克金将非人自然认定为“第一自然”，将人类创造的社会的自然称为“第二自然”。

就是荒野，这其中的潜台词是——人类物种的进化是一种异常现象，人类的发展是生态系统的一次“癌变”；其二，生态中心价值观无法解释第二自然的进化过程，它无法科学论证非人存在物具体具有何种价值，只是试图将第一自然向第二自然的进化诉诸神秘力量，而实际上那只是抽象存在的“超级自然”作用的成果；其三，生态中心价值观无法解释动物、植物如何建立等级制的问题，虽然“深生态学”坚称动物与人类一样也是在“动物社会”中生存，但毫无疑问的是“动物社会”绝不具有人类意义上的社会性，一些动物只是出自一种本能来进行分工。

环境正义的生态价值观是“人类中心主义价值观”，强调维护人类的整体利益和长远利益是“环境正义”的内在动力。“人类中心主义价值观”存在两种派别的观点。其中一种是西方“浅绿”思潮的观点，“浅绿”思潮的生态价值观是通过修正“近代人类中心主义价值观”得来的，他们反对“近代人类中心主义价值观”把人类看作宇宙的中心、人类的任何欲望都应该得到自然的馈赠的观点，并在反对的基础上反思人类的实践行为，强调人类必须克制自己日益膨胀的物质欲望。具体来说，“浅绿”思潮的生态价值观是一种弱人类中心主义价值观，只是单纯地想通过改变分配方式、依赖高科技生态治理、控制人口增长来解决生态危机，改善人与自然的关系。但其在实践中屡次失败，因为这种弱人类中心主义价值观并没有触及资本主义的生产方式，其真正的价值指向在于维护资本的利益，妄图通过资本运作实现生态环境的可持续发展。另外一种是生态学马克思主义观点，其特点是坚持历史唯物主义的历史分析法和阶级理论，以批判的形式对“深绿”思潮的“生态中心价值观”和“浅绿”思潮的“弱人类中心主义价值观”进行分析，构建出一种人本主义的、以生产为中心的生态价值观。在对“生态中心价值观”的批判分析上，生态学马克思主义反对生态中心论的抽象价值观，认为其没有看到人与自然的关系本质上是人与人的关系的性质所决定的，如多布森所说：“如果没有人类，将不会存在像内在价值这样概念化的东西，而且是否会存在像内在价值这样的东西也是一个值得讨论的问题……就此而言，任何人类活动包括绿色运动本身都是（弱）人类中心主义的。”① 事实

① 〔英〕安德鲁·多布森：《绿色政治思想》，郇庆治译，山东大学出版社，2005，第 70 ~ 71 页。

上，“生态中心价值观”对非人自然中神秘化的崇拜和对荒野的迷恋已经严重干扰了平衡理性和技术的努力，西方生态中心主义强烈鼓吹“内在价值”的根本原因是想要掩盖资本主义的生态扩张和迫不及待地将自然纳入新的利润源泉中去。温茨对弱人类中心主义进行了批判分析，认为其没有在制度批判的前提下谈论生态问题。只有离开了资本主义的生产方式，才能构建出不以“利润”为追求的生产方式；只有以满足人的需要为唯一标准进行生产，人类才能长期脱离生态危机。环境正义不是仅仅局限于分配领域，而是将正义引至生产方式领域，改变生产方式意味着改变人的需求，从而改变资源稀缺和污染泛滥的现状。

（三）生态文明价值旨归的实现——环境正义的生态治理模式

“深生态学家认为他们的任务不是提供一个行动手册，而是推进一种与非人世界认同的生态意识，这将大大改变其中任何行动手册得以撰写的条件。”① 很显然，“深生态学”并没有提出任何可适用的生态治理模式，生态正义所追寻的治理目标也是非常激进的（也可以说是倒退的）“回到荒野”。而布赖恩·巴克斯特所代表的生态正义“超越论”一派，要求将环境资源分配正义的适用范围扩大到所有生命存在物之间，形成一种以“道德关怀”为治理手段的生态治理模式，从而解决生态非正义问题，实现生态文明的价值旨归。这种模式的主要缺陷在于两个方面：其一，人类是无法成为非人存在物的“道德代理”的，因为人类并不知晓非人存在物的具体诉求，巴克斯特所谓的“基因决定”难以实现生命存在物之间“基本需要”和“非基本需要”的分配，以人类的角度为非人存在物灌注“道德属性”显然又陷入了“逻辑混乱”（人类既是判断道德的主体又是实施“道德关怀”的主体）；其二，巴克斯特所要求的“道德关怀”没有看到实现生态正义的关键在于“人类的生态关系”，他的乌托邦式的政治哲学理论并不能打动资产阶级既得利益者。

相比较生态正义所追寻的浪漫主义生态治理目标，温茨支持的环境正义所追寻的则是具体的治理手段，生态文明价值旨归的实现也有赖于环境正义的实现。温茨选择了“浅绿”阵营提出的绿色政治，具体来说，应包

---

① 〔英〕安德鲁·多布森：《绿色政治思想》，郇庆治译，山东大学出版社，2005，第63页。

括生态现代化、绿色国家、环境公民权的提法，期望在资本主义框架内解决或是缓和“环境不正义”问题，而这些治理手段在一定程度上也确实收到了实效。“生态现代化”最早由联邦德国的马丁·耶内克、约瑟夫·修伯等人提出，他们的思路是通过市场手段预防环境问题的发生，强调运用市场经济竞争推动一批技术的绿色革新以保护环境。生态现代化的构成主要有三个方面：一是强调经济发展和环境保护并重，不能为了环境复原而让人类回到“荒野”；二是以技术引领促进绿色经济；三是运行机制上以市场手段优先。自20世纪80年代“生态现代化”理论面世以来，欧洲诸多资本主义强国十分推崇这种方法，尤其是以大工业为主的国家，他们通过产业结构调整和升级，迅速抢占了低碳技术和市场的先机，是当今世界应对气候治理最为成功的案例之一。“绿色国家”理论是澳大利亚人艾克斯利在其《绿色国家：重思民主与主权》中所提出的，她的思路是建立一个生态共同体，让每一个在共同体内的国家或主权地区都可以成为生态托管员或是跨国界民主促进者，可以先在民族国家内部实践，其后再逐渐在跨国、跨区域、全球层面上施行。“绿色国家”理论有一定的实践意义，欧洲的绿党组成了一个个大大小小的联盟组织，如“红绿联盟”“蓝绿联盟”等，但是为了兑现其竞选许诺的政策或是为其执政地位的需要，绿党联盟正在逐渐瓦解并舍弃其最初的绿色政治主张。“环境公民权”理论则是强调保护与改善环境需要同公民政治权利结合起来，让公民参与到治理环境的实践中来，这也就意味着要关注社会承认和包容等问题，通过资本主义社会生态秩序的政治化促进民主参与，以此方式实现环境正义。

可以看出，“浅绿”的生态治理模式为改善全球环境现状所做出的努力是有积极意义的，而且在资本主义国家中已经得到了一定的实践效果，包括我国在内的后发国家也在研究“浅绿”的治理模式，如2007年1月中国科学院就发表了《中国现代化报告2007：生态现代化研究》，这也从侧面说明了“浅绿”生态治理模式所倡导的绿色增长、技术革新、公民参与等已经在相当程度上得到了世界各国的信任。但是，由于“浅绿”的生态治理模式并没有触及生态危机的本质问题，因此这种治理模式与生态治理实践仍存在大量无法解决的突出矛盾，如马丁·耶内克所分析的那样：“很多环境难题如城市扩张、土壤侵蚀、生物多样性流失……似乎并不存在可以市场化的技术性手段，同时考虑从渐进的技术革新转向激进的技术革新，并承认结构性改革的必要性和艰巨性。”[①] 从“深绿”阵营提出的“回归荒野”到“浅绿”阵营提出的“生态现代化”“绿色国家”“环境公民权”，都是在含蓄地赞许着西方资本的“正义”，并没有站在“人民的正义”一边提出改变资本主义制度的生态治理模式。综上所述，彼得·温茨并没有找到解决生态危机根源的生态治理模式，人类生态文明的价值旨归是找出一条从生产方式入手的生态治理之路，也就是“生产性正义”之路，也只有“生产性正义”之路，才能真正实现环境恶物与环境善物的合理分配，让所有人（不分民族、种姓、肤色等）都能够得到应有的承认和接受合理的资源分配，最终实现生态文明的价值旨归——环境正义。从目前“生产性正义”的发展形势看，人类还没有找到理论上无懈可击的和实践上让所有人都满意的社会变革方式，但有一点，“生产性正义”之路为以“自然”为中介的人与人关系打开了第二扇门，门内的世界将不存在生产方式与生产条件之间的矛盾，真正实现人与自然和谐共处。

① Martin Janicke, *Environmental Governance in Global perspective*: *New Approaches to Ecological and Political Modernisation* (Berlin: FFU, 2007), Chapter 1. 转引自郇庆治《当代西方生态资本主义理论》，北京大学出版社，2015，第 15 页。

第二章　彼得·温茨对环境正义诸理论的批判

彼得·温茨的环境正义理论主要涉及分配正义的理论，这些理论涉及环境收益稀缺或环境负担过度时，收益与负担应当如何被分配的问题。温茨通过比较分析，集中批判了包括德性分配与财产权理论、人权及动物权利理论、功利主义、成本效益分析法以及罗尔斯的正义论，并最终形成了多元性的“同心圆”理论。温茨之所以详细考察这些可替代性理论，主要有三点原因。第一，分配正义的理论虽然还没有在环境领域产生较大影响，但从各个国家与地区的环境争端看，环境分配正义的理论因其应用于环境事务时而表现出的广泛性而得到了最为彻底的检验；第二，要满足社会正义与环境保护的双重要求，在学术研究上就必须关注前人的正义理论，为一些对正义的普遍看法寻找根本依据，并且将我们导向更为复杂的理论；第三，环境正义诸理论是温茨的“同心圆”理论框架的建立基础，应采取预知合作的原理去实践，从而判断在何种情况下应该应用哪种理论。

第一节　彼得·温茨对德性分配与财产权理论的考察

一　缺乏理性的德性分配理论

在分析了环境分配正义理论缘何重要后，彼得·温茨开始了对正义诸理论的考察。温茨首先考察了在非学界人士心中最具影响力的德性分配理论。德性分配理论可以追溯到清教徒的教义中。清教徒相信人生来具有一种作恶的自然趋势，只有上帝能把人从“原罪”的宿命中拯救出来。但是上帝并不是把恩典施加于每一位信徒，而是从中挑选并拯救具有“德性”的人。为了让自己成为有“德性”之人，清教徒强调“勤勉、节俭、冷静、可靠、守时”的清教美德。随着德性分配理论的不断发展，清教徒逐渐认可了一个事实，即德性的“实践经常导致物质上的成功”，① 这个事实不断激励着清教徒们更加努力工作，使他们即使达到一个目标也不会享受物质上的成功。温茨认为，德性分配理论的变化影响到很多人，有一些非清教徒者也受此观念潮流的影响，他们视成功自身为善，并将成功视为个人德性的表征之一。② 本杰明·富兰克林就是其中的代表，并将这种德性分配理论变得更为通俗化，他认为德性就是实践清教徒的工作观念，清教徒的生活方式几乎就是物质成功的保证。富兰克林的观点包含了一种世俗的德性正义论（他没有提到清教的原罪以及清教徒死后等主题），这种正义论主观地规定了哪些人应该获得上帝的恩赐，哪些人没有理由获得恩赐。温茨解释说：“这个理论就是，那些工作努力，具备勤勉、守时、诚实等德性的人在道德上是善的，将会获得成功。那些懒惰、不诚实的人在道德上是恶的，将会遭到失败。”③

德性分配理论眷顾那些努力工作的人，并且以结果论推算出只有在工作中取得成就的人才是努力工作的人，因此努力工作并不只是为了生活的需要，更是为了得到他人的尊重。事实上，德性分配理论对现代社会影响颇深。无论是在小说还是电影中，那些具备“德性分配理论”标准的人总是具有普通人难以想象的超能力，这不仅体现在以超人、蜘蛛侠为代表的商业电影人物中，也体现在家庭中间口口相传的故事中，所谓的好人最终都会凭借其超越常人的工作效率获得成功。而贫穷总是与失败联系在一起，贫穷的人在上述故事中通常是缺乏耐性并且自负的形象。但现实世界是否真如德性分配理论所宣传的那样呢？事实真相是：人的内在德性与外在成功之间没有什么明显的联系，德性在社会各阶层中的分布是均衡的，德性分配理论宣传的那些故事都是虚构的，好人并不总能战胜邪恶，很多受压迫者和穷人实际上比富人和成功人士更具有品格。与此事实相对应的另一个事实是：虽然大多数具有理性思考能力的人在理智和思维上清楚德性分配理论不是一个正义的分配公式，但他们在心中和感性思考中还是认可德

① 〔美〕彼得·温茨：《环境正义论》，朱丹琼、宋玉波译，上海人民出版社，2007，第56页。

② 〔美〕彼得·温茨：《环境正义论》，朱丹琼、宋玉波译，上海人民出版社，2007，第57页。

③ 〔美〕彼得·温茨：《环境正义论》，朱丹琼、宋玉波译，上海人民出版社，2007，第58页。

性分配理论的分配方式。这样一种事实所导致的几个案例是值得我们深思的。例如，美国的政治家总是借助德性分配理论诽谤穷人有很大可能会骗取福利金，他们宣称要对骗取福利的人采取严厉的手段，政府则需花费数十亿美金监控哪些穷人会骗取福利金，并且减少了对穷人的食物补贴以及住房补贴，这种提前将不诚实列为穷人品性的最终结果是，无辜的穷人受到了伤害，而政治家们获得了他们想要的选票。相比之下，富人和大型跨国公司则受信任得多，很少有人会相信大型公司存在很多的欺诈行为。而美国安然公司的造假事件无疑是一个最典型的例子。安然公司曾经被称为“美国最具创新精神的公司”，并在2000年《财富》世界500强中排名第16位，安然公司为了从一个标准的天然气供应商转型为新能源产业的经济中介，急需大量现金流维持增长，而又为了能够维持不断融资以补充现金流，公司公布了虚假的财务报表（通过创立数百个特殊目的的实体并进行重大并且复杂的交易，做出激进的会计决策，将大量的负债转移到资产负债表外，财务报表中关于特殊目的实体的披露不充分，非专业投资者很难发现真相）以保持很高的信用评级，最终导致2001年安然股票崩盘，从年初的80美元市值暴跌至10月份的30美元，12月初公司管理层申请了破产保护，而其间一共给投资者造成了600亿美元的损失。安然的股票崩盘地震还没有结束，随着事件的不断深入，人们发现另一个行业巨头——安达信会计师事务所犯下的罪行则更为令人吃惊，为了帮助安然公司渡过难关，安达信组织团队利用会计规范上的漏洞，以低劣的会计报告来掩盖安然公司数十亿美元的债务，帮助安然公开造假从而获得高额的利益回报。这场行业地震让那些相信大型公司的投资者们损失巨大，而事件中的两家公司最终也走向了破产的深渊。

温茨分析了富人比穷人更让人信任的两点原因。第一，富人会用金钱或者其他捐赠活动博得立法者的厚爱。资本家们为政客捐赠了大量的选举基金，而政客给他们的回报则来自军用订单、税收减免等。第二，富人所创立的传媒帝国可以产生强大的宣传效果。毫无疑问，政策导向加上强大的舆论攻势可以让更多的人选择相信富人。富人在电视上的形象大多是高贵的、优雅的、健谈的、潇洒的，所以他们看起来十分值得信任。其实除了温茨所分析的原因，还可以引证其他的公共政策来说明世俗的清教徒主义套在人们身上的枷锁，这种枷锁影响着人们对正义的认识，尤其是在资源分配的过程中。

环境正义的观点同样会受到德性分配理论的影响，温茨认为：“人们倾向于顺从富人的需求。”① 环境政策倾斜于富人并不是秘密，只是很少有学者和媒体将之公之于众，戴维·哈维把这种现象称为“正义的后现代死亡”。哈维认为：“在‘后现代’时期，‘普遍性’是这样一个受到怀疑和质疑的词，甚至是完全敌意。普遍真理既容易发现又可作为政治经济行动指南加以应用，这一信仰在当代常常会被视为‘启蒙计划’的首要罪孽，也被视为据称由它创造的‘总体化的’和‘同质化的’现代主义的首要罪孽。”② 在哈维那里，社会正义（当然包括环境正义）是一种特殊形式的正义，它的支持者通常是少数富人，而那些在“烤鸡地带”③ 生活的普通民众则要忍受烤鸡产业所带来的环境负面伤害，在宰杀牲畜的生产线上工作的工人则随时面临感染沙门氏菌的风险。与此同时，环境政策除了更关照富人外，也比较关照中产阶级。美国政府宁愿将清洁的水源引入中产阶级生活的社区里供人娱乐（包括游船、戏水、钓鱼等活动）的水上乐园，也不愿投入更多精力关注贫困地区的饮水质量；宁愿动用公款为公园修路（以便让有车一族更方便地进出公园），也不愿意为公共交通提供补贴（让普通人也有机会乘坐公共汽车进出公园）。从环境政策对富人、中产阶级和穷人的区别中可以看出，德性分配理论正在为富人主持着“环境正义”。

但是，真正的环境正义理论并不能接受富人在道德上比穷人更具有优越感，因此也就宣告了德性分配理论并不具有理性的说服力。温茨解释说：“我们无法根据扭曲的观点做出关于正义的可靠判断……正如近视者需要眼镜矫正视力，我们也需要了解自己的偏见以纠正对正义的理解。”④

二　财产权理论对环境正义的作用

温茨还另外考察了有关财产权的正义理论。从财产权理论的历史上看，

① 〔美〕彼得·温茨：《环境正义论》，朱丹琼、宋玉波译，上海人民出版社，2007，第63页。

② 〔美〕戴维·哈维：《正义、自然和差异地理学》，胡大平译，上海人民出版社，2010，第393～394页。

③ “烤鸡地带”指的是美国鸡肉产业发达地区，地域横跨马里兰州的东海岸，穿过卡罗来纳州，横跨南方腹地，一直到得克萨斯的锅柄地区，在这个区域内最大的食品公司属于Don Tyson，每星期宰杀2900万只鸡。

④ 〔美〕彼得·温茨：《环境正义论》，朱丹琼、宋玉波译，上海人民出版社，2007，第65页。

即便亚里士多德也有所涉猎，但他的主要观点还是集中于德性理论，客观来看，是大卫·休谟开创了财产权正义论的先河。“之所以将财产权视作正义思想的核心，是因为在休谟看来，财产不过是被法律、正义规则所确立的我们可以恒常占有的东西，不说明正义的起源，任何对财产权的言说和使用都是缺乏理论根据的。”[①] 在休谟那里，正义的首要条件就是稀缺的资源，只有当稀缺的资源无法满足人类的物质需要时，才会产生正义论，如果大自然能够提供足够人类需要的物质，所有人都能够实现美好的生活，那么人类也就不需要再依靠社会，也不需要靠所谓正义的理论来帮助自己获得资源获取上的平等。除此之外，休谟还认为人性的自私自利和有限的慷慨也是正义论的前提之一，因为自私是私有财产出现的前提，慷慨的给予会让整个社会达到休谟所说的非十分富裕且非十分贫瘠的中等匮乏状态，而通过缔结契约的方式避免人与人之间私有财产的纷争就会让私人所有物变得稳定，这也就产生了财产权、权利和义务。休谟寄希望于通过确立财产权的方式实现分配正义，并对其正义原则进行了三个层次的考察。其一，休谟最先考察的是财产的稳定占有，这种稳定占有绝不是洛克式的二阶占有，[②] 因为洛克式的二阶占有是没有任何法律限制的占有权，如果每个人都能通过某种方式（劳动）无限制地获得外物的占有权利，也就意味着政府或是法律没有权利对私人财产的占有权进行任何手段的调节或是再分配，这与分配正义的初衷显然不符。当然，有些学者解释道：“自然财产权最多仅仅在一种形式的意义上才是普遍人权，即任何人都可能拥有财产，没有人被事先排除在这些权利领域之外……在有关生命和自由的自然权利通常被认为是普遍权利的那种意义上，自然权利并不是普遍权利。”[③] 但是，这种作为普遍权利的自然权利实质上是形式上的，它并不具有任何具体的财产内容，因此在此意义上的自然权利没有很大的价值。休谟所提到的“稳定占有”则与二阶“自然权利”有本质不同，它既不是人生来所具有的权利，也不是只通过劳动就能占有的权利，而是必须通过法律所确立的占有

---

① 吴照玉：《论分配正义的现代转型——从亚里士多德到苏格兰启蒙运动》，《江汉学术》2019 年第 4 期。

② 一阶是人生来对外物即自然物拥有占有权，二阶是通过劳动而产生的对外物的控制。

③ Jeremy Waldron, *The Right to Private Property* (New York: Oxford University Press, 1988), p. 108.

原则而实现的正义权利。其二，休谟考察了财产所有权的更迭问题。社会中的人绝不会终其一生都持续持有某一外物，财产权会随着持有人的需要而被交易。如何让交易双方都能稳定地进行交易，是所有权正义原则的第二层次。虽然第一层次中休谟强调了财产权的稳定占有属性，但是如果一个拥有大量财产的人无法与其他拥有另外财产的人进行交换，那么财产权稳定占有的收益就会变得非常小，因为无法交换会让大量的私有财产变得无效。为此休谟主张建立一种基于市场法则制度的交换方式，使财产权在这样一种制度下进行稳定交换。为了避免经济性的交换关系出现漏洞（这种漏洞是人类自私的天性所导致的），在休谟看来，法律是保障财产稳定转移的必要条件，而适合性和适应性并不应该被列为分配财产时的考虑条件。在这一点上，亚当·斯密很好地继承了休谟的观点，并延伸了商业社会中的交易正义的内容。斯密主张建立维护私人财产权的法律，并要求以自由竞争和自由贸易来保证交易正义的实现。其三，休谟考虑了在分配财产时，应该遵循许诺的原则，这也就是休谟所有权正义的第三层次——许诺的约束力原则。由于在市场原则下的交换关系会出现无法同时交易（即所谓一手交钱一手交货）的情况，人在交换财产权时会由一方先交付给对方，而对方承诺在一定时间以后再交付财产权。但是，无条件信任他人在商业交易中显然是不成立的，总会有人为了私欲而选择背弃承诺，也正因担心商业交易中的一方背弃交易，所以休谟认为应该将“许诺”设置在契约之内，一旦有一方背弃契约，那么他将会受到失信的惩罚。在契约许诺意义上的商业财产权交换之中，无论交易双方是多么野性和缺乏正义感，他们都会因为惧怕失约惩罚而遵守交易之时所订立的契约条款。综上所述，休谟通过“稳定占有”原则明确了私人财产权如何诞生，再通过“财产权交换”原则明确了经济性交易应该在法律的框架内执行，最后通过“许诺”原则保障了财产权远期交换的公平性和安全性，可以说，休谟所创立的三个层次的正义原则为经济性社会提供了制度前提，维系了人们在财产权交换中赖以信任的契约属性。

休谟说：“正义是对社会有用的，因而至少其价值的这个部分必定起源于这种考虑，要证明这一命题将是一件多余的事情。”[①] 但在休谟的时代，

---

① 〔英〕休谟：《道德原则研究》，曾晓平译，商务印书馆，2001，第 35 页，

他显然没有意识到环境资源也会成为稀缺物品，他甚至论述道："水和空气，尽管是一切对象中最必需的，却没有被作为单个人的财产来争取，也没有任何一个人能通过对大自然的这些恩赐的挥霍和享受来行不正义。"①从休谟的语气中可以得知，在空气和水资源的稀缺得到人类的普遍关注以前，环境正义还不是人类学者需要讨论的问题。划定诸如臭氧层、水、空气等非竞争性资源的财产权并不像分配土地资源那样轻松（划分土地最简单的方法是在我的田地和邻居的田地之间树立界碑或是篱笆）。温茨试图证明财产权对于环境正义而言并不是一件多余的事，他以两个生动的现实案例为切入点对财产权的作用进行了分析。案例一是关于威廉的房屋毗邻托马斯家猪圈的故事。威廉要求托马斯搬走猪圈，因为托马斯侵犯了他的房屋财产权（损害了威廉一家享用房屋的权利），而托马斯认为猪圈可以维持自己一家的生计，所以并不愿意搬走。最终法院判决托马斯赔偿其对威廉一家无法100%享用其房屋财产权的损失（也就是说只需要赔款，而不需要搬走猪圈）。案例二则是斯珀产业公司（饲养场）污染附近楼盘（德尔伟布所开发的房地产），导致已经建好的地产无法售卖的故事。同样，德尔伟布的公司要求搬走饲养场。最终法院判决斯珀产业公司的饲养场搬走，但是需要德尔伟布承担搬迁费用。因为该地区属于农业区，德尔伟布贪图农业区便宜的地价，而不顾周围已经存在饲养场的事实，强行在此处开发地产，所以搬迁费用需要德尔伟布承担。

温茨总结了财产权正义论的三点作用。其一，在一些情况下，"公地悲剧"可以通过诉诸财产权而加以避免。在两个案例中，根据所有权正义论原理，只要从事合法经营活动，当事人有权将财产用于生产性用途，在私人土地上保留猪圈或是饲养场是被允许的。另外，同样是根据所有权正义论原理，当事人同样有权在享用私人财产时不受到他人打扰。因为猪圈和饲养场妨碍了业主的空气清新，所以私人屋主和地产商有权要求得到赔偿或是搬走饲养场。其二，财产权正义论可以帮助我们在很大程度上理解环境正义。财产权理论可以有效解决环境争端以及争端所造成的环境影响，从未接触过环境正义的人们可以通过"私人财产需要被稳定占有"这样的财产权基础定义去理解环境正义。其三，财产权理论可以促进环境正义理

① 〔英〕休谟：《道德原则研究》，曾晓平译，商务印书馆，2001，第36页。

论的发展。当环境正义能够被越来越多的人所理解时，它所发挥的功用也会越来越大。在两个案例中，案件双方通过理解财产权理论而得到各自满意的赔偿结果，空气污染以及其他环境污染最终得到了人类的重视，人类完全可以通过改变污染活动的发生地来确保住宅区不受到难闻气味的影响，财产权得到尊重的同时也使环境正义深入人心。

财产权的自由派理论强调了许可人们进行自由交换的重要性，自由交换成为自由的表达方式，因此在人们选择自由交换之前就被默认已经提前考虑了所有的环境善物和环境恶物。如同案例二的德尔韦布公司必须承担饲养场搬离的费用一样，财产权理论同样要求德尔韦布不能妨碍斯珀产业公司的正常经营。但环境恶物的分配问题并没有真正得到解决，因为德尔韦布公司并不是唯一的受害者，真正的受害者是那些买了地产商房屋的居民们，他们被“广告”吸引而选择在饲养场周围居住，却因信息不平等不知道环绕四周的饲养场会带来极大的空气污染，虽然法院要求斯珀公司搬离饲养场，但其他饲养场还在不远处经营，法院无法根据财产权正义论判决不远处的饲养场也搬走。因此，从现实案例中我们可以得出结论：环境恶物总是伤害那些弱势的人们，环境非正义依然存在。

三 财产权理论的局限性

财产权理论对环境正义的作用毋庸置疑，而它的局限也非常明显。温茨还是从案例入手，解释了财产权理论的主要局限。其一，案例一中的威廉先生一家的生活条件并没有得到改善。虽然托马斯先生按照财产权理论赔偿了威廉一家因无法享受房屋财产权的实质利益而遭受的损失（以货币形式弥补），但实际上，威廉先生一家还是没有摆脱难闻气味的困扰，托马斯还是被允许在威廉一家旁边经营养猪场，这种情况在事实上没有遵循环境正义。其二，法院判决所使用的原理集中于关注财产基本功能的损害，但从环境正义的意义上看，法院所依据的财产权正义论并不能够阻止不正义的发生。例如，恶臭的猪圈继续在威廉一家周围，威廉先生的子女以及老人都有更大概率患上猪瘟或是其他传染病，这种伤害不仅会影响威廉子孙三代人，更有可能影响未来许多代，这就是代际不公平所导致的问题。其三，财产权正义论并不适用于每一个环境争端，争议各方可能会求助于不同的正义论从而导致更大的争端。虽然财产权理论易于让人们理解正义原理，但权衡相互冲突的、各自合理的正义原理并不容易，统一的、理想的正义论尚未出现。

自由派人士卢斯巴德试图为财产权理论辩解，他认为人的寿命不是环境污染的一个合理度量标准，身体健康受到饮食、药物、医疗技术等多方面影响，因此即便社会总体的环境污染减轻了，也不会影响私有财产的分配，社会总体的善（即保护环境）不应该成为压迫人类生存权、自由权和财产权的理由，财产权正义论要求污染者应该赔偿受污染者。

综合来看，温茨教授对德性分配理论以及财产权理论的考察有其合理性。德性分配理论出于对劳动的垂爱而直截了当地通过趋向和本能解决争端，这种趋向和本能主要着眼于情感这一简单的对象，而不依靠任何制度和体系。这种方式的好处是便于所有人都拥有认同感，甚至于直接激起赞许或是崇拜的道德情感，而无须对其产生的深远后果做出反思，但社会正义与德性的情形并不是一致的，正义源自社会整体利益，正如休谟所述："一切规范所有权的自然法以及一切民法都是一般性的，都仅仅尊重案件的某些基本的因素，并不考虑有关个人的性格、境况和关系，不考虑这些法律的规定给任何给定的特定案件中可能产生的特定的后果。"[①] 财产权理论则是从"保护私有财产"的角度来避免争端，但在环境争端中，财产权理论的非正义属性更多的是来自其分配正义基础。公共的效用要求财产权理论应规范地存在于一些不能更改的规则中，虽然这样的规则被采纳是因为公共的效用，然而对它们来说，要在每一个案例中都产生有意义的效果是不可能的，就如前文所提到的：财产权理论无法对诸如空气、水、臭氧层等环境资源进行产权划分，因为环境资源不仅是属于当代人的，更是属于后代人的，没有人可以代替后代人做决定。此外，财产权正义论还有另外一种无法避免的情况，即便按照自由派理论所要求的对受害者加以赔偿，但有些损失过大的情况会让污染者无力承担，比如有些公司会使用二噁英除掉海滩上的沙子，但二噁英的剧毒性会造成整个城镇的人都患病，该公司显然无力支付所有人的医疗费用，最终只能通过把污染者关进监狱这种形式判决此案，而事实上受到伤害的人却没有得到补偿。

所以，从个例上看，德性分配理论或是财产权理论都对环境正义的实

---

① 〔英〕休谟：《道德原则研究》，曾晓平译，商务印书馆，2001，第 157 页。

现有着积极作用，但从整体上看，它们都不足以代表环境正义，其方式方法无法成为一种统一的、通用的判断方法。

第二节　彼得·温茨对人权理论及动物权利理论的考察

一　人权理论解决环境正义问题的可能性

温茨随后对人权进行了考察。温茨先是对洛克所主张的“人的自然权利”进行了分析。洛克认为：“人具有生存、自由和财产的自然权利。”[①] 他认为自然权利是任何国家或政府所必须保障的权利，他声称生存、自由、财产的权利自然地属于人民，而不仅仅是通过法律所获得的，即使它们还未得到法律的认可和保护，人民也应当拥有自然权利。洛克也将自然权利称为“天赋权利”，这是因为人在进入政治社会以前，天生处于一种“自然状态”中，这是一种生而有之的“平等与自由”的状态，且“自然状态”不仅存在于政治社会之前，同样也随着人进入政治社会中，所以，“自然状态”具有跨时代性，无论何时都必须承认自然状态所赋予的权利。此外，“自然状态”还存在三个方面的特点。第一，自然状态享有行动和处理人身财产的自由，在这一方面无须听从任何权力的意志；第二，所有人的自然状态都是一样的，并不存在个体差异，因此也就没有更深层次的自然状态，所有个体的权利以及义务都是相互的；第三，自然状态下的权利存在着一定的权力保障，也就意味着自然权利有“自然法”的保障，“自然法”则指的是理性的法则，教导着人类平等而独立地生存，任何个体不得侵犯他人的生命、健康、自由和财产，一旦这种理性法则被打破，任何个体都可以以维护“自然法”为理由捍卫自己的自然权利。“自然法”存在的理由正如洛克所述：“为了约束所有的人不侵犯他人的权利，不互相伤害，使大家都严格遵守旨在维护和平和保卫全人类的自然法，在那种状态下每一个人都允许去执行之，使每一个人都有权惩罚违反自然法的人，以制止违反自然法为度。”[②]

---

① John Locke, *The Second Treatise of Government* (New York: Library of Liberal Arts, 1965).

② 〔英〕约翰·洛克：《洛克论人权与自由》，石磊编译，中国商业出版社，2016，第133页。

温茨认为，洛克所指的自然权利是没有作用在法定权利之内的，也就是说自然权利无法得到法律的保护。“但是一项没有得到法律保护的权利易于受到侵犯，至少是偶然的或者可能是经常性的。”[①] 如果不存在一项免于侵犯的法定权利，人的生存与自由的自然权利就可能受到侵犯。那么，根据洛克的观点，人权（即自然权利）平等地属于每个个体，无论种族、身份、地位、宗教信仰或是其他因素。从以上可以得出，洛克所认同的“自然权利”的确不属于法定权利的范畴，更多的是一种“道德权利”，有一个道德律在命令我们每一个人去尊重任何其他人的自然权利，即使它没有通过法律的许可。

洛克的支持者们认同国家所起到的基础作用就是保护人民的“自然权利”。人民联合在一起组建成为一个国家、政府或是制定法律，就是自然法能够得以实施的保障，但法律被制定出来，人的法定权利也就被创造出来；法律随着时代的进步不断修订，人的法定权利也必须随着法律的改变而更改。这也就意味着人民有权修改法律，以适应不同时期的“法定权利”需求；如果政府不能为人民作主（即保护自然权利），人民也有权要求更换“政府”，这也为人民的“革命性”提供了理论根基。诚然，洛克以及他的支持者们所推崇的“自然权利”“道德权利”并无二致，只是与“法定权利”有所不同，洛克的人权观只证明了“道德”的约束作用，却没有对“法律”进行说明，这就天然地存在缺陷，因为环境正义无法只通过“道德”约束那些排污的资本家。

杰斐逊扬弃了洛克的观点，他认为自然权利包括生存权、自由权和追求幸福的权利，也就是说他所认为的自然权利并不仅限于洛克所规定的生存、自由、财产权利。为了证实“人权”的存在，杰斐逊同洛克所采用的方法类似，都是求助于“理性”。他认为人类的“理性”会帮助人类认识到“人权”的存在，因为它们的真实性是不言而喻的，所以任何人理性地反思杰斐逊的不可让渡权利的声明，就会“理会”到它们的正确性。[②]

温茨不同意洛克和杰斐逊的观点，认为他们的“人权”立场仅仅是出于他们主观的想法，并不具有“普遍性”。杰斐逊的错误也同样显而易见，

---

① 〔美〕彼得·温茨：《环境正义论》，朱丹琼、宋玉波译，上海人民出版社，2007，第 133 页。

② 〔美〕彼得·温茨：《环境正义论》，朱丹琼、宋玉波译，上海人民出版社，2007，第 136 页。

当杰斐逊在美国《独立宣言》中写下“人人生而平等是不言而喻的”的时候，他所指的并不是所有人，而是只包括白人男子，黑人男性或女性并不具有所谓的“不可让渡的权利”，这种“种族主义”的观点显然是非正义的，这种“非正义”许可了白人男性追求幸福的同时，也许可了奴隶主肆意践踏黑人的自由和追求幸福的权利。

温茨在分析了洛克以及杰斐逊的人权理论之后，选择对康德所说的“绝对命令”进行考察，以此解决洛克的人权正义论中不适用于“普遍性”的情况。康德认为，人类与动物不同，只有人类才具有这样的属性，即一个存在物必须为其行为接受道德评价。这样的属性就是理性与自由。关于理性，康德在《纯粹理性批判》的第二版序中写道：“现在，只要承认在这些科学中有理性，那么在其中就必须有某种东西先天地被认识，理性知识也就能以两种方式与其对象发生关系，即要么是仅仅规定这个对象及其概念（这个对象必须从别的地方被给予），要么还要现实地把对象做出来。”[①] 可以看出，理性是人类完全先天地对对象所规定的认知，这就意味着人类的理性使人类完全可以通过“选择”完成对前方道路、行动方向以及目标的认知。关于自由，在康德那里，自由与否在于人是否能够不被胁迫地选择追求哪一个对象，而且这种选择并不是依赖于人的本能的。理性与自由具有这样的关系，理性能够使我们意识到不同的可能性，而自由能够使我们选择其中一个，这个选择源于我们自身的自由意志。[②] 因此，理性为选择提供了多个答案（或是一个），自由则给予我们选择其中一个（或是不选）的权利。但是，人如何判断一种行为应该受到道德赞扬还是道德谴责呢？还是理性为我们提供了答案，而理性所要求的则是一致性，即在同等条件下，合乎理性的思维方式在逻辑上是保持一致的，绝不能出现“指鹿为马”的情况，这种理性的思维方式就避免了人在思考道德权利时对自己和他人的要求的不一致。这就是康德所说的“绝对命令”，只有合乎理性的选择才能通向“绝对命令”，这种“命令”在每一个人身上都是适用的，即希望其他人在同样情形下也可以适用同一套理性选择。换言之，在康德看来，一

---

① 〔德〕伊曼努尔·康德：《纯粹理性批判》，邓晓芒译，杨祖陶校，人民出版社，2017，第9页。

② 〔美〕彼得·温茨：《环境正义论》，朱丹琼、宋玉波译，上海人民出版社，2007，第143页。

个人的行为遵照绝对命令，就是值得称赞的，与之相反则必须加以谴责。依照康德的说法，这就是“道德律”。但是“道德律”还是有一种误区，即有人认为既然可以按照“绝对命令”的说法把“个人之所欲”同化为“他人之所欲”，那么抢劫犯就可以要求警察不抓捕他（或者说惩罚他），因为当他换位思考而成为警察角色时，他也会不抓捕抢劫犯。显然，这种误区是不符合任何一类“道德”的，康德认为，困难源于这样一个事实，即《圣经》金箴①将任何人偶然产生的欲望作为出发点。也就是说，人的一些主观愿望是很难普遍适用的，如现实像抢劫犯所希望的那样（犯罪不会被惩罚），那么将破坏整个人类的法律秩序，人们可以无所顾忌地犯罪，整个世界长期形成的社会性秩序也将消失，因此康德所说的“绝对命令”并不能这样理解。

温茨对康德的绝对命令从三个方面进行了解释。第一，分析“绝对命令”与从主观欲望出发的“金箴”之间的差别问题。事实上，按照康德的说法，任何个体都不必希望其他所有人都以同样的方式对待任何其他个体，“金箴”是有限制的，它只在于这一个体对于所有他者的行为，以及所有他者对这一个体的行为。而“绝对命令”在这一方面就与从主观欲望出发的“金箴”不同，绝对命令使一些“个人欲望”不再获得完全满足，只有在一种特定的背景下才可以使用“绝对命令”，绝不能毫无矛盾地将其用于他们与其他任何人的关系中。举例来说，抢劫犯从自己的视角希望所有犯罪都可以得到宽恕（无论他是作为罪犯还是警察），但这种情况并不能套用“绝对命令”，因为宽恕罪犯只是主观偏爱，并不具有普遍性，也不符合“道德律”。第二，关于“绝对命令”的对象问题，温茨认为，符合康德的“绝对命令”的对象必须是具有自由和理性的存在物（也就是人），这一存在物所具有的“自由”属性代表着其可以挑选行动方案，其所具有的“理性”属性代表着其可以从不同行动方案中权衡利弊从而做出负责任的抉择，也只有具有“自由”与“理性”属性的道德主体才可以讨论其选择的行动方案是“道德的”还是“非道德的”，才能成为“绝对命令”的对象。第三，关于“理性”如何为符合的对象提供“绝对命令”的选择问题，温茨认为，进入这些存在物中的理性提供了“绝对命令”，它给予道德以真意。这表明

① 《圣经》中教导说一个人要别人如何待他，他也应该要求自己一样待别人。

了任何具有理性的个体都可以独立思考问题，这种思考能力源自其本身，同时，无论是哪一个个体都应该服从他们与其他人所共享的理性推理原则，这就意味着作为理性存在物的人应该为自己制定一个“自律法则”，以要求自己遵从这种全社会所共同推理出来的“理性推理原则”。

在讨论了“绝对命令”的概念后，温茨对“绝对命令”的应用进行了介绍。温茨提到了康德对“牛奶”的举例。康德认为，牛奶在人类出现在地球上之前就存在，但那时候的牛奶是没有道德价值的。当人类行为与牛奶产生了关联，由于人类的理性行为存在明确的目的性，所以人购买牛奶喂养孩子以增加孩子的营养就有了价值，由此也就可以判断出“人购买牛奶”的这个行为是符合“道德律”的。因此，只有通过“绝对命令”原则判断出人的行为正当的时候，牛奶才有价值。对此康德也解释道：“除了规律所规定的之外没有什么东西具有任何价值。”[①] 每一个理性选择都是通过“绝对命令”原则实现其价值的，因此对所有非人存在物而言，其只有被用于或是完全服务于外在于它们本身的目的，才可以说在道德上是正义的。在环境问题方面也同样如此，如果因工厂污染造成周围居民的健康问题，那么周围居民就没有被作为目的本身而得到充分的考虑，工厂只是为了利润而不是被用于或是完全服务于外在于它们本身的目的，因此这种污染行为就属于环境非正义。康德最终得出了结论：人类的福利是道德的一个重要目标，人具有特别的尊严，任何个体不能仅仅被作为手段，每个人都必须被作为目的本身而受到尊重。简而言之，人类构建了一个目的王国。[②]

总结温茨对洛克、杰斐逊、康德的人权讨论，可以得出以下两点。其一，康德的理论是支持积极人权的。《联合国人权宣言》第 25 条、第 26 条为我们提供了积极人权的标准解释：人人有权享受为维持其本人和家属的健康和福利所需的生活水准，包括食物、衣着、住房、医疗和必要的社会服务；在失业、生病、残废、守寡、衰老或其他不能控制的情况下丧失谋生能力时，有权享受保障。[③] 积极人权证明，任何时候人们都应该相互提供

---

① 〔美〕彼得·温茨：《环境正义论》，朱丹琼、宋玉波译，上海人民出版社，2007，第 150 页。

② 〔美〕彼得·温茨：《环境正义论》，朱丹琼、宋玉波译，上海人民出版社，2007，第 151 ~ 152 页。

③ ABC MEP Annexes V4, “Universal Declaration of Human Rights (1948),” UN Human Rights Office, https://www.ohchr.org/Documents/Publications/ABCannexesen.pdf.

帮助，而不是只关心自身利益。因此康德所支持的积极人权也可以被称为“福利人权”，即人无法以自己的能力提供生活必需品之时，他所拥有的积极人权使他可以从他人那里寻求保障。当然，“生活必需品”包括食物、水以及清洁的环境。康德的人权理论赋予了人作为自身目的的无与伦比的价值，根据“绝对命令”原则，任何生活在健康环境中的人都有义务为其他人提供更多的帮助，就像美国人应该帮助墨西哥人摆脱淡水资源稀少的困境，欧洲西部国家应该帮助乌克兰人摆脱“切尔诺贝利”的高辐射。其二，洛克与杰斐逊则坚持消极人权而不是积极人权的存在。消极人权是指人天生拥有不被干涉的权利，在某些特别的方面不应该被打扰。比如人所拥有的生命、自由、财产等权利不应该被剥夺（或可以称为干涉），因为所有人都首先是被消极权利所制约的，洛克和杰斐逊所宣告的人权，以及美国权利法案和美国宪法修正案里的人权，都属于消极人权。无论是康德所支持的积极人权还是洛克与杰斐逊所支持的消极人权，都可以在实现环境正义方面起到积极的作用，这些理论为人所拥有的权利做出了最为详细的解释，特别是应用于环境问题的方面。

二 人权理论与环境正义的冲突性

虽然学者对于积极人权（福利人权）和消极人权（不干涉人权）能否共存以及哪一种人权应该代表正义还有着不同的看法，但事实上无论是哪种人权都已经对现实社会产生了积极深远的影响，这一点是不容否认的。然而，从两种人权理论的实践情况看，两种人权理论都存在理论的局限性，使人权正义论无法应用到每一个非正义事件中。

温茨首先对积极人权的局限性进行了叙述。积极人权要求向人们提供食物、住房、医疗服务以及教育服务等生活必需品，但有一个问题很难解决，这就是“究竟谁应该为提供这些服务而负责”。与消极人权所不同的是，积极人权的实践不可能要求所有人都参与，因为世界上还有很多国家的人民存在温饱问题，其他国家中的绝大部分人民还仅仅处于自足而已，所以他们没有经济能力为其他人提供积极人权的保障。针对这一问题，许多学者提出了通过税收征集与福利基金的分配为积极人权提供帮助。但税收以及福利基金都需要庞大的政府官僚机构或是民间的援助性组织（如红十字会）进行运作。政府官僚机构所面临的最大问题是他们的强制征税更多的是为了保障消极人权的实践，如政府可以动用税金以成立警察署、法院、城市管理局、市场监督管理局等以维护当地人民的生命财产安全，而福利性支出其实也就意味着侵犯了纳税者的生命财产权，因为这是一种干涉他人财产使用的行为（许多人可能不同意把税金用作保障贫穷人民的住房、医疗费用）。也正因如此，许多国家（包括所谓的世界霸主国家——美国）无法推行全民医疗法案，因为动用纳税者所缴纳的税金以帮助穷人在人权理论中存在最根本的矛盾——即保障积极人权与保障消极人权不能兼得的矛盾。还有人认为福利机构可以很好地弥补政府的不足，但就如温茨所说："在一个纯粹自愿捐助主义的体系下，结果几乎必然是更为糟糕的。"①试想一下，如果社会完全依赖民间福利组织进行福利分配，那么分配将会引起更多人的不满，分配者没有足够的资源以保障所有人的福利，而没有得到福利的那一部分人可能会采取更消极的方式表达不满，这就会使分配非正义的事件激增。另外，还有一个问题不容忽视，也就是福利机构的工作人员本身也存在腐败的问题，捐献的人与分配的人通常不会是一个人，那么如何保证分配者能够运用正确的方法以及最理性的方式进行公平分配就成为难题，这种例子在各个民间组织屡见不鲜。

既然积极人权有很大的局限性，那么洛克与杰斐逊所主张的消极人权理论是否就可以维护所有的正义呢？答案依然是否定的。第一，消极人权与积极人权一样，都需要通过政府征税来建立起强大的法治强制力机构，如警察系统、法院、监狱系统等。但问题是这些征税同样是强制性的，这就与杰斐逊所说的财产自由不容侵犯不符。第二，消极人权本身就存在非正义。当消极人权理论要求私人财产权不容侵犯时，就会引发如德性分配理论所导致的后果（前文已经讨论过）。在资本的扶持下，拥有强大资本实力的富人会一直富裕下去，而穷人则会一直被资本打压，最终会越来越穷；拥有强大资金实力的国家会运用资本提升其科技能力、军事能力以及市场占有率，而发展中国家的人们只能从事那些高污染、低效率的行业。最终地球会被分为两个世界，一个是资本的天堂世界，在那里的人民享受着绿色生态所带来的美好环境，安居乐业，一片祥和；另外一个则是资本的地狱，在那里污水横流，空气污染使人与动物都患有严重的疾病，只有极少

① 〔美〕彼得·温茨：《环境正义论》，朱丹琼、宋玉波译，上海人民出版社，2007，第156页。

数的人能够得到基本的生活保障。

三 动物权利理论对环境正义的积极作用

对环境正义更为关注的是动物权利论的学者，他们强调道德的目标并不仅仅是针对人权的保护和促进，环境正义更应该从伦理学的角度关注动物所遭受的痛苦。著名的动物权利论学者汤姆·雷根叙述道："一些非人类的动物，在道德的许多方面类似于正常人类。尤其是，它们向世界展现了统一的心理存在这一神秘特性。与我们一样，它们拥有各种感知能力、认识能力、意向能力和意志能力。它们在看、在听，在相信、在渴望、在记忆、在期待、在计划、在打算。还有，发生在它们身上的事情对它们来说是有意义的。"①

温茨对动物权利的讨论主要是关于人类应该如何对待非人类动物以及相关联的问题。首先，温茨发现人类对待动物的许多行为都是非道德的或者说是非法的，动物与其他非人存在物同样存在价值。动物权利论者经常举例来说明人类的一些行为。例如，在"赛狗"活动中，赛狗通常会被装入小型木板箱中，板箱中闷热难耐，空气也不流通；马戏团和海洋公园中的野生动物被人类调教表演，只有赢得人类的喜悦才能获得一些食物；每年有大量动物被杀死，只是因为人类需要它们的皮毛，特别是濒危动物，它们的生存状况岌岌可危，如水貂以极快的速度在减少。从以上案例来看，仅仅在人权框架内是无法帮助到这些动物的，那些持有非人类中心主义观点的学者需要证明两个内容，即动物是否应该成为环境正义的主体，非人存在物是不是具有权利和价值的。

伊曼努尔·康德强调所有道德规范都是人类中心主义的，因此那些被虐杀的动物并不是正义的主体，人类也没有义务帮助动物做什么事情，相反，动物的存在仅仅是为了达到某种目的，那个目的就是"人"。但是，康德并不赞成虐待动物，他给出的理由是：人类必须对动物存有仁慈之心，因为虐待动物的人在对待其他人类时也会变得残忍。康德的人权理论声明了动物并不具有价值和权利，自然也就不能成为环境正义的主体，虐杀动物给动物们带来的苦难是无足轻重的，但是虐杀动物的行为会导致虐杀人

① 〔美〕汤姆·雷根：《动物权利研究》，李曦译，北京大学出版社，2010，第7页。

的行为，所以人类对于动物的义务其实是对人类的间接义务。非人类中心主义试图驳斥康德的人权理论，他们认为动物本身就应该拥有价值和权利，所有伤害动物的行为都是不道德的。非人类中心主义阵营中可分为动物解放论、动物权利论、生物中心主义、生态中心主义四种，其都支持非人存在物可以成为环境正义的主体（在本节中只讨论温茨对动物解放论和动物权利论的解释）。当人类中心主义者运用康德的人权理论反对动物的环境正义主体地位时，动物解放论和动物权利论的学者分别对其观点进行了批判。功利主义哲学家彼得·辛格是动物解放论的代表学者，依照辛格的观点，虐待动物的行为就如同种族主义和性别主义，都应该属于"物种歧视主义"，"物种歧视主义"是拥护自己的种类成员的利益并反对其他种类成员利益的一种成见或偏见。① 因此，辛格反对所有给动物带来痛苦的行为，比如反对吃肉、套马、斗牛以及一切能够给动物带来痛苦的行为（猪肉的生产是在残忍的环境中进行的，套马和斗牛都需要刺激动物而使其达到发癫的状态）。同时，根据功利主义最大化原则，辛格主张应该通过增加那些能够体验快乐的个体（人与动物）的数量，以达到使这个世界上的净快乐最大化的目的。按照辛格的说法，人们必须在无痛苦的情况下将动物杀死，将其作为享用的食物，接着使另外一只动物替换被杀的动物并过上快乐的生活。动物权利论的代表是美国学者汤姆·雷根，他认为康德意义上的自主性并不是唯一的自主性概念，而应该遵从"偏好自主性"的概念。② 具体来说，个体并不需要具有独立思考的能力，也不需要有能力对自己的欲望、目的等进行抽象，只要个体能够因为自己的一些欲望或目的启动行为，这就足以证明个体（即动物）是环境正义的主体了。当然，雷根所提到的道德主体是一岁以上的正常哺乳动物，这类群体可以被证明具备意识和感觉，人类可以赋予它们信念和欲望、记忆和未来感、情感生活、某种自主性、意向性和自我意识来清楚描绘并简约说明其行为。③ 与此同时，雷根反对康德所提到的"间接义务"，他通过对"道德病人"④ 的描述证明他的观点。

① 〔美〕彼得·辛格：《动物解放》，祖述宪译，青岛出版社，2006，第6页。

② 〔美〕汤姆·雷根：《动物权利研究》，李曦译，北京大学出版社，2010，第72页。

③ 〔美〕汤姆·雷根：《动物权利研究》，李曦译，北京大学出版社，2010，第121页。

④ 这个概念由雷根提出，可以被理解为具有感觉和意识的动物或者是与动物类似的其他道德病人。

“道德病人”的最显著特点是其能够采取行动，具有欲望和信念，有感知有记忆，并且具有某种自主性。雷根继续解释了“间接义务”的弱点，他认为，间接义务观把道德共同体的成员限于道德主体，因此按照康德的观点，道德病人并不具有直接的道德意义，即便是典型的道德病人也没有人对其负有直接义务。雷根指出康德理论的弱点很明显。其一，康德没有把动物当作独立的个体，认为它们仅仅是因为“人”而存在的。如果我们仅仅把动物视为人类的工具，那么我们就是在错误地对待动物。其二，诚然动物确实缺乏道德能动性所要求的自主性，但认为它们缺乏任何意义上的自主性是错误的，因为动物不仅有偏好，而且还可以采取行动满足偏好。其三，康德所说的人因为从折磨动物中获得刺激，从而养成虐待的习惯，把折磨动物的习惯转为折磨其他人，这种立场是武断的，因为无法从行为学的角度推断出对道德病人拷打会使其感受到迫害（道德病人没有知觉，因此有些人会认为拷打对其没有伤害），但事实是人类道德病人与人类道德主体都会因拷打而遭受痛苦，道德病人在遭受痛苦时的表达也与道德主体类似，那么我们可以不武断地得出一个结论：给人类道德病人带来痛苦，也会违背我们对他们负有的直接道德义务，而虽然道德病人无法执行康德的“绝对命令”，但其体验痛苦的能力却是相同的，因此动物（道德病人）与正常人类（道德主体）一样，都是有权利拒绝这种痛苦的。

在以动物解放和动物权利的视角驳斥了康德的人权理论后，温茨详细探讨了通过动物权利理论实现环境正义的可能性。动物权利论旨在保护那些没有划定在人类道德主体范围内的动物和严重智障病人，以帮助他们免除虐待和种族灭绝的威胁。而要论证汤姆·雷根的这一观点，就必须讨论“人类对于生活主体负有直接义务”以及“我们对生活主体负有哪些直接义务”这两个问题。雷根认为：在关于生活主体的日常道德判断中，就暗含着其具有固定价值①的观念。固定价值的观念意味着动物的存在价值既不局限于其体验生活的质量，也不局限于它们对于人的生活质量的提升，而仅仅在于所有个体对其自身和其他个体固定价值的尊重。在此意义上，任何

① 雷根对固定价值的定义：对形式化正义的解释将被称为个体的平等，特定个体本身就具有价值，这种价值即为固定价值。

事物都具有相同的固定价值，正义要求我们对自身和其他个体示以尊重。[①]在雷根看来，大多数意识到动物的现实处境的人都会一致同意约束虐待动物的行为，任何道德判断都不能否认动物权利的存在性，任何通过伤害动物而获益的行为都是不道德的。所以，动物权利与人权一样，都是生活主体所客观拥有的权利。除此之外，温茨认为动物权利论观点还应有以下三点原则。原则一：人们在对待作为生活主体的人类以外的动物时，应该像对待人类那样带着同样的尊重。换成雷根的语言则是："我们应该以尊重其固有价值的方式对待具备固有价值的个体。"[②] 这种一视同仁的做法被雷根认为是正义的，反之，一旦我们以其似乎缺乏固有价值的理由对待如动物一样的"道德病人"，我们就没能以其所应得的尊重对待这些个体，这种行为就是在不公正地对待这些"道德病人"。动物权利论第一条原则的要求是非常激进的，它要求停止一切伤害动物的行为，包括停止以动物为试验品来测试化妆品反应，也包括停止打猎、食用肉类、制造动物皮具等行为，甚至包括废除动物园。总而言之，第一条原则要求人类完成一次"对待动物的行为方式"的大变革，正义要求人类公平地与其他个体分享大自然。原则二：只有当人与其他动物之间存在实质性差异时，人才比其他生活主体更应受到不寻常的对待。这里的实质性差异指的是那些动物不能利用的自由，比如言论自由、宗教信仰自由等，这些"不寻常对待"不能妨碍动物的正常生活。原则三：由于动物缺乏理性，所以它们不需要为它们的行为负道德责任，但由于人类是理性动物，所以当动物的行为对人类造成伤害时，在尊重动物权利的基础上也要保障人类的生命权不受到伤害，人类的理性给予人类一种优先选择的特权。

四 动物权利理论在环境正义方面的局限性

动物权利论的观点试图在动物权利和人权之间寻找一个共同点，也就是说，雷根的方法是将人权理论扩展至动物权利理论之中，但由于人类权利实质上是比动物权利拥有更广阔范围的，所以雷根的动物权利论存在诸多缺陷，无法应用于所有环境非正义案例。对这些缺陷，温茨教授做出了

① 〔美〕汤姆·雷根：《动物权利研究》，李曦译，北京大学出版社，2010，第198~209页。

② 〔美〕汤姆·雷根：《动物权利研究》，李曦译，北京大学出版社，2010，第209页。

详细的归纳。

第一，温茨认为，雷根的论证是通过对我们某些日常道德判断中所隐含的基本原理进行批判性的考察、反思而得出的，然而，尽管日常道德判断是我们的出发点，我们所达到的目标仍与其他一些日常道德判断相抵触。[①] 例如，人类的捕猎行为一直以来都是符合日常道德判断的，人们从没有拒绝过捕猎动物的乐趣；还有个例子则更为日常道德判断所接受，生猪饲养的目的在于宰杀吃肉，而许多幼年公猪更是在没有任何麻醉的情况下被阉割了，其主要原因是性激素会阻碍猪的体重增长。

第二，温茨认为，动物权利论把人权与动物权利做了“一元化”处理，但许多人权应用于动物身上会得出很多荒谬的结论。比如人的权利中最重要的就是生存权，按此推论动物权利中也应该包含生存权。而实际情况是，当老虎为了自己的生存而猎杀野马时，老虎虽然侵犯了野马的生存权却不能为此负责，因为老虎也是为了保卫自己的生存权，这就形成了一个悖论——承认动物的生存权会导致一个荒诞的结果，人类既应该阻止老虎侵犯野马的生存权，又应该保护老虎的生存权。

第三，温茨认为，人权与动物权利存在根本性的分歧。人类为了维护自己的生存权和发展权不得不持续扩张土地，而土地又是地球上十分稀缺的资源，因此人类不得不占据动物栖息的荒野土地。此外，为了照顾动物而建立起来的动物园以及动物赡养所其实都不是动物的主观意愿，实质上是人类为扩张土地破坏了动物的荒野家园，但又不得不给动物建立另外的住所，这就从根本上破坏了动物自由迁徙的权利（消极权利）。

综上所述，温茨分析道：“人与动物具有截然不同的权利。动物权利限制着人类权利……人权限制着动物权利。”[②] 雷根的动物权利论使动物权利向前发展迈出了一大步，他论证了所有生活主体存在固有价值的理由，并提出了所有非人存在物都应该获得尊重，这一点对于实现环境正义有积极意义；但不得不承认的是，动物权利论仍然存在很多无法论证的问题，特别是动物权利在很多方面与人类权利相矛盾，因此有必要寻找替代性理论以解决这些悖论。

---

① 〔美〕彼得·温茨：《环境正义论》，朱丹琼、宋玉波译，上海人民出版社，2007，第179页。

② 〔美〕彼得·温茨：《环境正义论》，朱丹琼、宋玉波译，上海人民出版社，2007，第192页。

第三节 彼得·温茨对功利主义与成本效益分析理论的考察

在考察过德性分配理论、财产权理论、人权理论、动物权利理论之后，温茨继续对功利主义和成本效益分析理论进行探讨。他认为功利主义有着对自由、平等、正义加以维护的一面，但其局限性也限制着功利主义正义论，使其无法作为环境正义论的基础理论；成本效益分析是一种决策方法，它更为强调货币价值的使用，但经过分析可知，成本效益分析法的最终受益者将是那些资本家，而环境资源的公平分配依然无法实现。

一 功利主义环境正义理论的正当性

功利主义所追求的正义是指人类福祉的最大化，杰里米·边沁是功利主义的奠基者之一。关于什么是福祉的最大化，边沁认为，满足人们的欲望、需求或偏好的目的在于促进他们的快乐或幸福，因此快乐和幸福才是至上的目标，而预期欲望的满足则会使人们得到更大的幸福感。相比而言，犹太教或基督教的福祉最大化则不同，其认为人类是上帝的创造物，福祉的最大化存在于人类与上帝的适当关系之中，这种关系包括对上帝存在与至善的信仰，也就是人对上帝的绝对服从。温茨对两种方案的福祉最大化进行了探讨。宗教中的福祉最大化“对上帝的绝对服从”显然是一个很难达到的目标，因为毕竟不是每一个人的信仰都是犹太教或基督教。相比较而言，边沁的偏好满足（欲望满足）最大化目标更容易普及。然而，很多现代功利主义者认为偏好满足并不完全意味着幸福，他们将偏好满足和幸福对立起来，一部分学者认为偏好满足是福祉最大化的终极目标，另一部分学者则认为幸福更重要。在温茨看来，没有必要在功利主义者的分歧中进行选择，因为两派的观点都合理，人们满足偏好就是为了幸福，而偏好满足的目标使功利主义的指向更好地与我们通常的是非观念达成一致。关于如何判断人类的行为是否符合环境正义，边沁说：“自然把人类置于两位主公——快乐和痛苦——的主宰之下。只有它们才能指示我们应当干什么，决定我们将要干什么。”[①] 因

① 〔英〕杰里米·边沁：《道德与立法原理导论》，时殷弘译，商务印书馆，2000，第58页。

此，温茨认为有必要从功利主义的视角探究人权、动物权利和财产权。

关于如何从功利主义的角度看人权理论，功利主义者认为，以康德为代表的人权论（即人类在世界上拥有特殊地位，并可以赋予世界上其他物种以价值）者会让人忽视有效的、正当的法律规则，人权的教条法则会导致普遍的无政府状态，因此他们不相信人类自然权利的存在。边沁主张权利与法律权利是相同的概念，并不存在法律权利之外的自然权利，并且通过对自然权利的批判证实道德权利和天赋权利不存在。功利主义者强调，功利原理是评判一切行为的唯一可接受的标准。虽然这份评判标准不能保障每个人都得到欲望的满足，其追求的功利总和的最大化势必会损害某一个人的幸福以保障其他人得到更多的幸福，但它平等地对待每一个人，即所谓“人人价值平等，绝无尊长显贵”。在这一点上功利主义与自由主义的人权理论产生了强烈的冲突，主要集中于以下两点。其一，人权理论坚持人是目的，而功利主义坚持福祉最大化是目的，所以功利主义认为可以为了共同体的利益而牺牲某一人的利益（甚至是生命），人权理论显然不能同意这一观点；其二，功利原则与人权原则都同意人对快乐和幸福的追求具有合法性，但是功利原则以最终结果（效益）评判行为的选择，而人权原则认为效益与道德原则同样重要，即便最终没有实现100%的结果，那些因为尊重人的权利而失掉的分数也同样是正确的，所以人权原则所遵从的是权利和效益的综合评判原则。以上两点冲突引发的人权与功利主义评判标准相异的案例有很多，如宗教信仰自由权利的问题。从人权的角度看，宗教信仰自由是每个人都承认的自由权利，如果信仰自由的权利被剥夺，那么人的基本权利就不会得到承认；与人权理论相反的是，功利主义并不会考虑人的基本权利是否得到承认的问题，而是会判断宗教信仰自由是否会给社会福祉最大化带来障碍，因此功利主义的做法是限制宗教信仰自由以实现人的综合权利最大化。温茨对功利主义的选择解释道：“既然由于这些冲突的存在，人权就必须受到限制，这种限制的功利主义解决之道因而也似乎是正当合理的。”①

关于如何从享乐功利主义②的角度判断动物权利论，功利主义者认为，

---

① 〔美〕彼得·温茨：《环境正义论》，朱丹琼、宋玉波译，上海人民出版社，2007，第215页。

② 边沁属于幸福目标一派，他的理论被称为享乐功利主义。

对待动物和人类应该遵从一致性原则，非人类动物也可以体验到幸福或是痛苦，促进那些包括动物和严重智力障碍者在内的所有物种的幸福是正确的。但是，享乐功利主义者认为必须把所有因素都考虑在内，他们始终致力于给予所有人类或是有感觉的生物以最大的幸福（或最小的不幸），以整体生物幸福最大化的功利主义观点分析，人类因其体验幸福的能力更强所以应当首先被考虑。在人类福祉最大化的意义上，可以看出功利主义者与动物权利者的不同。动物权利论认为不应该为了增进人类的福祉而侵犯动物的权利，比如动物权利论反对那些治疗心脏病的插管实验（给狗插上导管以改善人类心脏病患者病情的实验），相反，功利主义论则会权衡负担和收益，并最终选择那种利益大于负担的方案，比如他们支持那些“用小动物做实验而挽救人的生命”的实验。边沁对此解释说：“一项行动的总倾向在多大程度上有害，取决于后果的总和，即取决于所有良好后果与所有有害后果之间的差额。”①

关于如何从功利主义的角度判断财产权理论，功利主义者认为，正如支持限制人权一样，私人财产权也同样需要被限制，将所有物品都当作私有财产的理想显然不符合社会福祉最大化的目标。人们满足其幸福和偏好所需要的某些重要物品属于公共产品，所有人不能排除他人享受此种产品所带来的相关利益，比如国防和干净的空气都属于此类公共产品，如果每个人都不想纳税以负担公共产品的维护费用（搭便车），那么人类最需要的基础保障（安全或是自然环境）也就会越来越稀缺。此外，功利主义不仅关注经济效益，还关注那些能给人带来幸福的尊重、自豪、家国情怀等因素。私有财产权所带来的有效激励是功利主义所认同的，但幸福的最大化并不意味着消费最大化，当私有财产权与人类福祉相关的其他权利发生冲突时，功利主义者会考量几种权利所占的比例，以判断对财产权的限制水平。例如，沼泽地的拥有者们通常希望填埋沼泽地以获得利润的最大化，但为了环境保护的需要，功利主义者会要求政府限制沼泽地的使用，因为填埋沼泽地会导致生态链的损坏，影响整个社会的福祉。温茨解释说：“功利主义既辩明了私有财产权的重要性，又证明了美国法律中对尊重此项权

① 〔英〕杰里米·边沁：《道德与立法原理导论》，时殷弘译，商务印书馆，2000，第123页。

利的实践的偏离的正当性。”①

综合来看，功利主义理论证明了对正义议题加以关注的正当性，也证明了自由派理论为私有财产权所提供的基本原理的重要性，与此同时，它更加说明了哪些权利在何种情况下必须加以限制。所以，功利主义以最大化的幸福为目标，权衡每个选择的负担和收益，的确为实现环境正义提供了可选择的一种方案。

二 功利主义环境正义理论的局限性

将功利主义应用于环境正义理论中有其一定的合理性，但如温茨所说，功利主义并不是万能灵丹，它在特定情况下对人权的不公正判断以及福祉最大化目标的不合理性都使其不能作为环境正义的唯一原理。

温茨引用 R. M. 黑尔的理论解释了功利主义有局限性的第一条理由。黑尔认为，能够参与分配的通常都是食品、住房、药品、交通工具等实物或服务，而功利主义所主张的“社会福祉”是无法通过社会组织或政府进行直接分配的。此外，从边际递减规律的角度说，一种商品或服务对于富人和穷人来说是两种感受，富人不会在意拥有一间房屋（一室一厅），而对于穷人来说这一间房则是他们的全部。但是，功利主义理论所造成的矛盾是：当适度分配使穷人与富人都能够达到福祉最大化的目标（幸福程度相等）时，人们通常会放弃努力而与其他人一起享受幸福，在缺少激励的情况下社会生产力将会不断降低，社会福祉最终并没有增加。

第二条理由则是道德权利与福祉最大化之间的冲突问题。前文在叙述财产权理论与功利主义的冲突时就分析过，幸福最大化与私有财产权之间是有着明显分歧的，而功利主义解决分歧的方法是限制财产权的使用，而在极端情况下这会导致很多环境非正义事件的发生。对此，温茨提到了《普莱斯—安德森法案》的争议。该法案致力于达到保护公众和发展核能产业的双重目标，要求民营核能公司购买最大数额的核事故保险，以确保在重大核事故中公众能够得到保障。但问题在于赔偿数额的界定，核能工业将赔偿数额限定在 5.6 亿美元，而反对者却认为 5.6 亿美元远远不够。功利主义者认为该法案是出于公共利益而提出的，但是，一些环境正义研究人

① 〔美〕彼得·温茨：《环境正义论》，朱丹琼、宋玉波译，上海人民出版社，2007，第 227 页。

员却认为该法案并不公平，理由是该法案无法保护所有潜在受害人的权益，并且只有那些在核电厂附近的人会得到赔偿，而核污染的影响波及范围极广，功利主义无法保证每一个人都能够在事故发生后得到平等对待。

第三条理由是幸福与偏好满足最大化的目标在很多情况下并不合理。人类所偏好之物通常会造成巨大污染，比如人们通常喜欢自己开车而不是乘坐公共交通工具，人们热衷于开发海边酒店而不是保护原生态，这些案例都说明了这一点。因此，功利主义所支持的人为的、非理性的偏好满足与自然的、理性的偏好满足无法得到相同的权衡，为了满足那些非理性的偏好会损害到人类以外的环境，功利主义对于环境保护并未起到积极作用。

第四条理由是功利主义无法公正地对待环境。它所认可的福祉最大化政策只关注那些有生命的物种，而山川、荒野等却没有得到应有的对待，功利主义给环境正义提供的理论基础漠视了许多重要的大自然组成部分。从功利主义的福祉最大化目标看，无知觉环境不值得受到直接的道德关怀，因为许多人造工程的产物比自然形成的更具有利用价值，比如人工填海工程显然比寻找合适的土地要简单得多，对于人类和其他有生命的动物来说，无知觉环境只能算是偶然的环境副产品而已。

第五条理由是功利主义的权衡系统十分复杂，以致人类无法准确地核算出每种选择背后的利弊关系。功利主义论者在进行决策时，通常会核算出哪一种选择更符合福祉最大化的目标，如边沁所说："关于行动的后果，不仅要考虑到可能随即而来的后果而不论意图如何，还须考虑到那些取决于该直接后果与意图之间联系的后果。"① 在核算环境是否正义的案例时，不确定因素要比其他大部分领域的案例多得多，即很多环境因素尚未被人类充分了解，这些因素与其他因素在如此复杂的直接后果中相互作用，功利主义的权衡系统无法充分考虑到每个因素背后的影响力。

综合以上五点理由，温茨认为功利主义无法成为环境立法者和决策者制定环境正义标准的唯一理论基础，功利主义似乎要求采纳更多人们无法接受的政策，这些政策的导向显然是不公正的，并且严重侵犯了人权。当幸福最大化的目标是非理性目标时，环境正义无法实现。

---

① 〔英〕杰里米·边沁：《道德与立法原理导论》，时殷弘译，商务印书馆，2000，第124页。

三　成本效益分析的特征

温茨还另外分析了一种被称为“成本效益分析”（Cost-Benefit Analysis，CBA）的方法。成本效益分析并未提供给人们任何关于环境正义的理论，而是通过一种决策方式以寻求环境非正义案例的解决办法。成本效益分析所依赖的正义论基础是功利主义正义论，它通过分析可供选择的做法，以测定成本和效益，它将利益等同于货币价值的增长，将成本等同于货币价值的下降，最后得出福祉最大化的选择方案。成本效益分析法的支持者们通常会诉诸帕累托标准（The Pareto Criterion），以保证分析法的公平公正。根据帕累托标准，只有那些至少有益于一个人而无害于他人的政策才是正确的。此外，经济学家们还会使用希克斯原理（The Kaldor-Hicks Principle）。根据该原理，从环境政策获利者的角度说，只要能够充分赔偿被污染者的损失（经济补偿），那么该项决策就会被认为是正确的，言外之意是，如果该项政策所影响的净效益是正增长的，并且从此政策中所获得的收益可以覆盖被污染者的损失，那么这项政策就可以被认为是正确的。

四　成本效益分析的局限

温茨并不赞同成本效益分析法，认为这种分析方式是不公正的。温茨给出的理由是该方法加剧了富人与穷人之间利益和负担的分配不公，由于人们的支付意愿更加倾向于把环境收益分配给富人，富人可以控制资本运作而比穷人拥有更多的投票权。在所谓的自由市场领域，货币影响了绝大多数的交易环节，如何进行生产和生产哪项产品通常由货币的拥有者决定，而在一些涉及环境的公共政策中，决策方式以及结果会影响到区域内的所有个体。比如汽车尾气所导致的污染会伤害每一个人的健康，如果由成本效益分析决定政策导向，那么因为推动汽车尾气清洁的收益远远低于制造更大排量的汽车，所以汽车制造商们显然更应该推动大排量汽车技术的发展。所以，政治不公正是成本效益分析法的固有特征，当公共产品成为有待解决的问题时，专门依赖于货币价值分析的成本效益分析法会造成更严重的后果，环境正义要求给予每一个人同等的决策投票权而不是给每一单位的货币以同等的投票权。“很容易设想，对货币成本和效益的考虑如何合并入一个更为综合的理论。一旦一个涉及环境质量、荒野保护、资源保护等等方面的特殊目的参照于某个环境正义的综合理论得到设定以后，考虑达到此目的的不同方法所产生的货币成本和效益是很恰当的……当成本效率分析以这种限定的方法使用时，它不会导致对相关环境目标的建议。它仅仅用于决定达成这个目的的最低成本的方法。”①

第四节 彼得·温茨对罗尔斯环境正义论的考察

在考察了近现代正义诸原理之后，温茨发现每一种理论都有其局限性，而由于罗尔斯正义论的巨大影响力，所以温茨不得不着重探究这一为“西方民主政体的一些终极目标”提供了新颖观点的理论。不可否认的是，罗尔斯正义论结合了对自由和平等的双重思考，同时也加入了对权利和效用的一些考虑，这一学说从根本上避免了西方功利主义的理论弊端，能够有效解决一部分环境政治哲学中有争议的问题。

一 罗尔斯正义论在环境问题上的应用

罗尔斯说：“我想建立一种正义观，它能提供对功利主义的合理和系统的替代——而这种或那种形式的功利主义长期以来都支配着盎格鲁－撒克逊的政治思想传统。”② 就罗尔斯正义论对现今世界的影响力而言，他的政治哲学理想似乎已经实现了，虽然盎格鲁－撒克逊人依然在世界范围内疯狂掠夺，但至少他们承认了“作为公平的正义”应该是人类政治思想进化的首要目标。温茨也承认罗尔斯正义论的应用能力，他提到“垄断游戏”③和“机遇游戏”说明了这一事实。在垄断游戏中，设想如果每个玩家都可以在开始游戏之前运用不同的游戏规则，那么每局都可以拥有一个新规则，最终就可以实现每名玩家都能够在“无差别”的情形下开始游戏。罗尔斯所讨论的纯粹程序正义为这种“无差别”提供了理论基础，他提出在所有

① 〔美〕彼得·温茨：《环境正义论》，朱丹琼、宋玉波译，上海人民出版社，2007，第294～295页。

② 〔美〕约翰·罗尔斯：《正义论》，何怀宏、何包钢、廖申白译，中国社会科学出版社，2009，第1页。

③ 又称大富翁棋游戏，参与者分得游戏金钱，凭运气（掷骰子）及交易策略，买地、建楼以赚取租金。

知情者自由、全体一致、没有强迫的情况下，能够认同一种正义原理（处理知情者之间的社会关系），那么这种正义就是适当的，因为它是制定协议之后的产物。综合来看，温茨是从原初状态、基本善、最大最小值原则三个方面解释了罗尔斯正义论的具体应用原理。

（一）原初状态

按照罗尔斯的说法，原初状态的概念并不能被看作一种实际的历史状态，更加不是文明之初的那种真实的原始状况。它应被理解为一种用来达到某种确定的正义观的纯粹假设状态。而这种原初状态应该是如何形成的呢？罗尔斯为此创造了一个专有名词——“无知之幕”，而若要真正理解“原初状态”该如何定义，我们必须从正义观的选择谈起。

当人们谈论起“正义观”时，由于各人的环境、知识、信念、利益都各不相同，而每个人心中的正义观却深受这些客观存在的条件所影响，所以人们对某一正义原则达成一致其实是因为这一原则相对于其他原则来说对每个人实现他的目标更为有利。也正因如此，任何人都不可能创造一种通用的正义原则，当然也不能强制要求其他人认同自己所制订的“正义原则”。为了制订一个理想状态的正义原则（一种指导社会基本结构的根本道德原则是纯粹程序正义的理论基础），罗尔斯选择了传统契约论的方式，但其订立的契约并不是社会历史上的某种契约形式，而是在“原初状态”下的一种思辨设计。他假设所有人都被放置在“无知之幕”之后，以保证所有人都能够不受自己偏见的偶然因素所导引，最终保证契约的公平性（所有人不受偏见影响而一致同意的原则是公平的）。那么“无知之幕”如何保证所有人都不受偏见影响呢？按罗尔斯的解释，“无知之幕”背后的人们并不知道他们所选择的正义原则对自己的影响，因此他们就可以在一般考虑的基础上对正义原则进行评价。此外，罗尔斯还特地设计了符合“代际正义”的动机假设机制，“无知之幕”背后的人无法知道自己会被投放在哪个时代，这种限制就保证了“利己主义者”不会制订出牺牲后代的正义原则。温茨认为，罗尔斯所假设的“原初状态”保证了各方都会在公平理性的条件下进行抉择，这样做的理由就是体现正义原则的平等性，人们不会选择有利于自身利益的正义原则，这是因为“无知之幕”背后的人并不知道自己的利益是什么。但是，作为“原初状态”的人所订立契约的前提其实是由“专门利己”这一原则所指导的，调节自私与公正之间的适当性是“原初状态”存在的意义，这显然是罗尔斯的伟大创新。

（二）基本善

为了解决“作为公平的正义”的一致性和稳定性问题，除了要解释“原初状态”的设计外，作为社会基本结构的“善”也是解释的重要内容。在一个良序社会里，人们总是把“正义”与“善”当作一致的概念，并且在一定程度上把“善”作为弱化意义上的“正义”。这样一种传统观念所带来的后果是：正义概念要优先于“善”的概念，某事物仅仅在同已有的正义原则相一致时才是善的。由于“原初状态”下的人不允许假定正义概念的优先地位，那么作为用于正义原则论证的“善”理论就应该被限制在最为基本的范围内，这种方法被罗尔斯称为善的弱理论，它的目的在于保障论证正义原则所需要的“善”前提。在罗尔斯那里，他假定一个理性的人，无论他想要得到什么东西，基本善都是他首先需要的（基本的环境善物是人类生存和社会合作的必要前提，如清洁的水、抵御严寒的住所、不受污染的食品等）；无论他的合理长远计划（获得成功）的细节是什么，都可以假定他还是有更喜欢的东西（更想要达到的成功）。

关于基本善的主要问题之一是：在给定的合理环境内，人们究竟会选择怎样的合理长远计划（这种计划的成功保证了他可以实现幸福）？而善就是这个问题的答案，善即理性欲望的满足，善使人的长远计划不受干扰地得以实现。而如何衡量整个社会的基本善呢？罗尔斯的答案是站在那些“最少受惠阶层”的一边进行考虑。与那些权贵阶层的“基本善”相比，“最少受惠阶层”常常被不平等地分配“基本善”，而“基本善”显然是不应该受到特权、收入和财富等因素所影响的。因此，“只要我们知道对较为有利者的善的分配怎样影响着最不利者的期望，这就足够了”。①

关于基本善的问题主要问题之二是：期望的满足是否应该被定为基本善的一个指标（怎样评价幸福）？在通常的正义论中，期望的满足无论如何都不应该是基本善的一个指标，而利用善成功执行长远计划才能使人类走

① 〔美〕约翰·罗尔斯：《正义论》，何怀宏、何包钢、廖申白译，中国社会科学出版社，2009，第72页。

向幸福。然而，罗尔斯并不同意这样的观点，他认为公平的正义并不考察人们通过可以利用的权利和机会获得成功以衡量他们是否得到幸福，也不试图评价不同的善观点所导引的各自优点。相反，它假定社会成员都是有理想的人，他们能够调整他们的善观念以适应他们的环境，每个人都被保障有一种平等自由去追求他们的长远计划，只要这种计划是不违背正义要求的，人们就可以按照这一原则去分享基本善。“值得注意的是，对期望的这一解释实际上代表着一种共识——即认为应仅仅参照那些被假定是所有人要实行他们的计划通常都需要的东西来比较他们的境况。这看来是建立一种公认的客观和共同的标准——这标准是理智的人们都能接受的——最可行方式。”①

（三）最大最小值原则

“无知之幕”背后的人无法得知他们的身份、地位和未来从事的职业，甚至连性别以及是否会残疾都不得而知。因此，“无知之幕”背后的人无法对自己和所属群体有所偏袒，而又由于“利己”是“我”（作为“无知之幕”背后的“我”）的主要动机，因此“我”所制订的正义原则有必要考虑到所有的情况，“我”并不会要求得到更多的基本善，而是会更为谨慎地选择尽可能保障“我”的基本权利，使“我”的权利损失最小化。换句话说，“无知之幕”背后的人会一致赞成以最大可能实现基本权利，尽量去减小最坏事情发生的概率，并把损失降低至最小化（可能发生），这一策略被称为“最大最小值原则”。

“我”从“无知之幕”出去后将会成为一个全新的“我”，为什么“我”会毫不犹豫地选择遵从“最大最小值原则”呢？罗尔斯从三个角度进行了解释。第一，“原初状态”下所做的决定会在“自然状态”下有约束力，并且没有更改的可能。第二，“无知之幕”背后的人所承担的风险极大，因为他们并不了解那个全新的“他们”，对于“他们”来说，当其生活计划会受到极大影响时，谨慎决定似乎是最明智的行为。第三，如果“他们”的潜在利益非常大而且灾难的可能性非常小的话，某些“他们”仍然

① 〔美〕约翰·罗尔斯：《正义论》，何怀宏、何包钢、廖申白译，中国社会科学出版社，2009，第72页。

会赌一次。但是，由于罗尔斯把“无知之幕”背后的人设定为最为理性的人，这些人了解所有的自然和社会科学普遍规律，他们会考虑赌博失败所带来的损失极为巨大，可以想象的是，当一名现代哲学家被强迫穿越到奴隶制时期成为奴隶，这对于穿越者是多么巨大的打击。选择赌博而承担的失败风险极大，且“无知之幕”背后的人无法计算出赌博胜算率，这就使“理性的人”会毫无意外地选择“最大最小值原则”。

（四）罗尔斯正义论的应用

通过对原初状态、基本善和最大最小值原则的介绍，可以明晰罗尔斯的正义论是建立在假设的契约论之上的，每一个处于原初状态的人都会在“利己主义”的作用下倾向于以平等作为社会中正常的人际关系原则。当然这种平等绝不意味着平均分配，罗尔斯假设“无知之幕”背后的人是理性人，他们不会为别人比自己获得更多分配的权利而产生“妒忌”。根据罗尔斯的论述，当财富总量固定时，某些人获得更多的分配会导致其他人获得更少的分配（零和条件下，收入和支出总和为零），但在现实社会中，社会的总体利益是可以增加的，因“妒忌”而反对其他人财富的增加会导致自己的利益也受到损失，如果理性人能够确信自己从不均等分配中获得更多利益，那么他们会在“原初状态”时选择满足提高“社会基本善总和”的正义原则。彼得·温茨为此做了合理的总结：“在下列两种条件得到满足的情况下，无知之幕背后的人会允许某些人比别人收入多：需要以社会财富的不平等作为生产力的刺激，而由额外生产创造出的额外财富对每个人都有利。”①

罗尔斯相信处于“原初状态”的理性人会提出这样两点正义原则：第一个原则要求平等地分配基本的权利和义务；第二个原则认为社会和经济的不平等（如财富的不平等）分配，只有在其结果能给每一个人，尤其是那些最少受惠的成员带来补偿利益时，它们才是正义的。② 根据这两点正义原则，每一个现实的人都会因遵从正义原则而获得更多的幸福感，他们会

---

① 〔美〕彼得·温茨：《环境正义论》，朱丹琼、宋玉波译，上海人民出版社，2007，第308页。

② 〔美〕约翰·罗尔斯：《正义论》，何怀宏、何包钢、廖申白译，中国社会科学出版社，2009，第12页。

更为依赖一种合作的体系，利益的追求使他们会自主加入合作体系，包括那些处境不佳的人。在此基础上，那些背景更强、智力水平也相对较高的人会更加赞同合作体系的建立，他们并不会为“追求最大利益”而剥削那些最少受惠者，因为所有人利益的增多有赖于符合正义原则的合作体系的高效运转。当然，给最少受惠者分配更多利益的前提是所有人都拥有基本的权利和自由，这些权利和自由是基本善，当“无知之幕”背后的人清楚地认识到基本的公民权利和政治自由在现实社会中的重要性时，他们会理智地选择“最大最小值”策略，保证基本善能够尽可能增加。

在环境问题上，罗尔斯为避免一系列不公正的处理方式提供理论指导。从工业革命发展至今，科技进步为人类生活提供了许多便利，但也对地球生态环境造成了很多不可预测的可怕后果。比如本书前面的章节提到过的二噁英案例，案例中的施工企业在未完全认知二噁英毒性的情况下对小镇道路进行了施工，而后由于二噁英的剧毒属性，小镇居民受到了不同程度的伤害，而施工企业却根本无力赔偿小镇居民受到的损失。但是，如果按照罗尔斯正义论的说法，施工企业在使用新型施工材料前能够考虑到新型材料所带来的风险（就好像“无知之幕”背后的人会考虑所有人的基本权利和义务一样），他们就不会盲目使用未完全了解的新型材料，即便是经过反复实验可以证明新型材料没有毒性，那么作为“无知之幕”背后的人也会尽可能保护最少受惠者（小镇居民）的权益，为可能存在的危险因素购买足额的保险，这样就可以避免发生出现危险事故而无人能够负责的情况。从美国环境正义运动爆发的情况看，美国政府充分利用了罗尔斯正义论的方法，设立了环境保护“超级基金”，“超级基金”旨在当无人负责或是责任人无法承担赔偿时提供经费保障，如二噁英的案例中，美国政府动用“超级基金”购买了整个密苏里的时代河岸。再比如富人与穷人之间的资源分配问题，富人拥有足够的资金可以购买更多的土地和水源（为了奢侈的享受），当富人所购买的生活空间把穷人挤压到无处容身时，就必须借用罗尔斯正义论为穷人争辩。有一个例子可以说明这一事实，巨富们购买价格昂贵的游艇（目的是消遣），而贫困的人们需要干净的水源维持生活的基本条件，当二者为水源的归属发生冲突时，巨富们可以出钱购买整片水域，而这样一来贫困的人们却失去了水源，并且富人的做法完全符合当地的财产权法律。但根据罗尔斯正义论，“无知之幕”背后的人必须为最少受惠者争取到最多权益，游艇消费的目的只在于让极少一部分人享受生活，而保证水源的清洁则关系到万千最少受惠者的利益，这就要求管理部门必须做出更有利于大众的选择，并且对游艇消费者征收更为高昂的税费，以保障居民的正常生活。

综合来看，罗尔斯正义论是公正地对待功利主义因素和人权的一个革新和独创的尝试。[①] 罗尔斯作为现代政治哲学领域最有影响力的学者，从道德的角度研究了社会的基本结构，即研究了如何分配权利和义务，如何合理界定利益与负担之间的正义属性，以及如何保障每一个人切身利益。但是，按照罗尔斯的说法，他所假定的“原初状态”是理想性质的，不具有任何现实的制度和政策，探讨的范围仅限于一种“良序社会”中的情况。

二 罗尔斯正义论对环境正义的阻碍

自罗尔斯的《正义论》1971 年出版伊始，就有众多学者发出了反对的声音。在罗尔斯的“作为公平的正义”理论中，他尽力表现出一种试图达到全面、综合和平衡的倾向，从而使他的理论具有巨大的伸缩余地，以致众多学者都能从不同角度找出罗尔斯正义论的弱点。而在众多批评的声音中，罗尔斯正义论对“环境正义”的阻碍是温茨研究的关键点。

温茨通过分析 R. M. 黑尔的观点指出，“无知之幕”背后的人不会选择罗尔斯的两条正义原则，相反，他们会选择一种修正的形式——平均效用。这一观点的理由是“无知之幕”背后的人通常会把自己想象成社会中的普通一员，而平均效用就会使普通人得到最大基本善，平均效用的原则规定了普通人应该获得更高的福利。按照这种说法，罗尔斯正义论则与功利主义一样，都不会给人口政策提供任何帮助，正如温茨所总结的：“如果某种形式的平均效益是原初状态的理智选择，罗尔斯在他建立人权的尝试中已然失败。人权被设想为不会因为增加效益的欲望的促动而取消。”[②]

罗尔斯正义论对“环境正义”的第二个阻碍有关环境国际正义、环境代际正义和环境种际正义的问题。首先，罗尔斯所关注的焦点只在国家内部，但问题是“无知之幕”背后的人并不一定会被分配至同一国度（或是

① 〔美〕彼得·温茨：《环境正义论》，朱丹琼、宋玉波译，上海人民出版社，2007，第 322 页。

② 〔美〕彼得·温茨：《环境正义论》，朱丹琼、宋玉波译，上海人民出版社，2007，第 314 页。

同一社会），这就让环境资源的国与国之间的分配无法得到理论支撑，如果某些人被分配到富裕强大的国度而其他人则被分配到贫穷弱小的国度，那么罗尔斯正义论中的个体分配并不能适用于国家之间的分配。其次，罗尔斯也并未考虑到代际正义的问题，“无知之幕”背后的人被假定为同一时代的成员，那么这些人就有可能设定对代内人更有利的正义原则，比如会尽可能使用不可再生资源或是不去理会有毒废料的产生和储存，在这种正义原则的指导下，代内人不会受到伤害（反而可能创造出更高的生产力），但后代人却极有可能受到伤害，这显然无法被“环境正义”所接受。“无知之幕”背后的人被假定为“利己主义”的理性人，这种设定将会导致他们对代际正义的漠视。最后，罗尔斯正义论的基本原理是把人放置到“无知之幕”的背后，而并未考虑非人存在物的感受。“无知之幕”背后的人不会考虑猪、牛、羊的遭遇，更不会考虑山川、湖泊、海洋的感受，在罗尔斯的世界里，非人存在物的基本权利和义务并没有得到任何保障，当然其也更不可能设立任何限制。

综合以上弱点，罗尔斯正义论是对“环境正义”有阻碍的，其主要原因是：“罗尔斯更为严格的正义原则并不能逃脱偶然性，它既可应用于人的本性的构成，也可应用于特定人类的构成。甚至连‘善的弱理论’也会太强而无法满足康德的自律观点。”[①] 罗尔斯的纯粹程序正义是以道德假定为基础的，在一个公平的赌博中，清除掉干扰因素就会被认为是公正的。罗尔斯预设的道德假定程序导致了他所有的原则和正义原理都来源于这个假定，而现实世界中的偶然性会轻易地击碎这种假定，因此使用罗尔斯正义论来指导环境正义终究会失败。也正如罗尔斯自己所说，创造一个可以产生道德假设的原初状态似乎并不能解决现实问题。

三　彼得·温茨对“罗尔斯反思平衡法”的探索

温茨考察了科学领域的探索结构，并提出实现环境正义可以从科学的探索结构中寻求方法，使环境伦理学与科学一样，不是主观的，而是通过基本的逻辑框架推断出哪一种正义论更为适用。温茨认为，科学对于事实

① 〔美〕迈克尔·J. 桑德尔：《自由主义与正义的局限》，万俊人等译，译林出版社，2011，第 54 页。

的观察受到我们的观念、信仰和理论的影响。因而其对象本身既是被发现的，也是被创造的；既是经验中客观的、不依赖于我们意志的因素，又是人类在概念上的发明。因此，科学探索部分地由科学家的价值观所引导，而且科学理论有时候也被当作科学家有争议的判断而被采纳。所以当人类可以选择正确的价值观时，环境正义的结论与其他科学领域的环境研究一样可靠。关于如何选择正确的价值观，罗尔斯认为纯粹程序正义的方法可以有效地与反思平衡法结合起来使用，温茨则认为纯粹程序正义的方法完全无用，而反思平衡法是完美的替代品，可以使正义价值观成为自我意识。按照反思平衡法，可以指出哪些事情给我们以对和错、正义与非正义的印象，正如我们注意到汽车、手表、树木在日常生活中的存在，我们也同样注意到插队去加油是非正义的，将拾到的手表归还给失主值得赞扬，这些反应虽然可以被看作瞬间的、毫无争议的，但其似乎与很多特殊的事实问题的观察一样自然。但是，观察并不一定是准确的，在很多特殊情况下很有可能出现判断错误，比如在加油站插队的是一名医生，他必须尽快加油去医院做一次紧急手术，再比如归还手表的人是想获得报酬。因此，当我们对正义进行考察时，我们可能被引诱到没有注意的角落。

由于前面考察的理论都存在各种各样的弱点，都不足以处理好环境正义问题，温茨认为需要把它们综合起来。但人权、财产权理论只关注人类的利益，动物权利理论只关注到高级动物，都没有关注植物和荒野，这就决定了需要建立一种所有生命个体都值得直接得到关怀（生物中心主义），以及物种和生态系统同样在道德上值得考虑的观点，也就是生态中心整体论的新理论。温茨主张通过反思平衡法建立新的理论，并采取下列三个步骤。第一，有些事物具有其固有价值，即便世界上其他所有存在物消失，它们也必须存在。第二，假定其他条件相同的情况下，人们尽量促进世界的善的最大化，而有义务避免降低世界的善的水平。第三，在其他条件相同的情况下，对已经做出的伤害，个人应当做出补偿。温茨所主张的这种新的理论能够把正义拓展到无知觉的环境中，并把人权、财产权、动物权利等综合起来，从而形成对环境方面所有道德上值得考虑的成分都予以重视的新的环境正义理论，他称之为“同心圆”理论。

第五节 彼得·温茨正义论批判与马克思正义论批判的共识与分歧

一 温茨正义论批判与马克思正义论批判的共识

综合来看，在对自由派正义论的批判方面，温茨似乎与马克思达成了共识。正如我们所了解的，与温茨一样，马克思也是从“法权”角度对自由派正义论进行批判的，马克思反对黑格尔有关“政治国家”的说法，强调国家几乎无力从外部对生产方式[①]产生作用，也就无力调节特定历史时期的社会生活有机整体。因此，“法权”概念从根本上就是片面的，自由派所崇尚的“自由交易”也就无法推导出“正义属性”了。马克思解释说：“生产当事人之间进行的交易的正义性在于：这些交易是从生产关系中作为自然结果产生出来的。这种经济交易作为当事人的意志行为，作为他们的共同意志的表示，作为可以由国家强加给立约双方的契约，表现在法律形式上，这些法律形式作为单纯的形式，是不能决定这个内容本身的。”[②] 具体来说，马克思对自由派的批判主要集中在以下三个方面。第一，马克思从资本家对工人的剥削中批判劳资关系中的“个人所有权”原则。在《雇佣劳动与资本》中，马克思极其敏锐地指出：“可见，看起来好像是资本家用货币购买工人的劳动。……但这只是假象。实际上，他们为了货币而向资本家出卖的东西，是他们的劳动力。”[③] 也正因如此，工人的“劳动力”的“个人所有权”以“工资”的形式出卖给资本家，而工资的价格由生产费用所决定（即为创造劳动力这一商品所需要的劳动时间所决定），但是，资本家与工人的“交易”却并不是“公平正义的”，工人虽然拿“劳动力”换取了生活资料，但获取的这部分生活资料却又作为“维持工人生活基本需

① 马克思认为，人类的生产活动是相互依赖且由诸多复杂的因素所构成的，这些复杂因素所形成的一种具有稳定性的复杂生产活动体系具有特有的社会与文化生活形式，人类在这种生活形式中获得特有的“类”本质，因此，马克思将这种受历史条件制约的生产活动体系称为“生产方式”。

② 《马克思恩格斯全集》第25卷，人民出版社，1974，第379页。

③ 《马克思恩格斯文集》第1卷，人民出版社，2009，第713页。

求的生产资料”被消耗掉了，工人从而不得不继续将“劳动力”出卖给资本家以保证生活的基本需求，而资本家却可以通过贩卖工人的劳动时间得到更高的利润，这样的循环周而复始，资本家始终制约着工人的基本需求，雇佣劳动关系实质上是“剥削”关系。第二，马克思在对“剩余价值”的解释中再次廓清了“活劳动”与“对象化劳动”对立的生产性质，深刻揭示了工人所付出的劳动时间远远高于他们的“劳动力价格”，所以所有资本家积累的财富都是通过盗取工人的劳动剩余价值得来的，这种所谓的“公平交易”实际上毫无“公平”可言，建立“个人所有权”原则的目的只是为资本提供谎言的说辞。第三，与温茨所批判的相似，马克思也对洛克所强调的“不损害他人所有权”提出了质疑。在资本主义剥削关系中，工人没有权利决定如何使用自己的“劳动力”，资本家堂而皇之地将工人的剩余价值占为己有，工人也就成为“无法保障个人所有权”的劳动机器，而不是使用自己能力的“正当持有者”。

温茨同样对自由派正义理论进行了批判，他认为自由派理论通过自由市场（以及法院）为解决所有正义问题提供了一个根本依据，自由派声称人们拥有“自由买卖所需商品的权利”，只要在交易过程中没有欺诈或暴力行为，正义就从这样的私有财产交易中产生，国家（政府）在其中只起到预防暴力或欺诈的作用。但是，对于维护正义而言，仅仅通过自由市场（或者说最弱意义的国家）保护私有财产是不够的，合法交易并不能补偿失去的一些权利，比如排污工厂无法对因不清洁空气而患病的人进行赔偿。温茨从以下三个方面总结了自由派正义论的困境。其一，对于自由贸易和补偿原则而言，确定财产权的归属是这两个原则的前提条件，而问题是：我们无法决定一些权利或物品的归属，自由派正义论无法解释清楚一些公共物品的财产权归属，也无法证明一些公共物品给特定的某人（或某个国家）是正当的行为，这些特定的公共物品包括且不限于空气、臭氧层、河流、山川。其二，自由派正义论坚持认为“没有财产权就没有生存权或自由”，依照这种观点，财产权就成为衍生的自然权利，它被认为与人类的基本权利（生存权和自由权）同等重要。但是，当财产权被作为“基本权利”看待时，更基本的权利（生存权和自由权）将会对财产权产生限制，这就形成了财产权与生存权和自由权之间的对立，自由派正义论无法解释二者之间的冲突。特别是，当因为保护某些人的财产权而伤害到另外一些人的自由权时，私有财产权就不得不让位于自由权。其三，根据洛克的说法，只有在留给他人足够多、同样好的资源的情况下，某人对资源的占用才不限制他人的自由，但洛克没有预料到的是，在大工业化生产的加持下，许多本来充裕的资源已经变得十分稀缺，比如空气资源、水资源、石油资源等，这些资源在自由派正义论的框架下根本无法决定归属。也就是说，根据洛克的理论，并不是石油开采公司将石油从地下抽取出来，石油就可以作为石油公司的私有财产，采油权不被任何人所拥有。

二　温茨正义论批判与马克思正义论批判的分歧

虽然温茨也认识到了自由派正义论所代表的资本主义从根本上造成了人与人之间、人与非人存在物之间、人与生态系统之间的分配非正义，但他对正义诸理论的批判还是仅仅停留在“谁把什么分配给谁”的问题上，而没有从“消除私有制”这一终极命题角度思考实现社会正义的价值归宿，也没有认识到权利平等只是资产阶级反对封建专制的思想武器，它仅仅是一种形式上的平等，而真正的正义只存在于共产主义社会。与温茨所不同的是，马克思主义对自由派理论的批判是建立在历史唯物主义的人类实践基础上的，在马克思那里，对正义诸理论批判的落脚点并不是“谁应该获得什么”，而是因分配制度同生产方式之间不适应所产生的“剥削关系”。所以，马克思正义论批判从不是一种“应得正义论”批判，而是对“生产方式”的批判。

马克思强调：“生产方式制约着整个社会生活、政治生活和精神生活的过程。”[①] 因此，在资本主义制度下，私有制使人与人分裂成不同的阶级（等级），资本家作为资本的化身天然与工人阶级（无产阶级）相对立，这也就导致了不公平、非正义。正义诸理论的首要任务是争取权利的平等，为此它希望诉诸理性和感性，使“人人生而平等”（在生态中心主义视域下，变成了人与非人存在物、无知觉环境的权利平等）成为社会正义的目标。马克思在考察“国民经济学”的过程中，深刻地意识到批判资本主义的分配制度并不能实现人的自由，用公平正义来定义的“法权”观念也不能彻底地解决人与人之间分配不平等的现实，只有在生产方式中寻找自由

① 《马克思恩格斯全集》第13卷，人民出版社，1962，第8页。

派正义诸理论的局限性，才能实现对“应得正义论”的全面批判。具体来说，马克思正义论批判经历了两个步骤。第一步骤，马克思称之为“政治解放”，或为“公民的解放”。在《论犹太人问题》中，马克思详细地分析了德国的犹太人渴望政治正义的具体理由，在当时的德国，犹太人被要求按照基督教国家的方式生活（也就是要求他们放弃他们所信奉的宗教），这使犹太人与作为基督教国家的德国产生了对峙，他们要求从基督教国家中解放出来，并且要求放弃所谓的“宗教偏见”。但马克思敏锐地察觉到基督教国家是不会解放犹太人的，因为犹太人的要求实际上是建立另外一个宗教国家，所以马克思赞同了布鲁诺·鲍威尔[①]的观点，即“犹太人按其本质来看，也不会得到解放。只要国家还是基督教国家，犹太人还是犹太人，这两者中的一方就不可能解放另一方，另一方也不可能得到解放”。[②] 所以，按照鲍威尔的说法，犹太人必须先解放自己才能解放别人，若想完成犹太人自己的“政治解放”，就必须消除犹太人与基督徒之间最顽固的对立形式——宗教对立。在鲍威尔看来，宗教束缚与政治解放是一对矛盾关系，废除宗教是摆脱束缚的唯一办法，公民的解放是建立在“宗教在政治上被废除”的前提下的，因此只有废除了宗教、完成了政治解放的国家才是真正的、现实的国家。第二步骤，马克思称之为“人的解放”。在马克思看来，鲍威尔所说的“政治解放”并不是犹太人问题的最终批判，当然也就不是正义问题的终极追求，只有对“政治解放”本身进行批判才能使“最终批判”成为当代的普遍问题。鲍威尔等人将“政治解放”与普遍的人的解放混为一谈（同样也是自由派正义论所涉及的局限性），但废除宗教只是纯粹的神学问题，鲍威尔的政治解放也只是对基督教神学或者其他神学的批判，当一个政治国家不存在神学问题的时候，它同样面临着无法实现“人的自由”的终极问题。因此，完成了政治解放的国家的标准并不是废除宗教，宗教与政治国家也并不像鲍威尔所说的那样是一对矛盾关系。在马克思正义论批判的终极问题上，政治解放与宗教的关系已经不再是批判的关键了，真正的关键是政治解放与人的解放的关系。无论是无神论者还是佛教徒、基督教徒、其他教徒，都不会在一个政治国家中完全摆脱束缚，

① 布鲁诺·鲍威尔是《犹太人问题》的作者。

② 《马克思恩格斯文集》第1卷，人民出版社，2009，第22页。

“人通过国家这个中介得到解放，他在政治上从某种限制中解放出来，就是在与自身的矛盾中超越这种限制，就是以抽象的、有限的、局部的方式超越这种限制”。[①] 摆脱束缚的方式有且只有一个，就是在政治上宣布私有财产无效，宣布出身、等级、文化程度、职业为非政治的差别，当每一个人都不再被考虑这些差别而真正成为人民主权的享有者，人的生活就不再是市民社会中的生活，而是能够生活在一个现实的世界中。以上两个步骤是马克思正义论批判超越一切“应得正义论批判”的伟大创举。温茨的论点只涉及政治解放的部分，而没有考虑到第二步骤的内容。但是，无论是政治解放还是人的解放，都是在追求正义的最终归宿，也正如马克思本人所说的：“政治解放当然是一大进步；尽管它不是普遍的人的解放的最后形式，但在迄今为止的世界制度内，它是人的解放的最后形式。不言而喻，我们这里指的是现实的、实际的解放。”[②]

① 《马克思恩格斯文集》第1卷，人民出版社，2009，第28~29页。

② 《马克思恩格斯文集》第1卷，人民出版社，2009，第32页。

第三章　彼得·温茨环境正义论的理论要旨

温茨认为，近现代政治哲学有关“正义”的理论没有一个可以满足理想的环境正义论的所有条件，但是，其实每一种理论都包含了环境正义所需要的元素，理想的环境正义论需要将财产权、人权、动物权利、功利主义以及罗尔斯所说的最少受惠者得到最大满足包括在内。因此，温茨强调，由于每一种正义论在应用于特定类型情况时都看似合理，所以不应该将其全然地放弃，它们应该得到修正或调和，以形成一种包罗万象、更具弹性的多元环境正义论，这就是彼得·温茨环境正义论的理论要旨。

第一节　彼得·温茨环境正义论的理论前提

一　温茨对环境非正义原因的解析

温茨所关注的环境分配正义对象主要是在社会关系中处于弱势的那一部分人群以及非人存在物，而若要创建出一个理想的“环境正义框架”以帮助受到环境非正义迫害的人或动物，就必须确定哪些环境资源应属于环境分配正义的讨论范围，与此同时，还需找出资源不公正分配的真正原因。

（一）作为分配对象的环境恶物与善物

一般而言，环境恶物包括空气和水污染、有毒废弃物污染、放射性和化学性污染，更大的范围会延伸至全球酸雨、全球变暖、臭氧层耗减等资源衰减类内容。环境恶物对人和其他非人存在物的影响是巨大的，一方面对生命个体的健康造成极大伤害，另一方面在整体上对人与自然关系产生巨大影响。温茨通过研究发现，癌症的总体发病率在工业革命以前是非常低的，而从20世纪50年代至90年代，癌症发病率增长超过50%，人类比以往任何时候都更容易死于癌症。人们通常会把癌症发病率居高不下的原因归结于工业生产和不良的生活方式，但更为可怕的是，美国政府允许超过53种的致癌杀虫剂应用于主要农作物上，这将导致农民以及农作物食用者有着更高的患白血病、脑癌以及其他肿瘤病的风险。与此同时，人造化学物对于人类生活方式而言是不可或缺的，如人工化纤衣物、农业肥料、油漆等塑料制品已经渗透至人们生活的方方面面，当人们开始作为消费者大量消耗资源时，所有汽油、金属、钢材、煤炭以及核能的供给都会带来巨大的生态破坏性，人类的生产消费方式与环境恶物之间存在着相互依存的关系，人类必须在环境恶物分配中做出抉择——持续经济增长与限制环境恶物。

相比环境恶物，环境善物的界定则更为复杂。学者们往往尽可能宽泛地定义环境善物。从传统意义上讲，清洁的空气、食物、臭氧层、热带雨林、城市公园等所有对人类福祉产生积极意义的基础性自然物都可被认为是环境善物；从特殊意义上讲，包括社区环境、家居环境等所有可以被认为是“美好环境”的事物都可以被称为环境善物。

（二）环境分配非正义的原因

温茨认为，当人们获得了更多控制自然的能力时，资源分配就成为所有人都关注的对象。在现有的分配制度下，那些地位、层级较低的人群以及非人存在物通常会受到不公正待遇，他们并没有得到应有的尊重。因此，环境分配非正义正是来源于西方思想中的“主子心态”，这种心态把许多人与自然联系在一起，以将自然作为有待控制的某物。① 在“主子心态”的控制下，主从关系的特点表现在以下五个方面。其一是陪衬化，下层者在自上而下的分类中被置于陪衬地位，而下层者的贡献不会得到承认；其二是彻底排斥化，“下层者”从资质上被认为与“上层者”差距巨大，因而他们不能被赋予有权势和声望的职务；其三是下层者的身份依赖于上层者的某些特征而被确定，上层者拥有决定权；其四是工具化，在与“上层”事物的关系中，一个“下层者”的角色定位要根据“上层者”的需求而定，上

---

① 〔美〕彼得·温茨：《现代环境伦理》，宋玉波、朱丹琼译，上海人民出版社，2007，第294页。

层者拥有支配权；其五是同质化，下层者被认为缺乏个性。

温茨分析了女性、殖民地人民以及自然作为“下层者”所受到的非正义对待。首先，他谈论了“作为从属的女性”。在今天这个以“价格”为衡量标准的社会中，女性通常因被认为没有很高的生产力而受到轻视，在一些地区,人们认为“女性的工作”只有洗衣做饭和照顾子女，这种情况助推了“男性统治的正当性”和“对女性贡献的漠视”，男性统治者否认对女性的依赖并拒绝尊重女性，他们通过各种不同的方式使女性“被陪衬化”，即便女性和男性做得一样好。除了“被陪衬化”以外，女性同样受到“排除化”以及“被决定”的迫害，女性被排斥在男性所领导的政治区域外，在1920年以前美国的女性没有选举权和被选举权，她们也同样不能从事法律、工程以及军事等职业。“生态女性主义”认为，在“父权制”的统治下，女性不能得到公平的资源分配，她们通常被视为男性的“辅助角色”，因而很多女工被安排在了比男性劳工更为恶劣的工作环境下。当怀有“主子心态”的男性使女性臣服时，自然同样受到了贬抑，所谓的“人类利益”控制自然的企图未能体现出生物多样性的价值。女性与非人存在物一样未能获得应有的角色、视域并需求更多的关注，甚至在极端情况下，女性不能拥有财产并被有选择地排除在主流社会外。其次，温茨谈论了“作为从属的殖民地人民”，他认为殖民地的土著居民与女性一样被“主子心态”所迫害，在早期的美洲大陆上，哥伦布和他的船员们受到了“泰诺人”慷慨的捐赠和热情的招待，但哥伦布绑架了他们并把他们作为奴隶出售，因此在1492年哥伦布登上圣萨尔海滩的十年间，几乎所有的部落都被摧毁，成千上万的人沦为奴隶。而在近代，殖民地人民则被认为不能通过他们的劳动获取他们所拥有土地的价值，欧洲人也没有必要尊重土著居民的文化和权利，甚至土著人的生活方式也被认为是粗鄙的，白人可以轻易地践踏土著人。随着社会的发展，在现代仍保持着原始社会生活方式的人同样遭受着不公正，他们通常工作和生活在“污染严重或危险品”附近，美国的核电厂所产生的放射性铀矿残渣倾倒在这些人生活的土地上，致使当地少年患有癌症的比例是全国平均水平的17倍。[①] 上层人为了利益而无节制地开发自然，但这些伤害被强加于“作为从属的殖民地人民”，其根本原因在于上层者的

① 〔美〕彼得·温茨：《现代环境伦理》，宋玉波、朱丹琼译，上海人民出版社，2007，第312页。

“主子心态”。上层者无视污染问题，也没有赋予殖民地人民应有的政治权利，致使遭受苦难最多的人却是获益最少者。最后，温茨谈论了“作为从属的自然”。在16～17世纪的哲学家培根的鼓励下，人类被赋予了开发自然并统治宇宙的力量，人成功地找回了本属于他的神赐的自然权利。此种态度的一个例子就是活体解剖，把动物作为开发自然的工具以完成对科学的探索。温茨认为，培根、笛卡尔等人的思想倡导了机械的哲学观，人类的灵魂或心灵被认为是精神性的，而地球上其他事物则沦为机械，除了人类这一存在物，其他所有非人存在物的灵性都要从根本上与其存在物本身剥离。因此，在这种哲学观的作用下，物质与精神的二元划分也蕴含着等级的区分，精神优于物质，低级动物应该效命于高级动物，自然必定是“被动的”存在，“主动的”即为上层者，“被动的”即为下层者，“被动的”自然在机械哲学观下沦为机器。

二　温茨环境正义论对人类的“道德关怀”要求

在温茨的世界里，一直都存在一种“协同论”的思想，即环境正义的对象既是人类又同样应该是非人存在物。温茨相信，尊重人类和尊重自然具有协同作用，就总体和长远来看，对人类与自然给予同样的尊重是最理想的“环境正义”价值旨归。温茨对此解释道：“尊重自然就增进了对人类的尊重，因而服务于作为群体的人类的最佳途径莫过于关心自然本身。”[①] 人类在利己主义的作用下，逐渐成为自然界的统治者。温茨认为，不受约束的人类权利导致了人类对自然的无休止攫取，同时，人类还自大地认为这种攫取是一种“进步”，并通过这种“进步”不断满足欲望。人们渴望旅行，为此发明了汽车和飞机；人们渴望光亮，于是五颜六色的霓虹灯照亮了城市的夜空；人们渴望活得更久，于是实验室里的“动物”代替人类试药。但是在协同论者看来，对自然的无限制开发往往如同无限制的政治权力一样，对人类是危险的，而处于危险最前端的，往往是那些在社会体系中最弱势的人。“‘人’站在哲学的舞台上以自身为尺度考量万物的存在与价值，尤其是人道主义者对人赋予了太多的在先性、中心性、绝对性、超验性、自主性等一系列特权之后，人的‘尺度’意识便进一步强化，这种

① 〔美〕彼得·温茨：《现代环境伦理》，宋玉波、朱丹琼译，上海人民出版社，2007，第262页。

超常强化让人在漠视周围世界的同时自身陷入迷茫、焦虑和苦闷之中。”①

那么应该如何约束人类权利、实现环境正义呢？温茨的方式是建立起一种所有生命个体都值得道德关怀，以及物种和生态系统同样也是道德关怀对象的观点。②

首先，温茨对所有生命个体都值得道德关怀的论点进行了叙述。温茨认为，有些事物以其自身为目的（以自身为善），在其自身的权利中体现出价值（有其固有价值），这就意味着此类存在物的存在将比缺失对世界（地球）更有意义。换句话说，当某人意识到某生物因其自身而拥有价值时，这种价值就应该被给予道德关怀；与此同时，当某人可以认识到自身价值时，他也应该认识到其他生物的价值，除了对自己的固有价值给予尊重以外，他也应该尊重其他人的固有价值。温茨的上述说法其实有以下三点意义。第一，对“利己主义”观念的摒弃。举例来说，一个彻底的利己主义者只能认识到自身的固有价值，而把别人的固有价值当作“工具价值”③，战争狂人通常只把士兵和平民（无论是己方还是敌对方）当作工具，他永远不会理解为什么会有人甘愿为正义牺牲自己的财产或是生命。第二，温茨的说法同样是为了消除“种族中心主义”。因为种族中心主义者无法认识到其他民族的固有价值，他们只把自己当作这世间最高贵的种族，而“冷酷对待其他民族”就意味着他们同样会冷酷对待本民族的其他人，“种族中心主义”其实也是“极端利己主义”的一种，种族中心主义者并不能接受其他民族的文化、信仰以及风俗习惯，因此这些极端利己主义者终究会被其他所有人抛弃。第三，温茨的说法为反驳“人类中心主义”提供更加完整的论证。人类中心主义的核心定义是人类建构了世界上所有的道德评价，因此只有人类拥有道德价值或应被给予道德关怀。温茨则反对人类中心主义的观点，他认为仅仅是物种的差别并不能说明其固有价值的差别，且对非人存在物的固有价值的认定并不存在主客观的逻辑障碍，所以无论是人类还是动物、植物或其他非人存在物，我们都应该尊重它们的权利和价值，它们都应该是人类道德关怀的客体。综上所述，温茨所论证的道德关怀是

① 张首先：《批判与超越：后人道主义和谐生态理念之构建》，《社会科学辑刊》2008 年第 4 期。

② 〔美〕彼得·温茨：《环境正义论》，朱丹琼、宋玉波译，上海人民出版社，2007，第 348 页。

③ 只有满足人类需要才能被认识到的价值，比如玩具卡车只有被人类把玩的时候才能体现出价值，它的价值完全是因为其他生物而不是自己本身。

连续的，从人对其他人的道德关怀，到一个种族对其他种族的道德关怀，最后到一个物种对其他物种的道德关怀，这些论证为道德关怀的延伸提供了有效证据。

其次，温茨对物种和生态系统同样也是道德关怀的对象的论点进行了叙述。温茨认为，“我们可以认识到任何事物的固有价值，无论它是什么”。[①] 他所说的“任何事物”实际上是将固有价值的范围延伸至生物群落以及生态系统，这是一种生态中心主义整体论的观点。温茨对环境正义范围的再一次延伸有以下三点内涵。第一，个体的固有价值应该得到尊重(道德关怀)，而整体种群或生物群落的固有价值更应该得到尊重，因为对整体利益的保护实际上也保护了个体利益，生态系统有赖于生态多样性的基本单元，而生态系统健康更有赖于生态系统本身的完整性和稳定性。第二，在人类出现在地球上以前，其他生命形式就已经通过复杂的生物群落互相影响和进化了，也正是个体与共同体之间不断发展的复杂关系成就了人。因此人类没有理由成为地球的主宰，更没有理由破坏生态系统的整体性，环境正义不允许那些对“生物圈”的滥用。第三，由于人类的特殊性，温茨同意对“人权”进行特殊的考虑，但同样指出应该尽力避免毁坏生态系统或引起物种灭绝。而更值得关注的是，因为人类在发展的过程中不可避免要伤害生态系统，所以温茨的观点是人类应为此做出补偿，为那些被损害的生物群落创造良好的发展空间，最终尽最大可能弥补对他们的伤害。

三　温茨对多元环境正义论的辩护

温茨对环境正义诸理论的讨论证明，任何一元的正义理论都不能适用于所有的情况之中。因此，温茨选择了一种有别于科学观察的方式去探索环境正义的结论，并试图证明伦理学判断与科学判断一样不是主观的，这一方式即反思平衡法。依照此方法，不管在特殊性还是一般性的问题上，个人的特殊判断与一般理论达成一致以前都能够得到修正或变更，但是它所包含的一系列原理并不能还原或衍生出某一主导原理，而是最终形成更具弹性的多元环境正义理论。

温茨认为，科学对于事实的观察受到了科学家的观念、信仰或是理论

① 〔美〕彼得·温茨：《环境正义论》，朱丹琼、宋玉波译，上海人民出版社，2007，第376页。

的影响。因此，“观察对象”既是被发现的，又是被创造的；既是经验中的客观因素（不依赖于人们意志），又是科学家在概念上的发明。所以，在科学家的观念与他所进行的观察之间实质上是存在相互影响的，观念影响着观察，同时观察也影响着观念和结论。①

从以上温茨的结论可以看出，无论是科学观察还是现实生活中的经验观察，人们都倾向于运用最能与其背景观念的储备相结合的解释，在其他条件相同的情况下，人们宁愿选择尽可能少地修正背景观念，而替代一个观念通常也要比修正观念受到更多的抵制。当科学家通过观察发现了一个新鲜事物（或理论）时，新旧事物或理论背后所隐藏的“背景观念属性”会逼迫科学家做出选择，而且没有“使用说明”可供参考，这时候就需要“正确判断”来补充科学观察和计算。举例来说，在物理学和化学研究中，科学家通过观察实验现象并根据逻辑规则的推理得出结论，这种结论在理想状态下应该是普遍的、万无一失的、准确陈述世间万物及其相互联系的命题或定律，然而，科学家探索科学世界并不能保证万无一失，他们的观察能力以他们的信念、理论为先决条件，因此也就不存在那种客观意义上没有错误的观察。

伦理学观察与科学观察是类似的，人们对于自己的权利、职责以及适用哪种正义原理的选择过程与事物缘何存在、事物缘何互动的观念的选择过程相同。综合来看，观念之间是存在差别的，应该被分为两大类。第一类是人对于“存在物的描述”，比如地球上存在什么事物、事物之间如何互动等事实陈述；第二类是“人应该做什么的约定”，比如责任、义务或是正义论的选择等引导人类行为的理论的约定。两类观念最大的区别在于“实然”与“应然”，也就是“描述”与“约定”。在环境正义论的研究中，可以假设两类观念以同样普遍的方法获得，这样就保证了环境正义领域所推导的结果与其他环境领域所产生的同样稳定，温茨使用罗尔斯的“反思平衡法”进行比较和对照，以得出“正确判断”。

罗尔斯认为，纯粹程序正义的方法（原初状态下被选择的正义原则）可以与反思平衡法结合起来使用，他这样定义“反思平衡法”的概念：“在

① 〔美〕彼得·温茨：《环境正义论》，朱丹琼、宋玉波译，上海人民出版社，2007，第325～338页。

描述我们的正义感时，必须考虑到这样一种可能性：即深思熟虑的判断尽管是在有利的环境中做出的，但无疑还是受到了某些偶然因素的影响和曲解。当向一个人提出对其正义感的一种具有直觉上的吸引力的解释时，他可能会修正他的判断以适应那种正义观的原则，即使这一理论跟他的既定判断并不是很吻合……同时，向他呈现的正义观能给出一个他感到现在可以接受的判断，在这种情况下，他特别有可能修正自己的判断。"① 根据罗尔斯的描述，反思性平衡意味着一个人衡量了各种正义观之后，他极有可能会修正他的判断以符合其中一种正义观（当然也有可能不修正，坚持他的最初观念）。此外，罗尔斯还提出反思性平衡并不是一成不变的，一个人完全有可能在深思熟虑后还依然被两种相对立的正义观所纠缠，如果人们的正义观最后拥有迥然不同的正义原则，这种不同的方式其实就具有重要性。作为公平的正义完全可以这样理解："它认为，前面述及的两个原则将在原初状态中被认为比别的传统正义观——例如功利论和完善论的正义观——更可取而被人们选择，以及这些原则比那些别的可供选择的原则更符合我们经过反思达到的深思熟虑判断。"②

温茨赞成罗尔斯的反思平衡法将正义观的获得、改善和改变的方式提高为自我意识。③ 并且，他同样运用了罗尔斯所创造的模型来进行有关环境正义的判断。温茨运用反思性平衡模型讨论了"动物权利"，因为目前的我们对非人存在物的看法并不一致。一方面，我们食用动物肉，屠宰场等肉食加工企业也从动物肉的生产中获得收益，因此饲养动物并杀掉食用一直以来都是被鼓励的行为；另一方面，我们接受了动物不应当遭受不必要痛苦的一般性认识，折磨动物在道德上是不被允许的。所以，两种观念显然存在着冲突，如何判断动物权利成为矛盾关键点。通过反思平衡法，我们可知"动物在遭受不幸"与"人类需要动物肉维持健康"这两种观念属于"实然"，即对两种正义观的描述，这种描述是深受背景观念与经验观察影响的，所以，必须通过思考"动物权利"正义观的"应然"属性加以判断。

① 〔美〕约翰·罗尔斯：《正义论》，何怀宏、何包钢、廖申白译，中国社会科学出版社，2009，第38页。

② 〔美〕约翰·罗尔斯：《正义论》，何怀宏、何包钢、廖申白译，中国社会科学出版社，2009，第39页。

③ 〔美〕彼得·温茨：《环境正义论》，朱丹琼、宋玉波译，上海人民出版社，2007，第339页。

例如，“动物在遭受不幸是不公正的”是一种普遍性约定，人们必须通过教化才能得知这一结论（人类应该通过思考认识到“动物遭受不幸是不公正的”），这种教化将影响我们在特殊情况下对“动物是否拥有权利”的判断，然后通过深思熟虑对以往的正义观加以修正，最终获得概括性的经验以影响我们对“实然”的观念（比如认为“鼓励屠杀动物以供人类食用”是错误的）。综合来说，反思平衡法可以解决我们对正义思考的不一致问题，通过改变一个或是更多的特殊感知以及普遍性观点（当然普遍性观点被改变时，其结果会与思考此问题之初的看法大不相同），使其最终达成一致。

通过前文的叙述，我们已经理解了温茨所探讨的包括正义诸理论在内的一元论缘何无法得到所有人的认可。从环境问题的实例来看，任何一种正义论都无法单独解决环境争端，这些一元论没有足够的弹性以调和我们已经探讨过的各种情况，并不是在所有情况下，理论所建议的行动方案都能说服人们相信其是正确的，每一种理论都有所欠缺。因此，我们需沿着温茨的思路采用“反思平衡法”，从而使个人的特殊判断与一般理论达成一致之前得到应有的修正或变更。由于每一种理论都会在特殊的情况下有应用价值，所以我们也同样不应该抛弃这些理论，而是要综合正义诸理论，发挥每一种理论的长处，形成更具弹性的（经过修正或变更的）多元正义论。

第二节　描绘环境正义的“同心圆”理论

由于一种多元正义论对于环境问题是必要的，所以温茨创造了“同心圆”理论以解决各类有关环境分配正义的争端。“同心圆”视角的引入，促使正义诸理论之间形成合力，从而找出一种在所有涉及的环境要素——动物、植物、人、山川等自然环境之间建立和谐关系的方法。

一　“同心圆”观点的十条理论原则

温茨所创造的“同心圆”实际上是一种以同心圆形式所描绘的“道德关系”图形，当人们与事物（或是“人”）之间的关系趋向亲近时，彼此所承担的义务属性也就趋向于“多”，也就是说人与事物之间的义务关系是随着亲密度而明显增加的。为了更深入地解释“亲密度”对环境正义的影响，温茨列出了“同心圆”的十条理论原则，并以此说明人与人、人与非人存在物之间的“道德关系”。这十条原则如下：

（1）亲密度的界定依据个人对他者负有义务的数量与程度而定。

（2）义务在现实的或潜在的互动背景下出现（此条意在说明亲密度并不是简单的人类之间的亲情或是友情，而是普遍意义上的、包括隐性关系在内的人与其他人或非人存在物的互动关系，比如“我”与“我”家临近街道的树木比“我”与其他地方的树木更为亲密）。

（3）义务普受尊重的理由包括如下所列，但不仅限于此：“我”已从他人的仁慈或帮助中受益，“我”尤其具有有利的条件去帮助他者；另一人与“我”已经着手承担一项计划，而他者则与“我”因共同追寻着同样的目标而努力工作；“我”已经单方面对他者做出了承诺，因此“我”的行为对他者具有强烈的影响。以上关系引发一系列复杂的道德思考，同心圆要求在不强加一种死板的等级制度的同时制定某种秩序。

（4）仅仅生物相关性证明不了义务的存在，因此同心圆并不认同种族中心主义或人类至上主义。

（5）在其他各点都相同的情况下，对于更靠近同心圆里层的他者而言，“我”负有更强以及更多的义务以满足他们的偏好。

（6）在其他各点都相同的情况下，对于更靠近同心圆里层的他者的积极人权而言，“我”负有更强以及更多的义务。

（7）在其他各点都相同的情况下，即使那些“欲望需要得到满足的人”比“积极权利受影响的人”对于“我”而言更为亲密，但“我”仍应该对“积极权利受影响的人”负有更多义务。

（8）人类以外的动物不具有积极权利，除非是家养动物或者农场动物（因为它们的依附是它们的主人所造成的）。

（9）消极权利适用于所有生活主体，不管其处于同心圆的什么位置，但这些权利并非绝对的，它们有时会让位于其他一些考虑因素。

（10）环境中的无情部分不具有权利，但我们有义务减轻我们的工业文明对环境的破坏性影响。对有助于提高生物多样性的进化过程保存而言，我们负有某些为之做些什么的义务（这包括致力于保存濒危物种以及对荒野的保留）。

以上是“同心圆”理论所规定的十条原则，温茨从人际关系的视角对其进行解释和说明，他发现根据人际关系的亲密度可以计算出义务关系的占比，一般来说，人们对其近亲比对同事负有更多义务，对工作交流较多的同事比对交流较少的同事负有更多义务，对自己社会中的成员比对其他社会中的成员负有更多义务。因此，人与人的义务关系被认为是存在于“我”周围的同心圆中，最靠近圆心的人是与“我”最为亲密的人，而随着同心圆范围的不断扩大，义务关系也随之而扩大，“我”对某人（或非人存在物）的义务关系也就随着此人所在的圆与“我”的疏远程度而减小。这种用同心圆所代表的义务关系可以兼顾所有情况，用温茨的话说：“在某个特定的圆中的存在，大抵与家庭关系、个人友谊、就业、种族地位和物理环境等特征相关联。”①

温茨所论述的“亲密度”是根据人与人之间的义务强度以及义务的应用频率而规定的。这些义务的存在基于现实情况或是隐藏着的人际互动。因此，依据“同心圆”理论十条原则中的第二条和第五条，“我”所承担的义务强度会随着“我”所互动的背景和主题而发生变化。从家庭关系的角度，父母对孩子比教师对孩子负有更多“教育的义务”；但从学校教学的角度，教师对孩子则比父母对孩子所要承担的义务更多。生物学关系（比如亲生父子）只是部分地证明了我们对亲属的义务，而更为严谨的论证则显示，人的义务关系也同样依赖于其他类型的关联，即使并不具有血缘关系或是不同种族的两个人，也会因社会关系的交往而变得更为亲密，普遍的生物学关系与特殊的种族渊源，并不能造成亲密度的实质性差异。

二　“同心圆”与“积极人权”、“消极人权”的关系

通过十条原则中的第六条原则，我们可以得知“我”对同心圆里层的人所承担的义务强度更大，从这一观点出发，温茨的环境正义论可以处理有关自然资源分配的种种“非正义问题”。比如，我们应该把紧缺资源优先供给“我”身边的家人，因为“我”与“我”的家人“处于一个更小的同心圆环，一个更亲近于我圆环中的人们的积极权利，要比距我更远的人们的积极权利对我提出更强烈的要求”。② 也就是说，那些与“我”更为亲密

① 〔美〕彼得·温茨：《环境正义论》，朱丹琼、宋玉波译，上海人民出版社，2007，第404页。

② 〔美〕彼得·温茨：《环境正义论》，朱丹琼、宋玉波译，上海人民出版社，2007，第408页。

的人们拥有着更多的积极权利（人的幸福与偏好满足），这些人也包括“我”对其做过承诺的人、依赖“我”的人、“我”曾伤害过的人以及只有“我”才能够帮助到的人。在这一点上，“同心圆”理论与“功利主义”理论是有所区别的。功利主义要求整体利益的最大化，因此资源应该在“社会整体利益最大化”的基调下被分配；而“同心圆”理论则只需要考虑亲密度关系（当然也包括隐藏的亲密度关系），在其他方面都相同的情况下，更靠近圆心位置的义务关系会被首先考虑。

然而，根据温茨第七条“同心圆”原则的论述，如果“我”所拥有的某项能力可以影响到一个与“我”亲密度较低的某人迫切需求的积极权利时，该项积极权利应该被优先考虑。比如，某个地区的人们正在饱受饥饿的痛苦，而恰好“我”拥有一批粮食的处置权，那么“我”就应该毫不犹豫地把粮食分配给正在挨饿的人们，而不是“我”身边的某些已经得到满足的亲人；环境资源分配同样如此，当一个地区因缺少煤炭资源而经常停电或是不能正常供暖，受此影响也会导致此时的煤炭价格持续走高，如果按照市场原则，煤炭公司应该优先将煤炭卖给出价最高的地区（或国家），但由于煤炭供应的特殊性，“煤炭资源”缺乏所产生的影响足以导致缺煤地区的人民无法正常生产和生活，所以“同心圆”理论要求将“煤炭资源”分配给急需的地区，而不是那些出价最高的地区。

正如积极权利通常比纯粹偏好有更大的道德影响力一样，某些积极权利也比其他积极权利具备更大的影响，当人们有权对其他人特有的追求或特定情况下的急需做出抉择时，对他们给予帮助是更为正义的选择。在有关环境议题的案例中，人们可能试图放弃优先享有积极权利的观点而运用反思平衡法思考涉及第三世界国家的问题，西方发达国家的富裕生活是建立在对第三世界国家不公正剥削前提下的，发达国家只是假定自己惯常行为方式的道德正当性，而没有意识到富足的生活会影响到贫穷国家的基本需求，依照“同心圆”理论，这种非正义的国际关系应该被改变，主张“单边主义”原则的国家无法通过环境正义的检验。

通常的情况下，人们会认为“我”无权干预其他人的消极权利，同样也就不需要考虑“我”与他人之间的同心圆关系。的确，在一般情况下，尊重他人基本自由的义务不受我们与其关系的影响，“我”无法干预我朋友的宗教信仰或是其“拥有生命、财产的权利”。但是，在特殊情况下，“同心圆”理论则认为“我”对他人的宗教实践、幸福追求或生命延续的干预是正当的。比如，“我”有义务阻止一场惨绝人寰的屠杀（如果“我”有这种能力）；“我”有义务对邪教进行干预，以阻止其破坏人的信仰体系；“我”有义务阻止网络暴民对无辜人士的无端攻击；等等。在一些情况中，“我”对他人消极权利的干预并不会受到同心圆中所处位置的影响，在其他条件都相同的情况下，无论虐待者是陌生人还是朋友，种族相同或是种族相异，“我”的阻止行为都是正义的。

三 “同心圆”与“动物权利”的关系

在有关动物权利的思考中，温茨同意雷根的说法，认为动物作为生活主体同样享有生存、自由以及追寻幸福的权利，但其他一些消极权利，如宗教信仰自由以及出版、言论自由，非人类生活主体则与人类生活主体不同。这种结论要求我们在对待非人存在物时要做出全面的改变，人类对动物的拘禁、猎捕、虐待、屠杀以及将其作为实验工具等都应该被全面禁止，作为动物权利道德关怀的同心圆必须存在。而依据“同心圆”理论的观点，非人类生活主体在很大程度上存在于同心圆外围，由于消极人权并不受到同心圆中位置的影响，动物所具有的消极权利与人类相比，其有效性并无二致。所以，非人类生活主体存在于同心圆外围的这一事实，并不会影响我们对其生存、自由以及追求幸福的权利加以尊重。此外，温茨还坚持人类的消极权利要优先于动物的消极权利，且人的生存权大于自由权，动物的自由权则大于生存权。就人类行为而言，限制“剥夺他人生命”的人的自由（把杀人犯关进监狱）是正当的；就非人存在物的互动行为而言，动物之间为了生存或是其他原因相互捕杀，这并不会构成非正义，相反，肉食动物捕猎是它的自由。在温茨看来，当人与动物发生互动关系时，利用“同心圆”理论可以判断出哪些消极权利更为优先。一切生活主体都可以享有消极权利，而当人类需要维系其生存权时，人的消极权利就大于动物的消极权利，比如因纽特人把海豹作为他们的食物，阻止他们捕杀海豹就意味着饿死他们，同时也摧毁了他们的文化。

四 “同心圆”与“无知觉环境”的关系

在温茨的多元环境正义论中，对“无知觉环境”的讨论被认为是最大的创新。温茨认为，对“无知觉环境”的迫害显然会对生物多样性造成巨大的伤害，物种的进化过程发生在富于生物多样性的生态系统之中，人类有义务避免生物种类的减少，即便是因人类的发展或是其他理由不得不迫害到“无知觉环境”，人类也应该尽量减轻伤害，并尝试对已造成的伤害做出补偿。比如，我们应当对自然保护区以及物种加以保护，防止生物群落（包括种群数量和种群的生活方式）被人类的工农业吞没。

在同心圆关系中，温茨将“进化过程”设想为一个相对疏远的同心圆。然而，根据生态中心主义整体论的观点，温茨并不认为对“生态系统进化过程”的关心应该少于其他同心圆。提高生物多样性被整体论认为是最大的善，那么“进化过程”就不应当轻易受到伤害，尤其不应当为了满足人类更多的、奢侈的物质需求而破坏“生态系统的进化”；同时，当对“生态系统”的破坏已经发生时，补偿生物多样性的优先级应该大于其他用途。

另外，在温茨看来，由于人类也存在于“生态系统”之内，因此虽然人类有克制自身不去损害生态系统的义务，但这并不意味着完全禁止人类消灭生态系统中的其他成员。生态系统的进化过程伴随着无数生物物种的诞生，同时伴随着无数有机个体与其他事物的灭亡。例如，昆虫吃掉树叶，而鸟类吃掉昆虫，哺乳动物又吃掉鸟类，生态系统中的每一种个体都有可能被食物链上一层的动物杀掉，而人类则站在食物链的顶端，所以人类显然有权利杀掉其他动物以维持自己的生存，这也就意味着健康的生态系统是一个不断进化的系统，物种通过不断进化以适应新的生态系统环境。处于食物链顶端的人类有大量使用生态资源的需求和技术手段（例如采矿、烧炭、运用氟利昂、使用杀虫剂等），而需求的旺盛与技术手段的成熟也同样导致了酸雨、土壤腐蚀、大气变暖、物种灭绝等一系列生态危机，今天的人类比原始人更容易打乱自然平衡，正如瓷器店里一头公牛比一只老鼠更能打碎瓷器一样。①

因此，人类有关怀生态系统的道德义务，我们需要尽力保护生态系统，即便生态系统的同心圆与个体的同心圆相对疏远。

① 〔美〕彼得·温茨：《环境正义论》，朱丹琼、宋玉波译，上海人民出版社，2007，第419页。

第三节　实现环境正义的个人义务与国家义务学说

温茨认为，“同心圆”理论是对正义诸理论的成功整合。但是，即便人们已经真正认识到环境不公正，还是会产生一些困惑：当与“我”有关的环境不公发生时，作为个体的“我”是否有义务改变我的工作和生活？如果有义务，那么“我”的改变应深入到什么程度呢？当国家作为环境正义的主体对象时，国家的义务又是什么？温茨对以上问题做出了合理的说明。

一　个体的责任与义务

温茨驳斥了“个体没有义务对不公正行为负责”的观点。他认为，工业社会使个体生活在一个需要广泛合作的社会中，当一些个体察觉到自己受到明显不公正对待时，这种合作体系就面临着崩塌。从每一个个体的长远利益出发，有必要改变“社会不公”的现状，帮助其他个体（因环境非正义而受到迫害的人）免于迫害，这既符合社会的整体利益，也符合个体利益。为了论述个体的责任与义务，温茨针对消费主义、经济增长主义和人类高福利三种观点进行了批判。

消费主义认为，消费能力代表着个体生活的富足程度，而消费本身则代表着社会活力，从持续消费中才可以体验美好人生。消费主义的观点显然与环境正义大相径庭，如果把“消费”作为人类的生活方式，那么自然资源毫无疑问会被迅速消耗殆尽。人类的繁荣兴盛与健康的生态系统以及受其保护的生物多样性密切相关，“消费”会加剧对自然系统的破坏。此外，消费的增长要求生产的不断增长，而生产增长中有70%来自石油、化工、天然气以及钢铁制造等自然资源消耗型产业，而这些产业同时也会带来大量的有毒废弃物，这就会对本就不可再生的自然资源形成二次伤害，消费增长最终会导致环境退化，危及人类可持续发展。

经济增长主义为经济增长进行辩护，认为饥饿对于全世界人民来说仍然是一个不可忽视的难题，而经济增长则会为饥饿的人们带来工作机会，从而改变其贫穷现状，使其拥有富足的生活，同时，消费增长无疑是带动经济增长的最佳方式，当工人们只生产出满足人们基本需求的商品时，失业则不可避免。乔·杜明桂和薇琪·鲁宾在其合著的《富足人生》一书中谈道："我们庞大的生产性经济……要求我们将消费作为我们的生活方式，要求我们将商品的购买与使用转化为一种宗教仪式，要求我们在消费中寻求心灵的满足……我们需要以一种不断增长的速度消费掉、烧掉、穿破、换掉以及扔掉某些东西。"① 但是，问题在于经济增长势必导致生态恶化，多生产出来的商品最终会被遗弃到大自然中，额外消耗的能源会加剧全球变暖，增长的恶果最终会反噬到人类自身。

人类高福利与消费主义、经济增长主义类似，提出高收入能促进高消费，并逐渐由基本生活消费转变为奢侈品消费，这同样会导致严重的环境非正义问题。高福利人群与低收入人群形成对立，因环境资源分配不公而产生的矛盾会不断加深，最终的结果则是过高的福利加剧了收入的不平等，严重的资源匮乏导致生产生活无法安定。

在论述了环境非正义对个体长远利益的损害后，温茨提出，在力所能及的范围内，个体有义务纠正环境非正义行为。而个体义务的多少则与个体从环境非正义中获得的利益成正比。比如，某一个体从事石油加工行业，那么他必须对加工废弃物进行处理以保证其对自然的伤害最小，同时也需要对周围居民做出一定的补偿以促进环境正义事业的发展。

二　温茨对国家环境政策的建议

全球化使世界成为一个整体，在世界范围内的自由市场、工作机会、产品以及资本都可以在国家或地区的法律范围内进行自由流动。同时，全球化也要求通过降低或取消关税壁垒来促进国际竞争，支持诸如知识产权、工程安全、环境保护等领域采取统一的国际标准，可以说，全球化为人类经济带来了繁荣。但是，全球化也加剧了国与国之间的贫富差距。富裕国家可以通过资本运作完成对发展中国家的生态掠夺。例如，一些西方国家把污染较重的制造业转移到发展中国家，却可以通过技术垄断或品牌影响力赚得绝大部分收益；一些西方国家大肆开采发展中国家的石油、矿产等不可再生资源，却有意识地存储本国资源，以保证本国可以在环境资源的赛道上胜出。然而，山水林田湖草是一个生命共同体，对其他国家进行掠夺

① 〔美〕彼得·温茨：《现代环境伦理》，宋玉波、朱丹琼译，上海人民出版社，2007，第 371 ~ 372 页。

式开发也必将导致本国生态恶化，随着全球变暖、物种灭绝、热带雨林大幅减少、全球气候恶化等生态危机不断加剧，全球化环境事务合作已成必然。

温茨建议在一种预知合作原理的前提下处理国际环境事务，这种方法是在已知本国经济地位的前提下完成的。通过对国与国之间经济地位的比较，可以推算出本国加诸地球环境负担的相对程度，以及本国在生产以及国际贸易中所获得的收益（因环境非正义而获得的）。一般来说，越富裕的国家所消耗的环境资源越多，在国际贸易中所获得的收益也就越多，对地球环境负担所应承担的责任则更重。温茨把社会经济定位作为衡量国际环境事务中责任占比的主要参考依据，并要求发达国家行动起来，为环境非正义事务中对发展中国家所造成的伤害进行补偿，也正因如此，发达国家需要在国际贸易合作之初（经济事务初期）就预先对将会给发展中国家带来的生态损害进行评估，并且积极开展环境事务合作，以求尽量减少发展中国家的生态负担。温茨认为："如果预知合作原理被普遍地接受，那么该原理就要求那些将会促成全球环境正义的行动。同时，它避免了将获致那个目标的重担不公平地置于任何一个人的肩膀之上。"①

第四节　彼得·温茨环境正义论与马克思环境正义观的比较

一　温茨环境正义论对马克思环境正义观的借鉴

温茨的环境正义论充满了对底层人士的"道德关怀"。温茨期望通过他所创立的"同心圆"理论，为少数族裔、穷人、后代、动物、无知觉环境找到"获得环境资源分配平等"的途径。此外，他还敏锐地察觉到了环境非正义的真正原因是人类的"主子心态"，"主子心态"使人类的生产、生活发生异化，把人和非人存在物所具有的"固有价值"异化为"工具价值"。在这一点上，温茨显然借鉴了马克思的"异化思想"，并且承认了环境正义实质上是"社会正义"的另外一种形式，温茨环境正义论与马克思环境正义观的价值旨归都指向了消除社会不公正、解放底层人民（当然也

① 〔美〕彼得·温茨：《环境正义论》，朱丹琼、宋玉波译，上海人民出版社，2007，第436页。

解放“主子心态”）。

虽然目前并没有证据表明马克思的著作以及手稿中对“环境正义”有过具体的描述，但从马克思对人与自然关系的深入表述中可以看到马克思已经关注到了人与自然的关系在物质交换的过程中产生断裂，人与人之间的矛盾（因社会非正义）会以人与自然冲突的爆发而凸显出来，反过来人与自然的关系也受制于人与人之间的正义关系。马克思先是对人与自然之间的关系进行了描述，他先是归纳了人作为“类存在物”的具体特点：“人是类存在物，不仅因为人在实践上和理论上都把类——他自身的类以及其他物的类——当做自己的对象；而且因为——这只是同一种事物的另一种说法——人把自身当做现有的、有生命的类来对待，因为人把自身当做普遍的因而也是自由的存在物来对待。”[①] 换句话说，人作为“类存在物”具有三个特点。其一是人可以在理论和实践上把“自己”当作对象，即人是一种自由的存在物；其二是人可以把任何存在物当作自己的对象，即人是一种普遍的存在物；其三是人必须在生产、实践、劳动和占有中体现人的“类本质”，即人一方面是在意识中理性地研究自己，另一方面又在实践中不断改造自己，所以人只有在实践中（社会中）才能体现出人的本质。然后，马克思证明了人为何要靠自然界生活：“这就是说，自然界是人为了不致死亡而必须与之处于持续不断的交互作用过程的、人的身体。所谓人的肉体和精神生活同自然界相联系，不外是说自然界同自身相联系，因为人是自然界的一部分。”[②] 从以上论述分析可以得出如下结论。一方面，人在实践中必须依靠自然界而存活下来，自然界为人类提供了直接的生产资料；另一方面，自然界又作为人类精神的无机界，人类靠研究自然界（包括自然科学研究和艺术创作）而生成可以享用的精神食粮。所以人与自然是密不可分的，人是自然界的一部分的同时，自然界也是人的实践对象。而后，马克思又深入研究了人在私有财产制度下被异化的过程，认为“异化过程”实质上也是人与人之间发生冲突的过程，是社会非正义产生的过程。他在《1844 年经济学哲学手稿》中指出：“因为他们使具有活动形式的私有财产成为主体，就是说，既使人成为本质，同时又使作为某种非存在物的人成

① 《马克思恩格斯文集》第 1 卷，人民出版社，2009，第 161 页。

② 《马克思恩格斯文集》第 1 卷，人民出版社，2009，第 161 页。

为本质，所以现实中的矛盾就完全符合他们视为原则的那个充满矛盾的本质。”① 从以上论述可以看出，马克思早就察觉到作为活动形式主体的私有制把人异化成了非存在物的人，这样做的结果是私有财产实现了它对人的统治，并以最普遍的形式成为世界的主宰力量，人完全作为“工具”存在。人的异化实际上是人在实践过程中的异化，把人当作“工具”使人失去了自由而又普遍的“类本质”，异化劳动让人的劳动变为像动物一般仅仅维持自己生存的手段。进一步说，人的异化让人无法再创造对象世界，也无法作为“类存在物”与自然界产生交互关系，人将回归原始人状态，只存在于“第一自然”，而不再创造“第二自然”，这就是人与自然的物质交换关系发生断裂的根本原因。

温茨在论述“主子心态”时借鉴了马克思的“异化思想”，正是由于在私有财产制度下的人不得不时刻追求最大化“利益”，底层人士和自然界变为追求利润的工具。温茨强调说：“自然的开发缘何会倾向于增加对妇女与其他附庸人群的压迫呢？生态女性主义者把矛头指向了西方思想中的主子心态，这种心态把许多人与自然联系在一起以将其作为有待控制的某物。”② 进一步说，“主子心态”并不会珍惜人与自然之间的能动关系，也不会珍惜人与人之间的能动关系，他们只会把底层人士和自然当作牟利的机器，以牺牲正义的代价来满足资本的贪欲。

二　温茨环境正义论与马克思环境正义观的差异

温茨和马克思都把环境正义作为各自生态价值观的主要内容之一，且都认为“环境正义”即“社会正义”的另一种表达形式。但比较两种环境正义观念的具体内容，可以发现二者存在本质上的不同，具体而言，主要存在三点差异。

第一，温茨环境正义论是以“私有制”和“私有财产收入与获取的合法性”作为立论前提的；而马克思则坚决反对“私有制”，认为只有“消灭私有制”才能实现环境正义的价值旨归。温茨的环境正义论要求实现环境资源善物和环境资源恶物的分配平等，他指出：“正义的情况时常涉及到环

① 《马克思恩格斯文集》第1卷，人民出版社，2009，第180页。

② 〔美〕彼得·温茨：《现代环境伦理》，宋玉波、朱丹琼译，上海人民出版社，2007，第294页。

境领域。因此，必须经常做出安排，以便对进行某种活动和生产某种商品的权利进行分配，从而确保人们在对环境资源的诸种利用间保持协调一致，并与环境的可持久居住性和睦共存。"[①] 可以说，温茨将实现环境正义置于环境资源"公平分配"的前提之下，他的核心议题是调节和改善人与人之间、人与非人存在物之间、人与无知觉环境之间的不平等关系，而非找出导致不平等关系的真正原因和彻底终结不平等关系，这也是温茨无法摆脱近现代政治哲学"应得"观念的具体表现。换言之，在温茨的环境正义论中，作为不平等根源的"私有财产"是否应得本身并不在问题讨论范围之内，也就根本无须证明"应得正义论"是否能彻底解决环境正义问题。马克思的环境正义观则把"消灭私有制"作为最高目标，在马克思那里，产生环境非正义的根本原因就在于资本主义的"私有财产制度"，这种制度把人分为不同等级，若想真正消除人与人之间的不平等,[②] 就必须要消灭阶级差距，使人成为"自由的人"，实现人的解放。当然，马克思所提出的"消灭私有制"是建立在生产资料与生活资料极大丰富的前提下的，因为马克思意识到，物质匮乏同样是导致人与人之间不平等的因素之一，只有物质极大丰富，社会才有底气"按需分配"，因此马克思环境正义观是以废除资本主义制度、消灭私有制、在物质极大丰富的情况下实现"按需分配"为前提的。

第二，温茨环境正义论与马克思环境正义观对"底层人士"的关怀层次不同。从表面上看，温茨的确借鉴了马克思的"异化思想"，并提出人类必须消除自己的"主子心态"，并且有义务帮助"底层人士"或其他处于分配底层的非人存在物、生态系统获得更多的环境资源分配，这里所说的底层人士当然包括马克思主义按阶级分类而提出的"无产阶级"。但是，我们通过温茨所创立的"同心圆"理论框架可以得知，温茨对那些受到环境不公正对待的人群所提供的关怀是非常有限的，他并没有摆脱"私有制"所赋予的枷锁，他的环境正义论是根据"亲密度"来分配环境资源的。也就是说，在相同资源短缺的情况下，"同心圆"会将更多关怀提供给亲密度更高的那部分人，而不是对所有人都一视同仁，温茨指出："通常我能够更好

① 〔美〕彼得·温茨：《环境正义论》，朱丹琼、宋玉波译，上海人民出版社，2007，第24页。

② 马克思主义环境正义观认为，人与人之间的不平等是环境非正义的根源，而人与非人存在物之间的冲突也是人与人之间的不平等所导致的。

地帮助与我身处同一共同体的成员，而不是住在我国其他地区的人们，或者地球上其他地区的人们。"[①] 相比之下，马克思环境正义观对"无产阶级"的关怀则是最为彻底的，马克思解释说："如果社会财富处于衰落状态，那么工人遭受的痛苦最大。因为，即使在社会的幸福状态中工人阶级也不可能取得像所有者阶级取得的那么多好处，没有一个阶级像工人阶级那样因社会财富的衰落而遭受深重的苦难。"[②] 这段论述充分说明了，无论是资源丰富还是资源最短缺的时候，工人阶级所获得的分配都是最少的，更为严重的是，资源最短缺的时候，所有者阶级会把更多资源分配给对于他们来说亲密度更高的人群，而不会考虑工人阶级的需求。此外，马克思对无产阶级最彻底的关怀还体现在"劳动异化"的领域，他指出："分工提高劳动的生产力，增加社会的财富，促使社会精美完善，同时却使工人陷于贫困直到变为机器。劳动促进资本的积累，从而也促进社会富裕程度的提高，同时却使工人越来越依附于资本家，引起工人间更剧烈的竞争，使工人卷入生产过剩的追猎活动；跟随生产过剩而来的是同样急剧的生产衰落。"[③] "劳动异化"让无产阶级失去了人的本质特征——"类本质"，也就是人失去了最基本的自由，变为资本的附属品，生产得越多，这种异化也就更加深一层。因此，马克思环境正义观对无产阶级的关怀并不只是分配得更多，而是期望通过制度的改变而使无产阶级实现真正的"人的解放"。

第三，温茨环境正义论所追寻的"自由"与马克思环境正义观所追寻的"自由"并不相同。"自由主义有两个传统，一个传统源自洛克，一个传统源自卢梭。洛克的传统强调'消极自由'，如思想自由和良心自由，以及基本的个人权利和财产权利。卢梭的传统强调'积极自由'，如政治自由和参与政治生活的平等权利。"[④] 温茨所强调的"积极人权"和"消极人权"显然没能摆脱自由主义的自由观。关于"积极人权"，温茨强调积极权利要比纯粹偏好具有更大的道德影响力，也就是说，虽然"同心圆"理论框架是以亲密度来进行分配的，但当离圆心更远的人（比如其他国家的人群）对某些积极权利具有更为强烈的"需求"时，我们必须优先分配给这些处

① 〔美〕彼得·温茨：《环境正义论》，朱丹琼、宋玉波译，上海人民出版社，2007，第405页。
② 《马克思恩格斯文集》第1卷，人民出版社，2009，第119页。
③ 《马克思恩格斯文集》第1卷，人民出版社，2009，第123页。
④ 姚大志：《正义的张力：马克思和罗尔斯之比较》，《文史哲》2009年第4期。

于“基本需求线”的人群，而不是“我”身边的人；关于“消极人权”，温茨强调，在某些特定情况下，对他者的宗教实践、幸福追求或生命延续的干预是正当的，这些特定情况包括拯救无辜者生命免于无端攻击、宗教献祭以及虐待者基于个人对幸福追求的虐待行为。但是，很显然温茨所秉承的“自由主义”自由观是有限度的自由，他只考虑了人在社会生活中的“分配自由”（或者说是“应得自由”），而没有从生产活动中考察自由。马克思环境正义观所追寻的自由源自对人的“类本质”的考察，这也是对最普遍自由的考察，马克思指出：“一个种的整体特性、种的类特性就在于生命活动的性质，而自由的有意识的活动恰恰就是人的类特性。生活本身仅仅表现为生活的手段。”[①] 人类通过实践创造对象世界、改造无机界，这证明了人是有意识的类存在物，这种“类本质”也侧面证明了人并不只为了基本需要而存在，人可以自由地面对自己的产品。马克思将自由视作人在实践活动中的基本特性，并且通过对“劳动异化”的论述说明了无产阶级是如何在不自由地生产和生活的。马克思指出：“人不仅像在意识中那样在精神上使自己二重化，而且能动地、现实地使自己二重化，从而在他所创造的世界中直观自身。因此，异化劳动从人那里夺去了他的生产的对象，也就从人那里夺去了他的类生活，即他的现实的类对象性，把人对动物所具有的优点变成缺点，因为人的无机的身体即自然界被夺走了。”[②] 整体来看，温茨的环境正义论对自由的追寻是片面的、有限度的，马克思环境正义观对人的自由的追寻是普遍的、全面的。人类从原始人发展至今，在资本主义制度下，人对自由的追寻面临着最大的挑战，人无法摆脱异化所带来的痛苦，也就无法在生态危机频发的今天摆脱环境非正义。在一个不自由的世界中，无论是资产阶级还是工人阶级，都必须为了不触发经济危机且进一步导致更为严重的生态危机而不断追求利润最大化，人不再是为生命活动的本性而劳动，而仅仅是在单纯地追求利润。因此，在马克思那里，只有在共产主义社会中消除异化，废除私有制和分工，才能让人重新找回人的“类本质”（重新回到自由王国），重新使人成为人。[③]

---

① 《马克思恩格斯文集》第1卷，人民出版社，2009，第162页。

② 《马克思恩格斯文集》第1卷，人民出版社，2009，第163页。

③ 重新使人成为自由发展的人，不再受别人支配、处于别人的压迫和压制之下。

第四章　彼得·温茨环境正义论评析

环境正义运动最初在美国爆发，美国也确实是环境非正义问题表现最突出的国家。这一方面是由于美国是全世界最大的移民国家，少数族裔以及低收入群体在美国人中占有相当大的比重；另一方面也是由于美国反"种族主义"运动、环境保护运动、民权运动在环境正义运动爆发之前已经进入了成熟阶段，美国民间社会团体有着相当强的声势和较高的地位，民众早已关注到了工业化社会中环境资源分配不公的事实。彼得·温茨教授较早开始对环境正义问题的研究，他发现虽然所有人都支持环境正义运动，但是有关环境正义运动该遵从哪一种正义理论却始终没有得到一致认可的答案，许多争议实际上是不同的正义观念所促成的。因此，温茨强调运用反思平衡的方法做出环境决策，并认为应该把关注的焦点定位于"环境相关的政策与行为该如何分配环境收益与负担"。

第一节　彼得·温茨对环境正义运动的贡献

温茨教授的理论对环境正义运动的贡献主要有三点，其一是为环境正义运动提供了多元化视角；其二是为"环境保护运动"与"环境正义运动"的融合提供了理论支持；其三是为第三世界国家所受到的环境不公正对待发出了强有力的声音，为发展全球环境正义运动提供了参考指南。

一　为环境正义运动提供多元化视角

温茨强调："社会正义和环境保护的议题必须同时受到关注。缺少环境保护，我们的自然环境可能变得不适宜居住。缺少正义，我们的社会环境可能同样变得充满敌意。”[①] 环境非正义问题是世界工业化社会所面临的主要问题之一，最初的环保运动只是关注到了生态危机所导致的气候恶化、生物多样性减少等生态问题，而环境正义运动的爆发则让世界人民关注到了环境资源分配不公所导致的“环境歧视”、“环境种族主义”以及“生态帝国主义”等问题。

温茨的理论对环境正义运动的贡献之一是为环境正义运动提供了多元化视角。温茨对正义诸理论的考察结果促进了环境正义运动的目标朝着多元化发展，而不是仅仅关注有色人种的环境非正义问题。1991 年第一届全美有色人种环境领导人峰会后，环境正义运动的参与者受温茨以及其他多元环境正义论学说的影响，扩大了环境正义讨论的范围，包括环境分配正义、环境承认正义以及环境参与正义等。其中，温茨最大的贡献在于将环境分配正义的范围由最初的代内正义扩大至代际正义领域。代内正义与代际正义的概念最早诞生于罗尔斯在《政治自由主义》中对原初状态的动机假设。罗尔斯认为，从原初状态的设定看，由于“无知之幕”背后的人并不知道自己将会被安排到哪一个时代，出于人类自利[②]的角度，正义原则应会使任何一代人都小心地保留资源，以便于每一代人都可以从前一代那里获得遗产。由此，正义原则将不再仅仅以本时代人的利益为中心，而将代际正义（也就是后代人的利益）纳入分配正义的原则内。温茨在《现代环境伦理》一书中也明确地提出了对能否实现“代际正义”的担心。他强调：“每个人都将担心，没有这样的规则（准则），更早一代人将会破坏地球，并使那些后来生活的人生存艰难而且她可能就是后来生活的人类一员。因此，所有的人都承认，更早的一代人有着维护环境的责任，以便于后代的人们能够有一种像样的生活。”[③] 温茨所说的“规则”实质上就是“代际正义原则”，代际正义的实现有赖于“正义的社会契约观”，即当代人与后代人共同签署的地球资源保护协议。然而，由于后代人无法合理地提出他们的诉求，当代人与后代人的契约是当代人所制定的（并且由当代人替代了后代人进行签署），所以在这样的情形下很难确定“契约”的真实有效性

---

① 〔美〕彼得·温茨：《环境正义论》，朱丹琼、宋玉波译，上海人民出版社，2007，第 2 页。

② 自利也意味着互利，“无知之幕”背后的人为了自己的利益考虑，不得不选择最符合“正义”的原则，以保证其无论被安排到哪一个时代，都能够得到最基本的权利。

③ 〔美〕彼得·温茨：《现代环境伦理》，宋玉波、朱丹琼译，上海人民出版社，2007，第 69 页。

（温茨也说契约并不完全能引致人权，当人们还未存在时就说他们有权利是有悖常理的）。但是，这种假定的契约能够解释为何危害自然资源是不正当的行为，这也就意味着当代人或是前一代人能够考虑后一代人的福祉，最终完成人类社会的传承，契约的建立确立了当代人对后代人的有限责任。随着温茨著作的面世和其他环境正义理论学者的推动，环境正义运动加入了包括“代际正义”在内的更多领域的内容。在第二届全美有色人种环境领导人峰会上，老中青三个年龄段的 NGO 参与者提出了涉及清洁能源、汽车、可持续农业、职业健康等多个新类型的环境正义关注点。在第二次峰会结束后，环境正义的诉求从反对不公平的社区污染转向了可持续社区的建设。2005 年，美国政府问责办公室发布了题为《联邦环保局在制定清洁空气条例时应该多加关注环境正义问题》的问责条例，该条例对美国环保局放宽有毒物登记制度进行了问责；2009 年，美国环保局发布了《环境正义资源指南：社区与决策者手册》，这一指南性文件为个人、社区组织以及其他非政府组织提供项目信息以及其他技术和资金支持；2014 年，环保局又发布了《环境正义计划：2014》，这一计划的目标主要有三点：一是保护重负担社区的环境以及居民健康，二是增强社区自身改善环境及居民健康的能力，三是实现居民、NGO 和政府共同建设可持续发展社区。① 综合来看，以温茨为代表的环境正义理论学者为环境正义运动打开了新的一扇门，从最初的“沃伦抗议”到后来的“可持续发展”，温茨的环境正义论一方面影响了环境正义运动的发展方向，另一方面也成为环境正义运动转向“可持续发展”、保障各方（包括后代人）实现环境资源分配公平正义的重要理论工具。

二　为“环境保护运动”与“环境正义运动”的融合提供理论支持

温茨的理论对环境正义运动的贡献之二是将“无知觉环境”也纳入环境正义的关怀对象中来，把环境正义运动的关注范围从人与人之间的关系拓展到了人与动物、人与生态系统之间的关系（环境保护运动的主旨内

① 赵岚：《美国环境正义运动研究》，知识产权出版社，2018，第 61～63 页。

容），为“人与自然是命运共同体”做出了有效说明。

现代环保运动可以追溯到20世纪早期的荒野保护运动，富兰克林·罗斯福以及部分白人精英人士是这项运动的主要领导人，他们认为有必要对自然资源的粗放性使用以及大肆浪费的行为进行批判，并将荒野保护同发展经济结合在一起，大力倡导建设国家自然公园，以保护脆弱的荒野。第二次世界大战以后，荒野保护运动吸收了利奥波德的“大地伦理”思想，将保护的范围拓展至野生物种和生态系统，因为维系生物多样性也就是保护人类自身。同时，环境保护运动也受当代深生态学的影响，强调非人存在物的“内在价值”属性，它们与人拥有同样的自然权利，且其“内在价值”和“自然权利”理应受到人类的尊重。环境正义运动则与荒野保护运动、环境保护运动有着截然不同的环境诉求，运动的参与者更为关注少数族裔、穷人所受到的环境资源分配不公正对待的问题，对远离人类的山川河流、林草荒野并不关注。此外，以白人精英为主的荒野保护运动参与者对环境正义运动是持反对态度的，他们的诉求是保护荒野以及维护优美的自然环境，以便能带给富人们更高质量的物质享受，而不是保障少数族裔、穷人在环境资源分配中得到公平的对待，“主流环保组织人员的构成和主要诉求，都与低收入群体、少数族裔群体相去甚远”。①

正是因为环境保护运动（当然也包括荒野保护运动）与环境正义运动是由不同人群组织同时也对环境保护有着不同诉求的两种运动，所以其伦理思想、运动纲领、切入角度、适应人群也都有所不同。彼得·温茨为此提出了“环境协同论”的思想。“环境协同论者相信，在尊重人类与尊重自然之间存在着协同作用。就总体和长远来看，对人类与自然同时存在的尊重对双方而言都会带来好结果。”② 为此，环境协同论者提供了三种方法促成环境保护运动与环境正义运动的融合。第一，环境协同论要求去除人类不受约束的权利，以“相互制衡”原则设计现代政治组织。“去权利化”的原因在于人类对自然的无限制权利往往如同无限制的政治权力一样，对人类和自然来说是非常危险的。当权利的拥有者意识不到他人或非人存在物所遭受的不公正时，他们就会因对短期利益的追求使那些弱势群体受到更

① 赵岚：《美国环境正义运动研究》，知识产权出版社，2018，第53页。

② 〔美〕彼得·温茨：《现代环境伦理》，宋玉波、朱丹琼译，上海人民出版社，2007，第262页。

大伤害，比如跨国资本会为了提高利润将排污工厂转移到发展中国家或是荒野地区。第二，环境协同论要求暂停“绿色革命”。“绿色革命”诞生于20世纪60年代的印度，指的是诺曼·博洛格所发明的高产HYV小麦和水稻。这项发明被广泛种植于印度，使印度摆脱了食物短缺。此后，以HYV为代表的专业化农业技术被称为“绿色革命”，它被赋予了“战胜饥饿”的神圣使命。然而，专业化所带来的恶果也是显而易见的。以HYV的种子为例，它高产的代价是需要更多的水、肥料、除草剂和杀虫剂，农民们不得不为这些附加品而花费更多的钱，另外，HYV的种植是单一栽培模式（每块地只种植一种作物），单一栽培助长了病虫害的暴发，田地里的生物多样性也损失殆尽，最终的结果只能是生产农业杀虫剂的公司利润暴增，而农民、田地却因失去了“原始农业种植”沦为牺牲品。正如温茨所说，专家们那种无法以整体论眼光观察形势的思想倾向，使他们看不到多样性的价值。[①] 由此可见，“绿色革命”是一场骗局，它让人类凌驾于自然之上，以牺牲生物多样性为代价为生物化肥公司牟利，事实上，GDP也并不能衡量人类的幸福指数，丧失生物多样性只会使人类丧失更多幸福。第三，环境协同论要求以非人类中心主义作为环境运动的伦理学基础，环境协同论者相信是人类的“主子心态”造成了生态危机，认为人类中心主义将下层群众和被征服的自然联系在一起，把他们当作“工具”来使用，毫不在意底层群众和自然的“权利”和“价值”。环境协同论推崇奥尔多·利奥波德的“整体性”思想，把人类同山水林田湖草融为一体，把每一个个体都视为自然界的普通一员，“他”与“它”将受到同样的尊重。

随着“环境协同论”在NGO组织内部的认可度提升，环境保护运动与环境正义运动之间的合作逐渐增多，两者发现了越来越多的可合作之处。例如，两个运动都支持“生态女性主义”，女性在父权制社会所受到的不公正待遇与少数族裔、穷人以及非人存在物在现实环境资源分配中所受的几乎一致，这两种压迫的根源在于温茨所提到的“主子心态”。为此，环保运动与环境正义运动的参与者们在保护女性权利方面达成了一致并展开合作，甚至有人提出合并两个社会运动组织，因为他们对于促进环境整体性有着一致的目标。

---

① 〔美〕彼得·温茨：《现代环境伦理》，宋玉波、朱丹琼译，上海人民出版社，2007，第281页。

三 为全球环境正义运动提供参考指南

温茨的理论对环境正义运动的贡献之三是温茨不仅对本国的环境正义运动提供支持，他还特别关注世界环境正义运动的发展。他认为，在全球化合作的浪潮中，资本主义自由竞争市场虽然提高了全球经济水平，但并没有改变穷人的生活，富人的收入成倍地增长而穷人却无法糊口。另外一个更重要的方面是，发达国家无限制地向发展中国家倾倒矿物燃料（以为发展中国家经济“加油”为借口），使发展中国家的人民在承受跨国公司剥削的同时也在忍受着糟糕的工作、生活环境，矿物燃料的无限制使用使全球变暖加剧，南北两极的冰川都存在不同程度的融化。

环境正义运动显然关注到了这一点，事实上，从 1973 年到 2000 年，跨国社会运动组织从 17 个增加到了 167 个，环境团体占全部跨国社会运动组织的 17%。[①] 跨国环境组织除了在数量上有增长外，还在环境主义制度化以及环境议程方面产生了巨大变化，他们赞成实行一种跨国环境政治，希望通过非政府组织民间运动向世界银行或是跨国机构抗议，并且通过可协调的跨国抗议付诸实践。也正是由于跨国环境正义组织的不断发展，无数的跨国网络平台被建立，以帮助解决有争议的边界环境问题。[②] 当然，目前的跨国环境正义组织是十分脆弱的，其主要原因在于不同国家的环境运动发展是不平衡的，不同的环境组织之间存在着巨大差异（包括国家特定环境、文化、宗教、参与人数以及资金支持等），使跨国网络平台难以顺利运行。温茨对此提出一种设想，即预知合作原理——任何国家都应该有改善环境不公正的义务，在破坏生态环境的行动实施之前，就应该预估将对环境造成的伤害，并且与相关国家展开充分的环境治理合作（也可以说预先赔偿），赔偿数额要与国家经济地位成正比。

第二节 彼得·温茨环境正义论的进步性

温茨所创建的“同心圆”理论诞生于环境正义论热潮的早期，他对环

① 赵岚：《美国环境正义运动研究》，知识产权出版社，2018，第 53 页。

② 郇庆治编《当代西方绿色左翼政治理论》北京大学出版社，2011，第 291 页。

境正义诸理论的详细考察，为学界其他学者进行进一步的理论创新提供了参考。同时，基于反思平衡法的“同心圆”理论把人类与非人存在物看作一个相互联系、彼此影响的生命共同体，并以人际关系亲密度为蓝本，规定了人类应该承担多少义务，它涵盖了代内正义、代际正义以及种际正义三个方面，这一创新在一定程度上有助于缓和人类中心主义和非人类中心主义的对立，为环境资源配置方式提供了新的伦理支撑。更为重要的是，作为自由主义学派学者的温茨，能够从资本主义生产方式的角度探讨环境正义，为环境正义论拓展了适用范围。

一　为环境正义论提供了多元视角

实际上，从温茨分析正义诸理论开始，就已经为创建一种多元环境正义论奠定了基调。温茨在《环境正义论》的导言中提出：“许多争议都是由不同的正义观念促成的。因为人们对正义持不同观念，所以这个人认为公正的某种社会安排或环境政策其他人却会认为是不公正的。”[①] 而后，温茨又提出了运用反思平衡法调和不同正义论的观念。当一个人对一项环境政策持有不同看法时，支撑这个人想法的正义论就会帮助环境政策进行检验或是修正，即便另一种正义论会与环境政策的基础理论完全对立，在质疑和回应之间不断反复。依照温茨的解释，质疑和回应并不是毫无结果的重复动作，而是具有指向性的，每一次反复都会推动更缜密、更广泛的理论形成，一些后出现的理论会直接检验那些蕴含在之前出现的理论中的重要假设。

温茨提出使用反思平衡法的确给环境正义理论界提供了多元的视角，许多学者依据这一方法丰富了环境正义，且理论界已经就“环境正义”是一种多元正义论达成了共识。从细分领域上看，环境正义逐渐被分为环境分配正义、环境承认正义以及环境参与正义。

环境分配正义是温茨所探讨的一种正义范式，其他学者对这一范式进行了重构。戴维·米勒在《社会正义原则》一书中解释了环境公共物品的分配问题。米勒同意温茨的说法，即“人们的正义观是多元的，并且人们时常是通过在一种主张和另一种主张之间的平衡来确定公平的分配存在于

① 〔美〕彼得·温茨：《环境正义论》，朱丹琼、宋玉波译，上海人民出版社，2007，第2页。

什么地方”。[①] 但不同的是，米勒并不是以人际关系来判断一个人所要承担的义务关系，而是通过对“应得、需要、平等”这三个分配标准进行比较以实现正义观念的选择。按照米勒的分析，当试图以应得和需要进行资源分配时很容易陷入不能满足所有人的困境，同时当试图以平等作为分配资源的选择原则时又必须考虑应得（虽然平等的分配更容易被所有人接受），这就使公平的分配必须在应得原则、需要原则和平等原则之间进行转换。为解决选择困境，米勒提出要把“依据贡献进行酬劳分配的原则”作为主要原则（应得），而以某种程度的平等主义作为补偿（平等），同时也要兼顾每个人不同的偏好（需要）。此外，米勒对环境善物进行了重新划分，分别是：（1）能够达成社会共识的环境善物；（2）通过协商能够达成共识的环境善物；（3）无法达成共识的环境善物。在三种环境善物中，第三种是无法完成分配的主要部分。米勒借鉴了温茨同心圆原则中有关“积极人权”的分配方式来解决第三种环境善物的分配。温茨规定：“在其他各点都相同的情况下，即使那些其积极权利已成问题者与那些其偏好有待解决者相比离我更疏远，我也有更多的义务对积极权利而不是对偏好满足做出回应。”[②] 米勒同样反对依据偏好进行分配，他更倾向于使用成本效益分析法（给环境善物标注价值），对个体的偏好赋予价值并对没有获得偏好满足的人进行补偿，只有当某一环境善物成为所有人的共同偏好时，才能对环境正义提出要求。罗伯特·诺齐克也根据补偿原则提出了矫正正义的概念。诺齐克提出：“假如持有的状态不符合获取的正义原则和转让的正义原则，那么就需要对持有中的不正义进行矫正……反之，如果某人赔偿别人，使他们的状况并不因其占有而变坏，那么，其占有本来要违反这一条件的人就仍然可以占有。但只有当他赔偿了这些人时，他的占有才不会违反有关获取的正义原则，从而才会是合法的占有。”[③] 诺齐克也同样在温茨的基础上进行了延伸性研究，他所主张的矫正正义是对一些“非正义占有”的补偿措施，但他也同样要求了“赔偿的可接受性”，这也就意味着“非正义占有”通过补偿实现“合法占有”的前提是以相同数量的等价资源满足对方的需求。

---

① 〔英〕戴维·米勒：《社会正义原则》，应奇译，江苏人民出版社，2001，第 68 页。

② 〔美〕彼得·温茨：《环境正义论》，朱丹琼、宋玉波译，上海人民出版社，2007，第 403 页。

③ 〔美〕罗伯特·诺齐克：《无政府、国家与乌托邦》，何怀宏等译，中国社会科学出版社，1991，第 183 页。

随着环境正义理论的不断发展，许多学者认为仅仅从温茨所述的分配正义角度并不能完整表现出环境正义的真正内容，也无法论述出所有环境非正义问题。在环境承认正义理论的研究上，法兰克福学派新的代表人物阿克塞尔·霍耐特是其中的佼佼者。霍耐特为早期黑格尔的承认理念赋予了现代意义，提出了现代承认正义的三种形式，即爱、权利、团结。在三种承认形式中，“爱”代表着私人领域的承认，每个人都应该从“爱”中获得“情感承认”；“权利”和“团结”是公共领域的承认。“权利”代表公民与公民之间都有权利（平等）以及尊严（相互尊重）获得“法律承认”，在“法律承认”的框架之内，每一个人类个体都将被视为自为目的；“团结”代表个体在群体性价值共同体关系中可以获得一种“社会承认”，个体可以在现实社会关系中衡量“价值”。借用康德的理论架构，私人领域的承认是对“个人意志自由”的承认，而公共领域的承认则是对“个人成就”的承认。具体到环境领域的问题上，霍耐特认为“环境歧视”违反了公民与公民之间相互尊重的原则，其实质是对“法律承认”的蔑视，应该拿起黑格尔所说的“为承认而斗争”的大旗，把“承认正义”放在环境正义问题的讨论框架内，如此才能使“所有人”都始终被包含在社会共同体关系中。此外，环境正义还体现在“社会承认”中，不同国家、地区以及民族之间存在着对环境问题理解的文化差异，对此霍耐特解释说：“随着最初选择定向到和平运动和生态运动，该理念主宰了我们一直面临的远离‘物质’价值的文化转向的后果和一种质疑关于我们生活方式的品质的正在增长的兴趣；而今天，由于以多元文化主义的现象为焦点，‘身份政治’的理念处于支配地位，据此，文化上的少数族群日益为承认他们的集体价值信念而斗争。”①

大卫·施朗斯伯格继续延伸了环境正义的概念，他指出：“全球环境正义所诉求之正义实际上有三个方面：公平地分配环境风险，承认受制社区参与和经验的多样性，以及参与环境政策制定和管理的政治进程。”②“‘参与正义’是指可能被未来决策影响到的人拥有‘知情同意权’，有权对与自

① 〔美〕南茜·弗雷泽、〔德〕阿克塞尔·霍耐特：《再分配，还是承认？——一个政治哲学对话》，周蕙明译，翁寒松校，上海人民出版社，2009，第88页。

② 〔美〕大卫·施朗斯伯格：《重新审视环境正义——全球运动与政治理论的视角》，文长春译，《求是学刊》2019年第5期。

身利益相关的决策发表意见，并进行表决。”[①] 参与非正义在环境领域的表现非常多。比如有害废物处理工厂在少数族裔或穷人不知情的情况下被安排在他们生活的社区附近，再比如化肥公司从来没有告知农民化肥以及杀虫剂、除草剂对生态多样性的破坏；另外，那些环境政策的制定者很少与环境利益相关人员商议决策，而只是凭借他们简单的调研就发布了治理条例。南茜·弗雷泽也认为只依靠环境分配正义和环境承认正义无法解释所有的非正义现象，正义必须保障所有人都有可能参与到环境治理中，因为每个人对环境政策的想法是不一样的，有必要照顾到所有的利益相关者。

综合以上学界已经公认的环境正义内容，可以说明温茨所述的创建一种多元环境正义论是有必要的。温茨所使用的反思平衡法也在理论界对环境正义论的拓展方面起到了积极作用，一方面可以阐释深奥的多元理论，另一方面也对诸理论之间的融合有着重要的指导价值。

二　为环境资源配置方式提供了伦理支撑

上文已经论述了温茨为推动代内正义和代际正义共同作为环境资源分配方式的伦理基础所做出的贡献。实际上，相较于前者，温茨以生态中心主义为伦理支撑对“种际正义”以及“无知觉环境所要求的正义”的论述更加具有开创性。

环境伦理学虽然是一门新兴学科，但它所宣扬的先进理念、道德关怀以及文化属性都受到了学界的普遍关注，因此该学科在极短的时间内诞生了多个学派（包括人类中心主义、动物权利论、生物中心主义、生态中心主义等），这些学派在互相争论的同时也相互借鉴，最终形成了一种多主体、多中心、多元化的新伦理学科。彼得·温茨显然是环境伦理学科的主要贡献者，他所主张的“环境协同论”从以下两个方面为环境资源配置方式提供支撑。

一方面，温茨对“经济人类中心主义”的批判为“弱势群体”争得尽可能多的分配份额。“弱势群体”的范围是广泛的，包括中下阶层人士、后代人、动物、荒野等，他们（它们）的共同特点是因缺少话语权而无法得到公平的资源配置。根据温茨的说法，“经济人类中心主义”希望把所有的

---

① 王云霞：《分配、承认、参与和能力：环境正义的四重维度》《自然辩证法研究》2017年第4期。

价值都置于货币条件之下，以便于人们能够利用市场（或模拟市场）选择那些最大化增加人类分配份额的方案。“经济人类中心主义”配置份额的方案对弱势群体的剥削是巨大的，如跨国公司为了经济效益大量排放有毒气体或建立污染物处理厂，而这些工厂的选址通常会在贫民窟或是穷人社区，中下阶层人士中的许多人就这样“被分配”在污染严重的环境中生活和工作，他们很多人都因“中毒”而早逝或患有癌症，与此同时，跨国公司对受害人群是以“货币”的方式进行赔偿的，经济学家通过人们在人寿保险和医疗上的花费（以及在危险工作环境中所要求的额外报酬）来计算货币赔偿数额，甚至于因意外事故而丧失生命的人也会被要求以同样的方式进行补偿，一个穷人的生命价值可以被冷冰冰的“影子价格”所估算（而跨国公司或资本家的货币收益却远远超过了赔偿数额）。后代人、动物以及荒野同样受到“经济人类中心主义”的迫害，他们被无限制地利用以保证经济效益的增长。后代人的资源被当代人超额使用，以至于他们可能没有足够的清洁水、空气、臭氧层等生存必备资源；动物园、马戏团的拥有者训练动物表演节目，而精彩节目的背后是驯养人对表演动物的虐待和威胁，这一切的目的都是更高的节目收入；人类对荒野的无限制开发更是对野生动物和生物多样性的极大迫害，荒野的优美不复存在，众多濒危动物也失去了生活的家园。温茨对此批判说：“人们常常在没有数学程序或固定不变的优先准则下通过篡改并行的价值观念而作出自以为满意的决定。”[①] 温茨更为同意的方案是“非经济人类中心主义”方案，该方案的特点是关注公共利益而非个人利益，关注“共同体利益”而非某一物种的利益，为了实现“共同体利益”最大化的目标，“非经济”方案会确保每一个群体都能得到合理的资源分配份额，即使这种配置方式会阻碍经济增长。

另一方面，温茨主张通过“整体性的非人类中心主义关注”保护生态系统。进化理论表明，当技术能力日益将所有人类一同带入相互依存之中，我们只有通过合作才能实现“人类共同体”的整体性进步；生态科学理论表明，地球上的生态系统同样发挥着共同体效应，只有地球上的所有物种通力合作，才能保障地球可以正常运转，生态系统中的土壤、水、微生物、植物、动物与人才能够生生不息地存活与发展。“整体论”就是建立在“共

---

① 〔美〕彼得·温茨：《现代环境伦理》，宋玉波、朱丹琼译，上海人民出版社，2007，第112页。

同体理论”基础上的环境伦理学，它要求人类正确看待“人类共同体”与“自然共同体”之间的关系，也要求人类能够意识到人对“自然共同体”所承担的义务。因此，在“整体性伦理观”的主导下，温茨主张为生态系统的健康考虑，应该适当减少人口（降低出生率），降低二氧化碳排放量，保护濒危野生动物（通过法律严惩盗猎者和建立国家自然保护区），以人类同大自然的合作作为分配资源的方式，限制人类支配自然的经济活动，作为整体的生态系统会从这种资源配置方式中获益颇丰。

三 对资本主义生产方式的批判

在温茨的著作中，温茨从不同角度表达了对“底层人士受到环境不公正待遇”和“发展中国家受到环境不公正待遇”的愤慨之情，并且他坚定地认为环境保护主义并没有拯救地球以及地球上的“弱势人群”，资本主义生产方式是造成环境非正义的真正幕后推手。

温茨在《环境正义论》的开篇就专门就“劳动分工”的问题进行了讨论，他认为是“劳动分工”让环境变得“脆弱”，具有专业技能的人不得不依靠他人为自己提供大部分的必需品。“相对于农业或技术上更为简单的社会，工业社会实现了更多的劳动分工。生产力的提高部分归因于人们在不同领域的专业分工……这些革新中许多是为了提高生产力而设计的……不仅生产方法更加复杂——也因此更难以掌握，而且——它的费用也极其昂贵。”[①] 从上述内容可以得出，温茨已经关注到了“劳动分工”对环境正义的迫害性。资本主义生产方式把人分为资本家与工人，资本家为了利润最大化减少对工人的环境资源分配（当然也包括只提供环境恶劣的工作场所以及受污染的社区）。就环境正义运动爆发的导火索“拉夫运河”事件以及“沃伦抗议”事件来说，少数族裔（工人）被分配在有毒废弃物附近的社区，造成了大批底层民众患病或死亡，这种环境资源非正义分配的根源是排污工厂（资本家）为了降低运作成本。马克思早在《1844 年经济学与哲学手稿》中就分析过工业社会中的环境资源分配非正义。[②] 他是

① 〔美〕彼得·温茨：《环境正义论》，朱丹琼、宋玉波译，上海人民出版社，2007，第 17 页。

② 虽然马克思所生活的年代并没有“环境正义”的概念，但是马克思在对资本主义生产方式的分析中回答了“被剥削”的根源，实质上这也就是“环境非正义”的根源。

从对“地租”的分析开始的。“土地所有者的权利来源于掠夺”，马克思引用了萨依对土地资源所有权的定论，而后继续分析道：“从地租对货币利息的这种关系可以得出结论说，地租必然越来越降低，以致最后只有最富有的人才能靠地租过活……一部分土地所有者破产。大地产进一步集中。”[①] 最终的结果是资本家和土地所有者之间的差别消失，只有资本家和工人两个阶级存在，地产被转化为商品。而更为重要的是，大地产集中所带来的是土地垄断，垄断意味着地产商业属性得到最高等级的释放，资本家在高额利润的驱动下进一步加大对工人阶级的盘剥，没能成为资本家的人只能生活在极差的环境中，最终导致环境正义运动的大爆发。马克思解释说：“这是因为大地产，像在英国那样，把绝大多数居民推入工业的怀抱，并把它自己的工人压榨到赤贫的程度。因此，大地产把国内的贫民和全部活动都推到敌对方面，从而促使自己敌人的势力即资本、工业的势力产生和壮大。”[②] 由此可见，“劳动分工”促成了资本家和工人两个阶级的产生，资本主义生产方式造成了资本家对土地资源的垄断，工人阶级（少数族裔、穷人）不得不臣服于工业资本的分配，使环境非正义普遍存在于穷人社区。

温茨除了对“底层人士所受到的环境非正义对待”进行了批判外，也从多个角度对“发展中国家所受到的环境非正义对待”进行了批判。前文已经提到过，经济全球化已经让全世界都连在了一起，国家与国家之间也如同人类的“劳动分工”一样，每个国家的分工也是由“资本主义生产方式”所控制的。温茨引用世界观察研究中心委员雅各布森在 1989 年的报道：“成千吨的美国和欧洲的废弃物已经被运往非洲和中东，从意大利来的大约 3800 吨有毒废弃物在 1987 ~ 1988 年通过五次货运被倾倒在尼日利亚的小港口 Koko，其中至少含有 150 吨 PCB——这种化学药品使美国纽约的拉夫运河污染事件备受关注。”[③] 由此可见，温茨已经充分证明了经济全球化给弱国带来的苦难，而苦难的根源实际上就是经济学者所鼓吹的“全球自

---

① 〔德〕马克思：《1844 年经济学哲学手稿》，中共中央马克思恩格斯列宁斯大林著作编译局编译，人民出版社，2018，第 32、40 页。

② 〔德〕马克思：《1844 年经济学哲学手稿》，中共中央马克思恩格斯列宁斯大林著作编译局编译，人民出版社，2018，第 44 页。

③ Jodi L. Jacobson, "Abandoning Homelands," in Lester R. Brown et al., *State of the World 1989: A Worldwatch Institute Report on Progress Toward a Sustainable Society* (New York: W. W. Norton, 1989), p. 70.

由市场”，它对国与国之间的不平等分配起到了决定性作用。自由主义学者通常会以经济条件作为思考的前提，他们认为人的所有活动都是自利的，任何时候活动都受到经济利益的影响。同样，国家的政策思维也深受经济条件的影响，国际贸易的不平衡发展导致发达国家与发展中国家形成了二元对立的关系。从另外一个角度来说，二元对立也可以被解读为全球资本主义体系再生产中的剥削与被剥削关系。

在生态中心主义和环境协同论学者中，温茨是少数能够从资本主义生产方式的角度对环境正义问题进行批判的。综合来看，虽然温茨对自由主义学派所谓“经济增长”“高消费与高福利”“以金钱补贴低效率”“全球化环境政策”等以自由资本主义市场解决环境正义问题的方案进行了批判，并且也对少数族裔、低收入人群以及发展中国家的环境非正义问题表达了关切，但遗憾的是，温茨并没有看到“资本主义制度”对经济、环境、社会问题的真正威胁，只有消除资本主义制度，才能真正消除生态危机，也并没有理解环境正义问题的原因实质上并不是人与自然之间的矛盾，而是以“自然”为中介的人与人之间的关系断裂。

第三节　彼得·温茨环境正义论的局限性

作为早期环境正义理论的开拓者，温茨以生态中心主义为伦理基础，对现代工业社会的环境正义问题进行了分析。但实际上，他并没有认识到人类对自然界的利用所产生的分配非正义是建立在资本积累逻辑的基础上的，这也就导致了温茨对环境分配正义的分析仅仅关注到了环境非正义给人类和自然界所带来的苦难，而没有像生态学马克思主义学者那样直接对资本主义制度进行批判，以生态社会主义所提出的“生产性正义”实现环境正义的价值旨归。所以从整体上看，彼得·温茨的环境分配正义论学说实际上有四重局限性。其一，从认识论上无法阐述人与非人存在物实现公平分配的可能，非人存在物难以表达个体意愿。其二，从伦理学角度无法证明人与自然存在责任与义务关系，非人存在物也无法对人履行责任与义务，这就从客观上造成了人类单方面对自然负义务，自然变成了抽象的存在，人与自然的关系走向了对立。其三，错误地评价和批判了马克思“科学技术观”。马克思虽然支持正义原理会随着社会的技术发展而发生改变，但并不是要求人类无限崇拜“科学技术”，而是要求“科学技术”的发展要建立在人类与地球之间新陈代谢关系的基础之上。温茨对马克思“科学技术观”的错解也导致他无法正确理解“科学技术发展”与“环境正义”之间的内在联系。其四，“同心圆”理论虽然是一种创新的分配模式，也的确拓展了环境正义的适用范围，但从实践层面看，温茨的方法无法通过简单的人际关系亲密度来说明哪种正义论应该被优先使用，正义诸理论之间存在的本质矛盾也不能通过反思平衡法化解。就如温茨自己所说的，他的分配正义理论只是一种框架，而无法通过精密的“逻辑推理”产生结论。

一 人与非人存在物的分配困境

实际上，自环境伦理学诞生以来，人类中心主义学派与非人类中心主义学派的争论一直都是围绕着“人是否只是自然界生物中的普通一员”这一问题而展开的。随着现代社会的不断发展，越来越多的非人类中心主义学者努力将分配对象从人扩展到物种，彼得·温茨无疑也是其中之一。温茨要求加厚罗尔斯所创造的“无知之幕”以解决种际正义问题，他认为罗尔斯的方法没有考虑自然的其他部分——包括动物种群、植物种群、河流、山脉、湖泊、海洋等。但是，如果依照罗尔斯的方法（即在“无知之幕”的背后选择正义理论），将“理性人”放置在一个可能会受到指定行为不利影响的位置上（这样做的结果是你会承认并体会到其他人可能受到的非正义对待），进而通过“一视同仁”判断出哪一种正义原则才是更为合理的，那么，原初状态下所得出的答案会引发三个问题。其一，动物和植物、山川、河流能否和“理性人”一样体会到正义为何呢？其二，非人存在物是如何表达自己的想法的？其三，非人存在物对“正义”的看法可能与“理性人”所做出的判断完全相反。这三个问题可以归结为一个疑问，即2000年前中国哲学家庄子与惠子的对话：子非鱼，安知鱼之乐？

温茨由此判断出：“原初状态不能被认可为能够产生所有有效道德命题。”[①] 为了实现种际正义，温茨提出建立一种所有生命个体以及物种、生态系统都值得“道德关怀”的观点。此观点的核心是要求人类尽量避免对具有固有价值的事物造成伤害，或将伤害减到最低限度，在其他条件等同

① 〔美〕彼得·温茨：《环境正义论》，朱丹琼、宋玉波译，上海人民出版社，2007，第322页。

的情况下，对已造成伤害的存在物做出补偿。

让我们来分析一下温茨的观点，他的核心观点可以被分为两个方面。第一，人类被要求对“非人存在物”做出承诺，人类与非人存在物拥有平等使用地球资源的权利，人类作为“道德代理人”有责任替非人存在物做出更有利的选择，当然，“道德代理人”被允许通过消灭危险的有机体以保护自己，当非人存在物的利益与人类的基本需求发生冲突时，人类应首先满足自身需求；第二，当人类对环境资源的需求与非人存在物需求发生冲突时（非基本需求），人类应该尽量避免分配的不公正，同时以人类的方法（技术手段）修复对非人存在物所造成的伤害。

应该说，温茨对于“人与非人存在物之间的分配正义”的核心观点在认识论层面是有严重问题的，也可以说他的理论在“逻辑”上存在相互矛盾的情况，具体来说可分为三点。其一，无法证明非人存在物可以自主地参与到分配中，这也就意味着“种际正义”的命题从根本上就是悖论。种际正义的命题是建立在“生物平等主义”基础上的，种际正义支持者认为自然先于人类存在，所以自然资源所带来的使用价值也应该由人类与自然共同分享，这种命题旨在打破长久以来人与自然“主客二分”的观点，以为动物和无知觉环境争取分配权。但问题是非人存在物既区别于人又区别于物，它本身并不具有“主体性”和“自主性”，强加给非人存在物主体性地位（生物中心主义者或是生态中心主义者的观点），只会导致人作为主体的价值观被打破，以动植物和无知觉环境的意志进行分配只是人类对其“抽象化”的想象罢了。就如同马克思所说：“对象性的存在物进行对象性活动，如果它的本质规定中不包含对象性的东西，它就不进行对象性活动。它所以创造或设定对象，只是因为它是被对象设定的，因为它本来就是自然界。”[①] 其二，人作为非人存在物的“道德代理人”从根本上无法成立。温茨要求“道德代理人”在人类与非人存在物之间进行正义分配，但从根本上来说，“道德代理人”首先是人，他作为“人”，与非人存在物的冲突是不可避免的，因此，“不存在任何关于如何在不同种类的‘关键性需要’间选择或者决定这些需要应包括哪些内容的指南”。[②] 其三，建立起一套人

① 〔德〕马克思：《1844年经济学哲学手稿》，人民出版社，2018，第102页。

② 〔英〕安德鲁·多布森：《绿色政治思想》，郇庆治译，山东大学出版社，2005，第63页。

类对非人存在物的补偿机制，从理论层面看似乎是可行的，但实践情况中却是困难重重。原因在于人类对自然的开发和利用对生态系统（物种）所造成的伤害大多是无法挽回的，无法通过货币补偿（由数学计算出的）进行一次性补偿，也无法改变物种消失的真实状况，所谓的补偿不过是人类为可持续发展的目标而做出的一个环境决策罢了，其实质上是人对于人（后代人）的补偿。

二　人与自然对立的生态观

据温茨所述，他的环境正义论所遵从的环境伦理基础是“环境协同论”。他认为“环境协同论”可以替代人类中心主义和非人类中心主义的观点，在尊重人类和尊重自然之间寻找共同点。温茨强调说：“就总体和长远来看，对人类与自然同时存在的尊重对双方而言都会带来好结果。”① 但是，值得当前学界深思的是：环境协同论真的可以缓和双方的矛盾吗？环境协同论的方法如何相互制衡人与非人存在物之间的分配关系？

让我们先抛出结论：温茨所提出的“环境协同论”本质上还是以生态中心主义伦理为基础的（关于彼得·温茨环境分配正义的本质在下一节有详细解释），他所提倡的伦理观不但难以平衡人与非人存在物之间的分配关系，而且会在客观上造成人与自然的对立。正如温茨所强调的那样：“协同论者相信，只有当人们采取个体主义的与整体主义的非人类中心主义关照时”，人们才会限制他们对于权利的使用，从而避免给他人带来沉重的结局。②

温茨关于人与自然关系的核心观点是限制人的权利，因为他认为不受约束的人类权利会导致权利滥用，而权力滥用又会导致两种结果：其一，职业的专门化、地域的隔阂、强有力的技术③会使善良的人类中心主义者追逐最大化的权利，从而造成巨大污染；其二，对无限权利的追逐同样会危及那些底层人群——妇女、儿童、穷人、少数族裔等。温茨为了解释以上两种结果罗列了高科技农业、现代社会专业化技术以及绿色革命政策对生物多样性和人类福祉的迫害，并且最终得出人类中心主义的方案并不能实

① 〔美〕彼得·温茨：《现代环境伦理》，宋玉波、朱丹琼译，上海人民出版社，2007，第262页。
② 〔美〕彼得·温茨：《现代环境伦理》，宋玉波、朱丹琼译，上海人民出版社，2007，第265页。
③ 温茨语。

现环境正义（缘于人类对自然的傲慢）的结论，而“环境协同论”要求限制人类权利，把自然的价值与权利提升到与人类相同的位置。

综合以上对“环境协同论”的描述，温茨所赞成的是一种承认所有实体（包括人类在内）在不受制于人类的操控下以它们自己的方式自由绽放的平等姿态，这种姿态的形成得益于“深生态学”① 的发展，“深生态学”是环境协同论的一种形式。由此可见，温茨的学说与生态中心主义者阿恩·奈斯以及霍尔姆斯·罗尔斯顿的核心观点并无二致，其立论支撑点在于“生态系统可被理解为一个共同体，人只是共同体的一个成员，人对其所属的共同体负有直接的道德义务……自然生态系统拥有内在价值，这种内在价值是客观的，不能还原为人的主观偏好，因而维护和促进具有内在价值的生态系统的完整和稳定是人所负有的一种客观义务”。②

为了厘清非人存在物是否具有“内在价值”，生态学马克思主义对温茨的环境协同论（生态中心主义价值观）进行了全面的批判。第一，生态学马克思主义认为环境协同论只是拘泥于抽象价值观的视角，把生态危机的根源认定为“人对自然的工具性使用”，而没有从社会制度（实践）的角度分析导致生态危机的根本性因素。“对比之下，一种历史唯物主义的对资本主义的社会经济分析表明，应该责备的不仅仅是个性‘贪婪’的垄断者和消费者，而且是这种生产方式本身：处于生产力金字塔之上的构成资本主义的生产关系。”③ 生态学马克思主义者戴维·佩珀直接点出了生态中心主义与生态学马克思主义在对待生态危机问题上的根本性区别，生态中心主义仅仅把矛头对准了“在错误的生产关系中的人”，而不是错误的生产关系本身，也就是说：“正是资本主义制度下人类‘干预’自然的方式是大量土地退化和由此造成的让人吃惊的人类后果的原因。”④ 所以，生态中心主义价值观把生态危机归因为“人与自然关系的破裂”是错误的，生态危机的

① “深生态学”是阿恩·奈斯创建的学说，被环境伦理学界普遍归纳于“非人类中心主义”学派。

② 〔美〕霍尔姆斯·罗尔斯顿：《环境伦理学——大自然的价值以及人对大自然的义务》，杨通进译，中国社会科学出版社，2000，第2～3页。

③ 〔英〕戴维·佩珀：《生态社会主义：从深生态学到社会正义》，刘颖译，山东大学出版社，2012，第133页。

④ 〔英〕戴维·佩珀：《生态社会主义：从深生态学到社会正义》，刘颖译，山东大学出版社，2012，第133页。

根本原因是以人与自然关系为中介的人与人关系的危机。生态危机是资本主义生产方式和制度形式所造成的危机，而生态中心主义的观点从主观上导致了人与自然的对立。

第二，所谓“内在价值论”在逻辑上并不严密和科学，在理论性质上应属于后现代主义。生态中心主义希望借助“内在价值论”把地球上的所有成员都归入“共同体”之中，把人类作为“共同体”中的普通一员，要求人类不再有“掌控地球”的特殊权利，其他非人存在物因具有“内在价值”而应与人类具有同等地位。此外，“内在价值论”还认为应把“道德”由人际关系拓展至种际关系，任何个体都拥有“独立于评价者的评价”的属性，即个体作为评价的客体时（即使评价主体不存在），该个体的价值属性依然存在，也同样有着独立的评价性，“无须参照评价主体对该客体的评价属性的体验，该客体的评价属性也能得到说明”。[①] 但是“内在价值论”的问题在于，它仅仅依靠人类的主观直觉判断非人存在物具有“内在价值”（即使它独立于主体评价），而不是经过严密的科学论证，事实上，“生态中心主义不仅面临着如何“从自然科学的‘是’推出‘应该’，从‘事实’推出‘价值’”的理论难题，而且“对‘自然价值论’的内涵缺乏明确和统一的界定，并且缺乏科学的论证而主要诉之于人们的体验和直觉”。[②]

第三，“环境协同论”的生态治理实践无法真正落在实处，也无法解决人与自然的矛盾冲突，更为严重的后果则是人与自然的对立。由于“环境协同论”者认为仅仅限制人类的经济增长和科技发展就足以改变人与自然之间的关系，而没有要求消除资本主义生产方式，所以它虽然可以在一定程度上抑制持续的生态恶化，却不可能完全实现真正的人与自然和谐相处。“深生态学”创始人阿恩·奈斯（环境协同论者）声称：“我不赞成简单的生活，除非是在这样一种意义上，即一种手段简单但目标与价值富足的生活……我喜欢富有，而且当我在我那乡间的小屋里一呆时，我感到比最有钱的人都要富有。”[③] 由此可见，环境协同论者所追求的不过是一种“自给自足”的生活，他的这种生活方式是脱离于社会并且脱离于实践的，其本

① 余谋昌、雷毅、杨通进主编《环境伦理学》，高等教育出版社，2019，第122页。

② 王雨辰：《生态学马克思主义与生态文明研究》，人民出版社，2015，第122页。

③ 〔美〕彼得·温茨：《现代环境伦理》，宋玉波、朱丹琼译，上海人民出版社，2007，第347页。

质仅仅是富足的白人精英们为了维护“乡间度假”般的生活而实现的人与自然和谐相处（在他们内心中的）。但是，一种发展中的剥削并没有消除，资本主义内在地对环境不友好。“尽管它在一个特定时间的表现会有所不同：一种有利可图的交易可以比无利可图的交易更能唤起人们的环境意识。”[①] 因此，环境协同论所谓“绿色的资本主义”从根本上来说是一个谎言，它旨在让人们成群地涌向一片荒野，与自然独处，体验自然的“内在价值”并且感悟精神与自然的联结，认为如此便可从精神领域实现人与自然的共融，而讽刺的是，世界上其他地方的环境恶化还在持续，发达的资本主义国家正在发展中国家大肆掠夺，曾经在伦敦、纽约等资本主义中心城市发生过的一切环境事件正在其他地区重演。

三　对马克思“科学技术观”的错解

作为“环境协同论”的一员，温茨也和其他环境协同论学者一样对“技术革新”充满了敌意。温茨如此抱怨道：“所有这些分工，费用昂贵的技术革新，还有生产的地区集中，创造了一个重要的、并非蓄意的副产品——脆弱性，尤其在遭受恐怖主义、封锁和其他形式的不合作时显得更加脆弱。”[②] 为了说明技术革新不只在一个方面加深了环境的脆弱性，温茨将矛头对准了马克思，他认为马克思所提出的模式使人类崇尚对其他物种的无限制掌控。[③]“马克思也断言，技术的发展比行动指引原理的调整更稳定、更连续……成人默许生活方式的改变以吸收新技术，这使得技术发展的步伐普遍地快于人类采用新的正义原理的步伐。”[④] 总结来说，温茨对马克思“科学技术观”的批判主要在于三个方面。其一，马克思提倡“控制自然”的学说，追求对“其他物种的无限制掌控”，“控制自然”导致了生态危机的爆发；其二，马克思对“科学技术观”的支持造成了“正义论”的滞后，导致许多新技术的应用不在“正义论”的框架之内；其三，当技术发展到一定程度时，地球上基因多样性减少的灾难是可能真实发生的，

① 〔英〕戴维·佩珀：《生态社会主义：从深生态学到社会正义》，刘颖译，山东大学出版社，2012，第134页。

② 〔美〕彼得·温茨：《环境正义论》，朱丹琼、宋玉波译，上海人民出版社，2007，第17～18页。

③ 温茨语。

④ 〔美〕彼得·温茨：《环境正义论》，朱丹琼、宋玉波译，上海人民出版社，2007，第36页。

人类为了自己的利益而无限制发展（技术）最终会反噬人类本身。但是，温茨对马克思“科学技术观”存在错解。

关于如何看待科学技术发展和应用、生产力发展与生态危机的关系，这是当前生态思潮所争论的焦点问题，生态学马克思主义学者明确肯定了马克思的“科学技术观”不仅不是导致生态危机的根源，相反的是，历史唯物主义将在解决环境问题中起重要作用。针对温茨所提出的“控制自然”学说，生态学马克思主义学者给出了对“控制自然”的不同解释。威廉·莱斯指出，控制自然是近代社会以来有长久影响力的一种观念，它以普遍的形式遮蔽着控制自然和控制人之间的联系。也就是说，控制自然的观念一直在误解科学技术的发展，其主旨并不在于“人类对自然的工具性使用”，而是应理解为“把人的欲望的非理性和破坏性的方面置于控制之下”，这种“控制”将带来人性的解放，人类将在“发展科学技术生产力”中更好地调节与自然的关系，“科学技术”实质上控制的是“人与自然之间的关系”。马克思在《1844年经济学哲学手稿》中详细地解释了人与自然之间关系，“在实践上，人的普遍性正是表现为这样的普遍性，它把整个自然界——首先作为人的直接的生活资料，其次作为人的生命活动的对象（材料）和工具……自然界，就它自身不是人的身体而言，是人的无机的身体。人靠自然界生活”①。进一步解释，人与自然的关系是持续不断、相互联系的，人本身也是自然的一部分，人类社会与自然界之间实际上是一种物质与能量交换关系。约翰·贝拉米·福斯特指出，马克思的唯物主义被误解为一种类似于“培根式的”支配自然和发展经济的思想，而不是维护生态价值的思想，这种批评存在的问题，就像众多的当代社会经济思想一样，就是它没有认识到人类与其生存环境之间相互作用的重要实质。② 因此，“控制自然”与“实现绿色”之间并没有根本性矛盾，人通过生产实践而获得自然存在物，并运用科技将其改造为具有使用价值的产品，当人们将排泄物返还给自然界时，人又可以通过科学技术将排泄物再次利用。马克思在《资本论》第3卷《不变资本使用上的节约》中论述了生产废料再转化

① 〔德〕马克思：《1844年经济学哲学手稿》，人民出版社，2018，第52页。

② 〔美〕约翰·贝拉米·福斯特：《马克思的生态学——唯物主义与自然》，刘仁胜、肖峰译，高等教育出版社，2006，第12~13页。

的过程：“我们指的是生产排泄物，即所谓的生产废料再转化为同一个产业部门或另一个产业部门的新的生产要素；这是这样一个过程，通过这个过程，这种所谓的排泄物就再回到生产从而消费（生产消费或个人消费）的循环中。”① 综合以上论述来看，环境协同论对马克思“控制自然”的批判是荒谬的，历史唯物主义对解决生态危机的重大贡献恰恰是“控制自然”的内涵和实质，马克思对资本主义社会经济和生产方式的分析表明，“只有资本主义生产方式才第一次使自然科学为直接的生产过程服务，同时，生产的发展反过来又为从理论上征服自然提供了手段”。② 因此，应当责备的并不是帮助人与自然实现物质与能量交换关系的“科学技术”，真正的幕后黑手是资本主义生产方式下的贪婪的“垄断资本家”。

针对温茨所提出的“正义论”发展滞后于“科学技术”发展，生态学马克思主义也进行了回击。表面上，正义理论的发展的确不如科技发展得那么迅速，比如人工智能的迅速崛起而引发的人与机器的伦理问题和正义问题至今没有解决方案，但从另一角度来看，正义论的发展又超越了科学技术的发展，这是因为正义论的发展始终是随着社会制度的变迁而发展的，而社会制度的变迁又会推动科学技术的巨大进步（又或者说二者是相互影响的），比如工业革命时期欧洲由封建制度转向了资本主义制度，喷气机等重大科技发明也就随之而来。温茨援引了马克思所述：“很多正义原理与其他的行动指引原理，都与社会的技术发展状态相关。一个适合于某一时期技术发展状态的原理，不一定适合于将来。”③ 这表明马克思对“正义观”有着清楚的认识，即任何历史时代都不存在所谓的“永恒正义”，所以若要讨论支持“科学技术观”是否导致了正义论的滞后，我们必须从历史的角度回答。“马克思主义的历史观与马克思主义的正义观具有不可分离的性质。”④ 马克思对历史变迁的理解是通过描述剥削阶级与被剥削阶级之间的关系而得出的，在古代奴隶社会以及封建社会，政治、宗教和经济都是由统治阶级的喜好所决定的，因此剥削与被剥削的关系是奴隶（农民）与奴隶主（封建统治者）之间的矛盾，“正义”在此时表现为解放奴隶（农

① 《马克思恩格斯选集》第2卷，人民出版社，2012，第451页。

② 《马克思恩格斯全集》第47卷，人民出版社，1979，第570页。

③ 〔美〕彼得·温茨：《环境正义论》，朱丹琼、宋玉波译，上海人民出版社，2007，第36页。

④ 林剑：《论马克思历史观视野下的社会正义观》，《马克思主义研究》2013年第8期。

民），使其拥有生命权和财产权；在资本主义社会，大规模生产中的社会机制使工人阶级与资本家对立，此时的正义应表现为消除资本主义生产方式，真正实现“人的解放”。相比较而言，科学技术革新则同时受到自然和社会制度两个方面的影响。一方面科技的进步是科学家受到自然力量的启发而总结得出的；另一方面社会制度的不断进步也导致对“科学”的思辨的不断进步，使人类可以摆脱宗教的控制进而转向科学。从以上论述可以得出，科技革新虽然与正义理论的发展密切相连，但两者都受到社会制度的影响，因此两者之间并不存在“科技革新阻碍正义理论发展”。

针对温茨所预测的“科技革新的巨大进步会反噬人类”，生态学马克思主义也并不赞同。“要定位技术的生态与人类学后果，就必须对它在现代资本主义社会中的功能作一简要的评述。这是一个复杂的问题，因为技术有其特定的社会、政治、意识形态以及经济的内涵和功能。”[①] 从温茨的观点看，核武器、有毒化学制品、生物工程技术以及绿色革命等高科技农业技术使生物多样性和人类健康遭受了巨大的打击，也同样滋生了环境非正义，但是，生态学马克思主义却认为技术本身并无不妥，而是用来提高利润率和劳动剥削的资本主义技术直接或间接地改变了技术发展的初衷，资本竭力引进新技术的目的是超越其他资本，其他资本也会争相模仿从而导致科学技术的滥用。虽然技术的设计者和拥有者通过技术革新加强人类对自然的开发是一个普遍的历史进程，但资本却一直在试图加强对技术的控制和对工人阶级、自然生态的进一步剥削，所以，真正对人类可持续发展产生巨大影响的并不是技术本身，而是利用技术攫取利益的资本，而禁绝有害技术、阻止毁灭性科技以及发展生态技术则是生态学马克思主义所提出的“科学技术观”。

四 “同心圆”理论的局限性

为了实现多元环境正义论的设想，温茨创造了“同心圆”理论以描绘人际或种际的道德关系。“同心圆”是一种隐喻，用来表示圆心（我）与其他人或非人存在物之间的亲密度关系，并且以此来判断我们在此关系中所

① 〔美〕詹姆斯·奥康纳：《自然的理由——生态学马克思主义研究》，唐正东、臧佩洪译，南京大学出版社，2003，第322页。

承担的义务（数量），亲密度与义务的数量和程度正相关。

但是，我们可以证明的是，当温茨的“同心圆”理论运用到环境争端中时，会产生比环境正义一元论更为严重的问题，因为“同心圆”本身就是一种“妥协式的正义”框架。问题的争端主要集中在“同心圆”原则的立论基础上，即温茨所述的“我”已从他人的仁慈或帮助中获益，“我”尤其具有有利的条件去帮助他者。这就意味着“我”始终是环境争端中的受益者，当“我”在环境非正义争端中受益后，“我”有义务去帮助那些被伤害的人。这种唯心论的个人主义能催生出一种自私的或朴素的“保守主义”论调，这样的论调明确了“第三世界人民被剥削，他们对此不能控制，但他们可以控制他们如何感受。他可以生活在一种受害者意识中，也可以怡然自得地生活”。[①] 自称“环境协同论”学者的温茨，始终没有从“底层人士被剥削”的角度考虑环境非正义问题，只是试图避开资本主义制度而谈论对受迫害人群（或生态系统）的补偿，即使这些补偿无法弥补他们受到的伤害。

相比之下，生态社会主义的方法则可以更好地解决环境正义争端，它的正义原则中没有以货币计算伤害（成本效益分析法），也不会出现功利主义所赞成的“牺牲少数个体的利益，以满足幸福与偏好的最大化”。为此，生态学马克思主义期望推动生态主义（包括“深绿”、“浅绿”和有机马克思主义者）接近或实现生态社会主义的正义论，他们把它称为“生产性正义”。生产性正义“希望通过对自然的‘支配’实现的生产力增长保障所有人的物质福利。但是，它反对现代的工业化（即资本主义或东欧的‘社会主义’），因为后者通过把自然转变为最广义的不利于人类的存在物来‘统治’它”。[②] 这是一种“人类中心主义”的正义观，它对自然的关注集中于“第二自然”[③]，因为人类支配自然的观念本身来自人对人的支配。事实上，“生产性正义”的基本观点是平等、消灭资本主义和贫穷、根据需要分配资

① 〔英〕戴维·佩珀：《生态社会主义：从深生态学到社会正义》，刘颖译，山东大学出版社，2012，第 203 页。

② 〔英〕戴维·佩珀：《生态社会主义：从深生态学到社会主义》，刘颖译，山东大学出版社，2005，第 339 页。

③ 默里·布克金解释说：第二自然是人类通过劳动所创造的自然，第一自然则是一个自我创造的自然。

源和对我们生活与共同体的民主控制——也是基本的环境原则。因此，人们不再会经历生态危机，“第一自然”被人类改造为“第二自然”的过程也就不存在环境非正义了。那么，如何实现“生产性正义”呢？詹姆斯·奥康纳给出的方案是：将消极外化物最小化，并且将积极外化物最大化。也就是说，生产性正义将会使需求最小化，甚至于彻底废止分配性正义，因为分配性正义在一个社会化生产已达到高度发展的世界中是根本不可能实现的。①

第四节　彼得·温茨环境正义论的本质

从上一节的分析可以得知，彼得·温茨的学说是有诸多局限性的，他选择的“同心圆”理论所建立的环境正义框架没有真正从底层人士（或者说“无产阶级”）的角度考虑问题。所以，彼得·温茨的环境正义论学说从本质上是为了维护资本主义分配方式，并且相信一个人道的、社会公正和有利于环境的资本主义是可能存在的。综上所述，温茨所支持的“环境协同论”实质上是介于西方“深绿”思潮和“浅绿”思潮的一种生态价值观，他既支持“深绿”所提出的“内在价值论”，又没有完全按照“深绿”所要求的通过“社区自治和个人生活方式的变革”来实现环境正义，而是把希望寄托于“浅绿”的做法，即通过自然资源市场化方案（“同心圆”理论所要求的补偿）解决因生态危机所导致的环境非正义。应该说，温茨所提出的环境分配正义，是“生态资本主义”的环境正义学说，他希望以一种温和的治理政策应对乃至解决当今世界所面临的环境非正义难题，但是，即使这种方式对缓和双方（收益方和受害方）矛盾有一定效果，但从长远来看，“在所有发达资本主义国家中，那种致力于生态、市政和社会总体规划的国家机构或社团型的环境规划机制是不存在的”。②

① 〔美〕詹姆斯·奥康纳：《自然的理由——生态学马克思主义研究》，唐正东、臧佩洪译，南京大学出版社，2003，第538页。

② 〔美〕詹姆斯·奥康纳：《自然的理由——生态学马克思主义研究》，唐正东、臧佩洪译，南京大学出版社，2003，第395页。

一 介于“深绿”与“浅绿”的生态价值观

作为“多元环境正义论”和“环境协同论”的倡议者，温茨选择了一个“深绿”和“浅绿”的中间地带。温茨既支持“深生态学”和“环境伦理学”所提出的“内在价值论”，同时又不完全同意“深绿”思潮所提出的“走向荒野”方案；他既支持“浅绿”提出的限制人类对现代技术的大规模使用，又不完全同意“浅绿”提出的“环境正义”或“生态现代化”方案。所以，温茨的生态价值观中和了两种主流西方绿色思潮的特点，形成了一种以非人类中心主义为伦理基础的、强调维护人类基本需求的生态价值观，具体特点有以下三个方面。

第一，温茨相信非人存在物拥有“内在价值”。如他所说：“每个生物都具有固有价值的观点，应当被包括在任何一种综合的环境正义理论之中。”[①] 这就意味着在温茨的价值观体系中，人类与其他动植物一样，都具有客观存在的“自然价值”，而且价值是不会因为主体对客体的评价而改变的。这种打破主客二分的方法也的确赢得了学术界的关注，动物权利论、动物解放论、生物中心主义和生态中心主义的相关学者都认可这一观点。

第二，温茨虽然相信“内在价值”的存在，却不同意“深绿”思潮所提出的“走向荒野”。“走向荒野”是生态中心主义者的核心政策性观点，他们强调“生物圈平等主义”，要求人类回归原始、自然的生活方式，如同罗尔斯顿所说：“假如发展意味着毁灭所有的荒野地，那么这种好事做得太多也就变成了坏事。人们的任何一种额外收益都应当是这样一种价值，这种价值的获取不会导致荒野的丧失。”[②] 但温茨显然不同意让人类回到荒野，他只是反对消费主义中人的“主子心态”，并坚定地认为是消费主义和现代科技致使大自然退化的，只要限制消费和技术发展，并且对荒野给予一定补贴，人与自然之间就会达到和谐状态。

第三，温茨并不完全同意“浅绿”方案。“浅绿”方案目前主要有两个方向，其一是环境主义的观点，它相信既不需要限制增长，也不需要“生

① 〔美〕彼得·温茨：《环境正义论》，朱丹琼、宋玉波译，上海人民出版社，2007，第371页。

② 〔美〕霍尔姆斯·罗尔斯顿：《环境伦理学——大自然的价值以及人对大自然的义务》，杨通进译，中国社会科学出版社，2000，第390页。

物圈平等主义”，只需要不断创新技术，以高新技术解决环境问题；其二是“生态现代化”的观点，它同样要求依靠技术，但同时也指出，应该加强“市场化政策”以帮助解决问题，也就是说，一种前瞻性的生态友好政策可以促进市场机制的完善和技术创新，最终提高工业生产率和升级经济结构，实现经济发展与环境友好的双赢。温茨反对“浅绿”思潮的生态治理政策，他认为持续的技术创新会起到反作用，技术创新只是为那些资本导向的企业服务，它并不会改变现有的环境问题，甚至化肥、杀虫剂等新型农业技术导致了许多物种的灭绝。“世界上的许多人口预计仍旧很贫穷，因而买不起那些尽可能牟利的海外公司生产的种子或食物。”[①] 此外，温茨还认为“市场化政策”会使环境非正义现象增多，发达国家通过“市场全球化”努力向其他国家输送有毒废弃物和污染处理厂，这使本就存在巨大环境问题的国家面临更大困难，“全球化”伤害了贫穷国度的人民和土地。

总的来看，温茨试图开拓出一种新的“生态价值观”，但实质上他并没有摆脱“深绿”“浅绿”的局限性，没有理解人与自然的真正关系。相比之下，生态学马克思主义则更为深刻地阐释了与“深绿”“浅绿”相异的生态价值观，而不是像温茨那样试图融合（或者说试图改良）。格伦德曼在《马克思主义和生态学》中对生态中心主义的价值立场进行了批判，他认为“深绿”所追求的“使第二自然回到第一自然状态”会导致两种相互矛盾的结果，一种是所有关于自然的设想和人类行为都从适应自然法则开始，而对“生态平衡”的界定显然是一种人类行为，这就出现了是与应是之间的矛盾；另一种是如果实现环境正义的终极追求是生态复苏的话，那么生态危机的尽头就是生态崩溃。戴维·佩珀则对“浅绿”所追求的现代人类中心论进行了批判，他认为虽然“浅绿”思潮已经认识到了环境问题的严峻性，但他们的“丰饶论”[②] 或“适应论”[③] 观点并不是彻底解决问题的方式，这本质上是一种“改良主义”的方案。佩珀为此解释说：“尽管它的左翼是渐进主义的改革者，但技术中心论者并没有设想对社会、经济或政治

① 〔美〕彼得·温茨：《现代环境伦理》，宋玉波、朱丹琼译，上海人民出版社，2007，第413页。

② 通过无限增长的模式解决社会难题。

③ 通过细致的经济和环境管理解决难题。

结构的根本改变。”①

二 维护资本主义再生产条件的环境正义

温茨对少数族裔以及底层人士受到的环境非正义对待十分关心。在温茨所生活的美国，美国环保局及其下属机构“进行有意义的健康研究以支持低收入与有色人种人群，促进疾病与污染预防规划，促进部门间的协调以保证环境正义，提供有效的外联、教育和沟通，设计立法和诉讼弥补方案”。② 以上举措促进了许多公共政策的诞生，包括克林顿的12898号行政命令（《解决少数族裔和低收入社区环境正义问题的联邦行动》）、联邦环境质量委员会颁布的《环境正义：依据国家环境政策法案的实施指南》、进一步巩固了的《民权法案》、小布什时期美国政府问责办公室发布的《联保环保局在制定清洁空气条例时应该多加关注环境正义问题》、奥巴马时期制定的《环境正义计划：2014》等。从这些公共政策所发挥的实际效果看，这一系列新政策、新措施实质性地推动了环境正义工作的落实。但是即便如此，世界各地（包括美国国内）的环境不正义现象依然十分突出，没有正义原则的指导，那些生活在舒适区的人们无法了解到究竟哪些人在遭受着环境非正义。如同温茨所说：“人们要求正义。他们决不能感受到，他们在遭受显然的不公正。”③ 为了解决有关正义原则的争端，温茨设计了名为“同心圆”的理论框架，目的在于当环境争端发生时，可以选择正义原则以判断个人义务所占比例。

在温茨的乌托邦世界中，环境正义框架的设计或许能够解决理论和实践两端的难题。但问题在于：这种脱离政治制度的框架设计能否战胜生态危机？环境非正义两端的人能否和谐的生产、生活？答案当然是否定的，因为温茨的理论框架本质上还是一个维护资本主义再生产条件的环境正义框架，它的目的在于在不改变政治制度的前提下，减少生态危机的发生频次，缓和环境非正义所带来的争端。以这个目的为前提，温茨所建立的是

① 〔英〕戴维·佩珀：《生态社会主义：从深生态学到社会主义》，刘颖译，山东大学出版社，2005，第134页。

② R. Bullard and G. Johnson, “Environmental Justice: Grassroots Activism and Its Impact on Public Policy Decision Making,” *Journal of Social Issues*, 56 (3), 2000: 561.

③ 〔美〕彼得·温茨：《环境正义论》，朱丹琼、宋玉波译，上海人民出版社，2007，第13页。

一种“绿色资本主义”环境正义框架。“就概念本身而言，‘绿色资本主义’试图把两个相互对立的概念糅合在一起。‘成为绿色的’意味着要优先考虑生物圈的健康，而这就需要控制温室气体的排放和保护生物多样性。相反，促进资本主义的发展，却需要推动增长和积累，仅仅把劳动力和自然环境当做必需的投入。”①

为了证明温茨学说的本质，我们不得不重新回归200年前马克思对资本主义的生态批判。事实上，马克思和恩格斯很早就关注到了资本主义工业化所导致的环境问题，马克思对工人阶级的工作和生活环境做了大量的调研，“位于城市中最糟的区域里的工人住宅，和这个阶级的一般生活条件结合起来，就成为百病丛生的根源”，②“即使是真正的工厂也缺乏保障工人安全、舒适和健康的一切措施。很大一部分关于产业大军伤亡人数的战报（见工厂年度报告）就是从这里来的。同样，厂房拥挤，通风很差，等等”。③马克思的调研充分揭示了资本主义工业化进程中底层人士（工人阶级）遭受环境非正义对待的根源是资本主义生产方式，由资本主义生产方式所创造出来的资本家就是资本的代言人，马克思曾尖锐地指出：资本家就是资本的化身，而资本来到人间，从头到脚，每个毛孔都滴着血和肮脏的东西。资产阶级贪婪和唯利是图的阶级本性，决定了在资本主义经济运行中，资本家的眼睛只能看到“利润与剥削”，对工人阶级或其他阶层（包括小资产阶级、农民阶级等）是否得到应有的环境资源分配毫不在意。“在资产阶级看来，世界上没有一样东西不是为了金钱而存在的，连他们本身也不例外，因为他们活着就是为了赚钱，除了快快发财，他们不知道还有别的幸福，除了金钱的损失，也不知道还有别的痛苦。”④

从本质上说，温茨所建立的“绿色资本主义”环境正义框架也是维护资本主义生产方式的一种形式。它所维护的并不是所有国家、种族、人群都需求的环境正义，而是资本主义再生产条件需要的环境正义，具体体现

① 〔美〕维克多·沃里斯：《超越“绿色资本主义”》，巩如敏译，郭建宁主编《北大马克思主义研究》第1辑，社会科学文献出版社，2011，第178页。转引自郇庆治编《当代西方绿色左翼政治理论》，北京大学出版社，2011，第115页。

② 《马克思恩格斯全集》第2卷，人民出版社，1957，第382页。

③ 〔德〕马克思：《资本论》第3卷，人民出版社，1975，第105页。

④ 《马克思恩格斯全集》第2卷，人民出版社，1957，第564页。

为以下三点。其一，作为“环境协同论”的一员，温茨倡议全民食素，并且认为食肉就牵涉到环境不公正行为。理由是“上百万的动物在其短短的一生中被可怕地拘禁，以便为那些并非非要吃肉不可的人生产出廉价的肉食。富有营养的谷物被用来喂养这些动物，却任由成百万本可以食用这些谷物的人忍饥挨饿”。[①] 当然，这只是温茨对“个体”要求的某一方面，他还要求所有因“不公正行为”而获得利益的人尽可能地为“环境正义”事业做些什么，并把所获得的收益视为“赃物”。实际上，这属于“境界论”的方法之一，“作为境界论的生态文明理论强调环境保护应当以‘生态’或‘人类’利益为目标，并把实现这一目标的手段寄托于人类在价值观上实现从‘个体自我’向‘人类自我和生态自我’的转换，实际上，也就是寄托于人的道德自觉和道德境界的提升，缺乏规范人类实践行为的现实手段”。[②] 温茨对“个体”的要求说明了他无法理解真正的环境正义是什么，并且以一种德性论中“赎罪”的心理寻求“对其他个体施以援手”，最终实现自我解脱，但这种做法显然不会真正帮助到其他个体（因为资本主义生产方式的受益者不得不继续剥削其他个体），而真正实现环境正义的做法是“私有财产的扬弃，是人的一切感觉和特性的彻底解放；但这种扬弃之所以是这种解放，正是因为这些感觉和特性无论在主体上还是在客体上都变成人的……因此，感觉通过自己的实践直接变成了理论家”。[③] 其二，有关科学技术的发展，温茨提出要限制技术，因为技术革新就会带来更多的生产和消费。但是技术真的就是实现环境正义的阻碍吗？马克思在《资本论》中多次提到“人与自然之间的物质转换”的概念，而若想调整物质转换的速度或频次，就必须依靠技术力量。作为“白人精英”代表的生态中心主义者，把回归“荒野”作为他们所追求的生态正义的最终归宿（也就是拒绝发展技术），其实质是为了保持住他们现有的“精英地位”，当所有人都不发展技术时，拥有最高技术储备的他们就会获得最高利益。其三，以“亲密度”为依据的“同心圆”理论只能减少环境非正义现象的发生，并不能实现全面的环境正义。现代资本主义的宗旨就是“西方中心主义”，尽管温

① 〔美〕彼得·温茨：《环境正义论》，朱丹琼、宋玉波译，上海人民出版社，2007，第430～431页。

② 王雨辰：《生态学马克思主义与生态文明研究》，人民出版社，2015，第386页。

③ 〔德〕马克思：《1844年经济学哲学手稿》，人民出版社，1985，第81页。

茨也反对先发国家利用资本手段或技术手段对后发国家进行生态污染转移，但根据“同心圆”理论所表述的“义务关系”，西方发达国家之间还是比发达国家同发展中国家之间具有更高的“亲密度”，因此在环境资源分配的争端中，发达国家不可避免要维护其他发达国家的利益。综上所述，从本质上看，温茨的环境正义论还是生态资本主义理论的分支，其立论宗旨还是维系“资本主义生产方式”的可持续发展。

三 对人与自然进行估价补偿的环境正义

温茨在同心圆十条原则以及“环境协同论”的应用中多次强调，“既然我们将不可避免地在某种程度上损害生态系统，我们应当通过特别的努力做出补偿，以保护某些生物群落，并使其他群落恢复健康”；[①]“我们因此就负有某些补偿的责任，而且我们应当比过去更情愿用税收（外援）支持他们的初等教育以及其他积极人权”。[②] 从以上温茨的结论可以得出，因为环境非正义的不可避免性，在非正义的分配中获益一方有义务向受害方付出一定的赔偿，受害方包括其他人、动物以及生态系统。

可以肯定的是，温茨对弱势群体的“道德关怀”体现了他的正义论并不是一个“浪漫主义”的空理论，而是将人权、财产权、动物权利以及其余的责任综合起来，形成的一个涉及所有种群和生态系统的“环境矫正正义论”。矫正正义的观念来自亚里士多德的“通过惩罚犯法行为对非正义的矫正”，这种矫正方式显然是一种惩罚式的矫正，而环境问题中的矫正则更多的是一种“补偿式”的矫正，即某些人或非人存在物因不公平的分配而受到伤害，国家或是受益人对其所受到的伤害进行估算，最终以“货币赔付”来实现对受害人的补偿。还有另外一种说法，即在环境问题中的矫正正义就不能仅仅在犯法行为之后对非正义进行矫正，“而是要在环境恶物的不公平分配所导致的风险还没有形成不可逆的伤害之前，对承担这些潜在风险的群体的基本权利进行保障”。[③]

---

① 〔美〕彼得·温茨：《环境正义论》，朱丹琼、宋玉波译，上海人民出版社，2007，第 392 页。

② 〔美〕彼得·温茨：《环境正义论》，朱丹琼、宋玉波译，上海人民出版社，2007，第 407 ~ 408 页。

③ 郁乐：《环境正义的分配、矫正与承认及其内在逻辑》，《吉首大学学报》（社会科学版）2017 年第 2 期。

从以上温茨所提出的“补偿义务”可以看出，温茨将实现环境正义的希望寄托于对“受害者”的赔偿，以缓和“资本主义对利润的追求”和“环境正义”之间的冲突。但是，这种补偿显然无法避免毁灭性的生态恶果，因为其本质是对人与自然进行估价补偿的环境正义。这种环境矫正正义无法解决生态危机问题的具体原因在于以下三点。其一，“估价补偿”忽视了人与自然之间的能动属性，人与自然之间并不是对立的关系，而是人在实践中与自然建立起“物质交换”关系。马克思利用“新陈代谢”概念描述劳动中人与自然之间的关系：“劳动首先是人和自然之间的过程，是人以自身的活动来引起、调整和控制人和自然之间的物质变换的过程……劳动过程……是人和自然之间的物质变换的一般条件，是人类生活的永恒的自然条件。”① “估价补偿”的机制把人与自然的关系变为金钱关系，使人可以通过“补偿”自然以达到利润最大化的目的，但这种补偿实际上破坏了人与自然之间正常的“新陈代谢”关系。马克思强调人靠自然界生活，而补偿的前提就是破坏自然界，这显然是把人从自然界中抽离出来，把人等同于“资本”。其二，资本的过度生产，会导致商品在需求层面呈现不足的情况，资本为了利润不得不把更多的成本外部化，而其目标就是环境、土地以及社会。资本当然会估算出外部化的成本，以保证即便是在补偿的情况下也能实现盈利。在现实中，许多污染型工厂一边缴纳着巨额罚款，一边又继续偷排污染物，而政府管理部门和环保组织却无能为力。最终的结果是：资本扩张引发了经济危机，经济危机又导致资本进一步将成本外部化，而后又形成了生态危机，最终生态危机也会反作用于资本而导致更大规模的经济危机。这就是詹姆斯·奥康纳所说的资本主义的“双重危机”。“估价补偿”的机制为资本提供了合法的“成本外部化”机会，就如奥康纳所说：“对一轮普遍经济萧条的生态效应所构建的某种系统化的精确理论到底有多少有效性是值得怀疑的。”② 其三，“补偿机制”会造成更大的不公平，底层人士以及动物、植物、生态系统无法精确计算所受到的伤害的“等值货币”，这等于是资本对人或非人存在物的又一次“异化”。马克思在

① 《马克思恩格斯全集》第23卷，人民出版社，1972，第201～208页。

② 〔美〕詹姆斯·奥康纳：《自然的理由——生态学马克思主义研究》，唐正东、臧佩洪译，南京大学出版社，2003，第397页。

《1844年经济学哲学手稿》中指出，在资本主义异化劳动的条件下，一切都变得异化起来，表现在："一方面所发生的需要和满足需要的资料的精致化，另一方面产生着需要的牲畜般的野蛮化和最彻底的、粗糙的、抽象的简单化，或者毋宁说这种精致化只是再生出相反意义上的自身。甚至对新鲜空气的需要在工人那里也不再成其为需要了。"[①] 与马克思所描述的"异化"一样，资本家会利用复杂的算法和最野蛮化的方式对待环境非正义的受害者（货币补偿）。在资本、人、非人存在物之间，货币变成了万能之物，"货币的这种特性的普遍性是货币的本质的万能；所以它被当成万能之物"。[②]

---

① 《马克思恩格斯全集》第3卷，人民出版社，2002，第340页。

② 〔德〕马克思：《1844年经济学哲学手稿》，人民出版社，1985，第107页。

第五章　彼得・温茨环境正义论的当代启示

虽然温茨环境正义论的本质是“绿色资本主义”的学说，但并不代表温茨对生态危机根源的揭露以及对环境治理的建议是错误的。换一种说法是，虽然温茨希望或企图在现有的资本主义制度框架内消除或减轻人类所面临的生态威胁（环境非正义），但他所提出的“环境协同论”、“同心圆”理论框架以及对发达资本主义国家转移污染的真相的揭示，对现实问题的解决是有意义的。更令人尊敬的是，作为美国（发达资本主义国家）著名学者的温茨，能够站在环境正义的立场上为后发国家所受到的环境不公正对待积极发声，并且提出发达国家应该以政策革新的形式解决全球环境问题。

第一节　揭示后发国家生态危机的根源

一　资本主义生态扩张与资源掠夺

温茨在《现代环境伦理》一书中讨论了全球变暖的原因，他解释道：“地球的变暖主要是由于太阳的热能，当那些能量到达地球时，大多数被吸收并接着重新释放回太空中。我们的大气层中含有温室气体（greenhouse gases），可以在这些热能到达太空中之前将其俘获，而这就使地球变得足够温暖以维持生命。”① 那么为什么如今的地球平均温度一再升高呢？他继续解释说，这是因为人类工业一直在为自然的加热系统添加燃料。也正因如此，出现了1998年中国的特大洪水灾害以及其他地方的灾情。为了解决全球变

① 〔美〕彼得・温茨：《现代环境伦理》，宋玉波、朱丹琼译，上海人民出版社，2007，第58～59页。

暖的问题，作为资本主义代言人的发达国家经济学者鼓吹“经济增长”的必要性，认为经济的不断增长会带动就业和消费的增长，而当世界上所有国家都达到发达资本主义国家的经济水平时，一切生态问题都会迎刃而解，当下的美国、日本以及西欧发达国家就是例子，这些国家随着经济水平的提高，生态环境也变得优美了。温茨以发展中国家受到环境不公正对待的案例批判了“经济增长”论，他描述了印度博帕尔灾难的爆发原因。印度博帕尔，一个拥有 80 万人口的城市，在 1984 年 12 月 2 日发生了一场恶劣的工业事故，事故造成 1754 人当场死亡，并且有超过 20 万人因此受伤（失明或呼吸功能损伤）。事后的调查表明，美国跨国公司联合碳化物公司应该为此事件负责，并且该公司在博帕尔工厂所实行的安全标准与美国工厂的安全标准并不是一样的，该公司在印度排放了大量的焚烧灰、二噁英以及 PCBS 等致癌污染物。

温茨深刻地揭示了资本主义生态扩张和资源掠夺是后发国家生态危机的根源。具体来说，资本主义生态扩张和资源掠夺对后发国家的影响体现在三个方面。第一，发达资本主义国家的跨国公司向贫穷的发展中国家输送危险的生产工艺和有毒废弃物。如温茨所举例的印度博帕尔，美国联合碳化物公司实行双重安全标准，降低了博帕尔公司的安全程序（输送危险的生产工艺）标准，同时工厂所排放的大量有毒废弃物也没有经过有效处理，最终导致了悲剧的发生。第二，发达国家的大型能源企业利用资本和技术优势抢占了大量资源。美国的标准石油公司早在 1933 年就开始在沙特阿拉伯进行石油勘探，成立加利福尼亚阿拉伯标准石油公司，并于 1938 年在达兰发现了第一个商业性油田。直到 1980 年，沙特政府才获得阿美石油公司（1944 年加利福尼亚阿拉伯标准石油公司更名为阿拉伯美国石油公司，简称“阿美石油公司”，而后美国埃克森公司和美孚也加入）的全部股权。在此期间，阿美石油公司为美国人带来了数以亿计的巨额利润，同时，美国的石油公司也由此控制了石油的定价权和交易权，致使贫穷的发展中国家无法获得急需的能源，使这些后发国家爆发了多次经济危机、能源危机，最终由经济危机转向了生态危机（参见上一章节所介绍的资本主义双重危机原理）。第三，资本主义高科技农业为后发国家带来了更高的产量，但同时让后发国家逐渐失去了曾经拥有的“种子”，资本主义高科技农业的背后是一场生态灾难（生物多样性灾难）。据凤凰网报道，作为全球最大的猪肉生产和消费国的中国，种猪却长期依赖进口，2020 年上半年，种猪进口量以 10591 头创历史同期最高纪录，中国的本土种猪则被挤压到仅占比 2%（丹麦长白猪、英国大约克夏猪、美国杜洛克猪垄断了种猪市场，占比 98%）。此外，发达资本主义国家的高科技农业公司也垄断了中国的“菜种”市场，包括美国孟山都在内的 30 多家国际种业巨头控制了 50% 以上的种子市场。[①] 也正因如此，后发国家的生态多样性正在衰退，发达资本主义国家在垄断了种子市场的同时也破坏了当地正常的生态循环。

综上所述，温茨对发达资本主义国家生态扩张和资源掠夺的描述揭示了后发国家发生严重生态危机的原因。但是他并没有找出后发国家生态危机的真正根源，即马克思主义理论所分析的资本主义全球化和资本的全球分工。从资本主义全球化的维度看，马克思、恩格斯都认为资本主义的工业扩张（也就是现代意义上的生态扩张）是资本殖民剥削贫穷国家的原因，生态学马克思主义则认为资本主义全球化不仅造成了资本主义国家的生态恶化，更为严重的是资本通过殖民活动（资源掠夺）使被殖民国家发生了生态危机。马克思说：“资产阶级，由于开拓了世界市场，使一切国家的生产和消费都成为世界性的了……新的工业的建立已经成为一切文明民族的生命攸关的问题；这些工业所加工的，已经不是本地的原料，而是来自极其遥远的地区的原料；他们的产品不仅供本国消费，而且同时供世界各地消费。”[②] 资本主义的工业扩张利用后发国家的原料营利并且摧毁原有的民族工业和生态环境。更为可怕的是，如今的资本主义已经将全球化发挥到了极致，先发国家通过技术壁垒和资本压制垄断了后发国家的生态资源，从而造成了先发国家与后发国家之间更为严重的经济增长和生态环境不平衡。从资本的全球分工维度看，先发国家通过不平等的国际分工加大对后发国家的剥削，继而加大资源掠夺和转嫁生态危机。马克思在《资本论》中指出，资本因资本积累和市场的需要必须不断扩张，并把全球生产体系纳入他们的资本主义体系。而在今天，国际分工的形式虽然没有变化，其内容却变得更加不平等了。资本为了更高的利润把工厂转移到后发国家，

① 《5000 多家本土企业不敌一个美国孟山都，这场饭碗之争不能再输了！》，凤凰网，https://finance.ifeng.com/c/82RQ0KspBgR。

② 《马克思恩格斯文集》第 2 卷，人民出版社，2009，第 35 页。

并且通过简单培训将后发国家工人作为他们廉价的劳动力，而通常这些后发国家没有成熟的工会组织。与此同时，廉价劳动力大量涌入工厂所带来的是严重的后果，由发达国家高技术和后发国家低价劳动力所组成的工厂对环境的破坏力惊人，他们并不在意排污设施是否完备和工人健康是否能够得到保障，“当资本的不平衡发展和联合的发展实现了自身联合的时候，工业化地区的超污染现象与原料供应地区的土地和资源的超破坏现象之间就会构成一种互为因果的关系”。[①]

二　资本主义消费主义

与对资本主义生态扩张的批判一样，温茨对资本主义消费主义的批判同样揭示了后发国家爆发生态危机的根本原因。温茨敏锐地观察到，“与消费增长相伴随的是环境退化”，[②] 在当今世界经济格局下，拥有全球1/4人口的先发国家消耗了地球上各类资源的40%~86%，先发国家公民的年均淡水消耗量是后发国家公民的三倍，铝制品消耗量的比例则更为惊人，达到了19∶1。总结温茨对资本主义消费主义的批判，主要体现在三个方面。其一，消费主义导致大量额外的资源被消耗，所谓“幸福生活”的背后是大自然正在被灼烧。一些经济学家辩护说，消费主义能够为市场带来活力，促进经济增长和就业机会的增加，“我们庞大的生产性经济要求我们将消费作为我们的生活方式，要求我们将商品的购买与使用转化为一种宗教仪式，要求我们在消费中寻求我们心灵的满足、自我的满足，我们需要以一种不断增长的速度消费掉、烧掉、穿破、换掉以及扔掉某些东西”。[③] 但是，过剩的商品导致了额外的资源消耗，而这些自然资源通常来自发展中国家，生产这些过剩商品的工人也来自发展中国家，也就是说，发展中国家的生态环境代替发达国家承担了消费主义所犯下的罪恶。其二，有研究显示，消费所带来的“幸福感”并不是由于个人消费的不断增加而产生的，更大程度上是基于“攀比”心理。而人们一旦尝试过这种“攀比之心”所带来

① 〔美〕詹姆斯·奥康纳：《自然的理由——生态学马克思主义研究》，唐正东、臧佩洪译，南京大学出版社，2003，第318页。

② 〔美〕彼得·温茨：《现代环境伦理》，宋玉波、朱丹琼译，上海人民出版社，2007，第369页。

③ D. Gordon, ed., *Steering a New Course: Transportation, Energy, and the Environment* (Washington, DC: Island Press, 1991), p. 40.

的刺激感觉，就会像吸毒者那样对“消费”上瘾，从而导致他们由“公民”变为“消费者”，使他们不择手段地赚钱以满足消费欲望，最终会使贫富差距不断拉大，发达国家对发展中国家的剥削也就会不断增加。其三，营销广告促使消费主义进一步升级，使消费者无法正确辨别个人需求，后发国家的工厂群也就随之开足马力，把生产力发挥到极限。

相比之下，马克思主义对资本主义消费主义的批判则更为深刻。首先，马克思主义认为资本主义的消费主义就是以过度生产为手段进行自我输血的。资本主义生产以能源和非常复杂的生态系统为基础。当资本家仅仅以“利润”为导向进行生产和交换时，其仅仅会注意到最近的或是最直接的结果，却并不关心“过度生产”是否会引发经济危机，进而导致生态危机爆发。其次，由于资本的逐利性，资本会设法掌握更高的政治权力，因为更高的政治权力就意味着更大程度上的剥削。在消费主义的作用下，资本成为整个世界的“王”，它可以为所欲为地收割发展中国家的各种资源和劳动力，并且以最快的速度（运用广告等手段）将这些过剩商品向发展中国家倾销。资源、劳动力、消费在资本的运作下成为一个可怕的循环，这种循环只能也必须不断地加快速度，因为一旦资本减缓增长速度，就会爆发危机。最后，消费主义会加速人的异化以及劳动的异化，消费主义不再把创造性的劳动作为自我价值实现的内容，而是将更高的消费视为人的生活方式和生存意义。这就会使人陷入马尔库塞所说的“虚假需要”陷阱，即资本为了追求利润故意捏造出一种“虚假需要”，牵引人到商品消费中体验自由和幸福，其最终目的是弱化人的政治意识和革命意识，成为资本的奴隶。与发达国家相比，发展中国家的人更容易陷入这种陷阱，因为他们本身就面临物资短缺的难题，而当消费主义的触角唤醒了他们的“虚假需要”时，他们更容易把这种“虚假需要”当作“真实需要”。

马克思在谈到共产主义社会的基本特征时，把“社会财富极大丰富，消费资料按需分配”作为共产主义社会最突出的特征。他在《哥达纲领批判》中叙述道：“在共产主义社会高级阶段，在迫使个人奴隶般地服从分工的情形已经消失，从而脑力劳动和体力劳动的对立也随之消失之后；在劳动已经不仅仅是谋生的手段，而且本身成了生活的第一需要之后；在随着个人的全面发展，他们的生产力也增长起来，而集体财富的一切涌泉都充分涌流之后，——只有在那个时候，才能完全超出资产阶级权利的狭隘眼界，社会才能在自己的旗帜上写上：各尽所能，按需分配！”① 马克思的预言可以这样解释：消费主义在集体财富的一切涌泉充分涌流之前是不会消失的，只要当下的分配方式不改变，消费主义依然会在资本的支配下腐蚀人类的劳动，进而伤害到自然环境。“要么积累，要么死亡”的资本逻辑始终存在，而这也正是消费主义荼毒后发国家生态环境的真正原因。

三　霸权政治与生态帝国主义

进入 21 世纪以来，以美国为首的西方资本主义国家奉行单边主义，凭借其强有力的经济地位和政治话语权对其他国家特别是发展中国家的环境治理指手画脚，甚至单方面退出早已形成共识的国际条约，这种霸权政治给全球环境治理以及全球环境正义的实现蒙上一层阴影，给世界环境治理合作体系特别是后发国家的环境治理现代化带来了灾难性的后果。实际上，早在 20 世纪 90 年代之初，国际社会就围绕着《联合国气候变化框架公约》和《京都议定书》形成了有里程碑意义的国际环境治理合作。但从长期的合作实践来看，环境治理合作显然不是一种孤立存在的新合作模式。在既存的、长期形成的世界政治格局中，环境治理合作隐含发达资本主义国家对第三世界国家的新形式剥削。对于资本主义强国而言，环境治理合作已不再是简单地从“拯救地球”“解决生态危机”角度出发的义务担当，而是有区别和特殊性的生态帝国霸权政治下的新殖民主义。

正如前文所述，温茨是少数几名能够为贫穷国家发声的生态资本主义学者之一。温茨首先表达了对国家之间合作脆弱性的担心，如他所说：“如果人们感受到，这些政策一贯偏袒一些集团而不利于其他一些人的话，这种感受就会削弱为维护社会秩序所必须的自愿合作。”② 温茨意识到，霸权政治的最终结果就是削弱甚至毁灭脆弱的合作体系，一些发展中国家本就处于发展和改革的关键期，急需大量的不可再生资源（比如煤炭和石油）摆脱积贫积弱的现状，但为了实现全球环境正义的目标不得不忍痛加入国际环境合作体系中，而发达国家如不能改变单边主义的行为，则会进一步放大国际合作的脆弱性，环境正义与生态文明也就无从谈起了。其次，温

---

① 《马克思恩格斯选集》第 3 卷，人民出版社，2012，第 364 ~ 365 页。

② 〔美〕彼得·温茨：《环境正义论》，朱丹琼、宋玉波译，上海人民出版社，2007，第 26 页。

茨表达了对日益恶化的发展中国家生态环境的担心，并且认为如果霸权政治继续干预发展中国家的经济发展，那么日渐扩大的贫富差距会使地球面临更大的环境威胁。如温茨所分析的那样，诸如印度、巴西等国，虽然它们的经济发展已经取得了长足的进步，但这种进步实质上来源于工业化和出口生产，就经济增长的速度而言，其对环境的破坏则更为惊人。“比如说，在大多数印度人远未成为中产阶级以前，印度将不得不排放比德国、日本和英国总和还要多的二氧化碳。”① 而这些大规模排放的二氧化碳会使海平面升高，进而影响到全球环境，诸如美国迈阿密、西雅图、纽约这样的大都市也同样会遭受更强程度的海啸侵袭，也就是说，发展中国家的“碳排放”实际上与地球（当然也包括发达国家）的生存紧密相连，发展中国家日益恶化的环境所造成的社会瓦解与战争也会使未来晦暗不明。为此，温茨进一步分析了发展中国家发展与全球环境的关系，得出的结论是：贫穷与环境恶化互为因果。最后，温茨对美国退出《京都议定书》进行了批判。在美国国内，霸权政治一直是美国学者极力鼓吹的，这一畸形的政治思想不无意外也扩展到了环境政治领域。多数的美国学者认为，《京都议定书》对美国而言是极为不公平的，因为美国被要求减少 7% 的碳排放，而中国、墨西哥、印度和其他 126 个国家却未被要求，此外，他们还认为依照《京都议定书》会使美国丧失大量的就业岗位，这对美国国内稳定和经济增长都极为不利。与这些美国学者所不同的是，彼得·温茨教授为《京都议定书》的签订感到高兴，同时对发展中国家获得更高比例的“碳排放权”做出了解释。温茨强调：“1990 年我们（指美国）的人均二氧化碳排放量是中国的 9 倍、印度的 24 倍。因此，即使按议定书的要求减少排放，我们的人均二氧化碳排放量仍将是其他绝大多数国家的许多倍。”② 温茨呼吁发达国家作为“最大碳排放者”应该率先减排，同时将“减排文化”传播至世界的每一个角落，让地球尽快得到喘息空间。

温茨对先发国家“霸权政治”的描述为我们揭示了后发国家在国际环境政治合作体系中的困难，也揭露了“霸权政治”是后发国家频繁爆发生态事件的根源之一。但是，他没有意识到“霸权政治”只是先发国家控制

---

① 〔美〕彼得·温茨：《现代环境伦理》，宋玉波、朱丹琼译，上海人民出版社，2007，第 442 页。

② 〔美〕彼得·温茨：《现代环境伦理》，宋玉波、朱丹琼译，上海人民出版社，2007，第 448 页。

世界政治格局的表象，其深层次的原因在于发达国家的“西方中心主义”发展观（或称为“生态帝国主义”发展观）。对于“生态帝国主义”，郇庆治评论说：“大致说来，它并非只是基于超强军事与经济实力的国际环境治理秩序与交往中的帝国式‘肆意妄为’或‘唯我独尊’，还是同时包含着政策议题设定、理论话语阐释、经济技术路径供给等层面的国际生态霸权性或排斥性话语、制度与力量。……‘生态帝国主义’并非只是一种孤立的话语体系，也不仅仅是一种实体化的制度框架，更不只是一种观念性的力量，而是它们之间复杂的有机化合重组。”① 郇庆治的评价道出了“生态帝国主义”的实质，简单来说，“生态帝国主义”并未体现传统“帝国主义”的殖民性质、暴力性质、强制性质，而是一种柔性框架内的“帝国主义”，其本质还是为实现发达资本主义国家对发展中国家的统治和剥削服务。在新的西方中心主义模式下，发展中国家不得不加入由发达资本主义霸权国家主导并设计的低碳经济制度体系，名义上这些霸权国家是为了实现全球环境正义和解决全球生态危机而共同努力，实际上却是让发展中国家进入其设计的制度体系框架中，从而实现更进一步的剥削。

第二节　对中国实现环境正义的启示

温茨对后发国家的关注是显而易见的，他的环境正义论为中国这样的发展中国家争取了环境政治话语权，也让更多的发达资本主义国家关注到发展中国家的环境问题绝不是孤立的，人类是一个整体，没有哪些国家可以独立生存。温茨的“同心圆”理论认为，我们与某人或某物的关系越亲近，我们对其所承担的义务就越重。因此，作为后发国家的中国，首先应该捍卫好本国的发展权和环境权，使中国的环境保护与经济增长同步进行，因为就亲密度而言，与我国政府最为亲密的就是“中国人民”，作为最高政治领导力量的中国共产党始终坚持“以人民为中心”的根本政治立场，为全国人民实现“美好生活”保驾护航；其次，作为人口大国和世界上经济体量第二大的国家，中国有义务承担全球环境治理的重任，这一方面体现在中国应该帮助其他发展中国家争取“碳排放权”，另一方面也体现在中国

① 郇庆治：《“碳政治”的生态帝国主义逻辑批判及其超越》，《中国社会科学》2016 年第 3 期。

应该破除单边主义环境治理壁垒，为未来构建全球环境治理合作体系做出应有的贡献。

一　捍卫我国的发展权和环境权

从上一节的分析可以得知，在发展中国家（当然也包括我国）爆发的生态问题与西方发达国家所施行的资本主义生态扩张、资本主义消费主义以及霸权政治密切相关，正是由于发展中国家的发展权和环境权始终限制在少数西方国家所制定的环境治理框架内，所以发展中国家在诸多环境治理谈判中一直处于弱势地位。因此我们有必要捍卫我国在“国际环境政治”中的话语权和领导权，摆脱西方资本主义国家所设定的绿色资本主义框架。

习近平在接受路透社采访时指出：“气候变化是全球性挑战，任何一国都无法置身事外。发达国家和发展中国家对造成气候变化的历史责任不同，发展需求和能力也存在差异。就像一场赛车一样，有的车已经跑了很远，有的车刚刚出发，这个时候用统一尺度来限制车速是不恰当的，也是不公平的。发达国家在应对气候变化方面多作表率，符合《联合国气候变化框架公约》所确立的共同但有区别的责任、公平、各自能力等重要原则，也是广大发展中国家的共同心愿。”[①] 应该说，习近平的回答掷地有声，要解决包括中国在内的发展中国家的环境正义问题，首先就要从本国实际出发，立足于发展中国家发展起步晚、环境治理能力弱的国情，探索符合本国特点的经济发展模式和环境治理模式。具体来说有以下两点。

第一，要立足于本国实际，保持经济持续健康发展。从改革开放初期伊始，我国经济发展走上了快车道。与发达国家早已进入高质量发展阶段不同，我国的经济发展才刚刚步入高质量发展阶段。这也就是说，进入新时代的中国，正处于转变发展方式的关键阶段，劳动力成本上升、资源环境约束增大、粗放的发展方式难以为继，经济循环不畅问题十分突出。[②] 所以，我国的经济发展之路绝不是重走发达资本主义国家的老路，而是要走

① 中共中央文献研究室编《习近平关于社会主义生态文明建设论述摘编》，中央文献出版社，2017，第 132 页。

② 《习近平谈治国理政》第 3 卷，外文出版社，2020，第 237 页。

我们探索出来的新路，发达国家的经验我们可以借鉴，但是不能复制，特别是在单边主义的压力下我们必须保持经济持续健康发展。应该说，中国的发展方式与发达资本主义国家有显著不同。一方面，发达资本主义国家凭借其长期发展而积累的资本和技术在国际贸易市场上占据较大份额，而中国等发展中国家却不得不在竞争激烈的市场环境中艰难生存，所以也就不得不维持相对较高的绝对排放量和人均排放量（前者与美国相近，后者与欧洲诸国相近）；另一方面，同发达国家相比，中国的现代化之路并非一个良序的、逐渐累积的过程，而且改革开放后西方发达国家在政治、经济、消费、文化等领域渗透入我国并产生消极影响，因此我们也就更无可能照搬照抄西方模式。

第二，要以维护我国“发展权”“环境权”为目标，进一步破除由西方发达资本主义国家所设定的环境治理模式。丁仲礼院长谈发展中国家的碳排放问题时指出：“西方发达国家以各种理由限制发展中国家碳排放，以各种借口把减排责任推卸到发展中国家头上，企图限制发展中国家的发展权利，把贫富差距固定化，这在道德上是邪恶的。二氧化碳的排放不是一天的事，其对气候的影响也是不断累积的。只要算一算人均累计碳排放，就能发现到底谁排放的更多，对气候变化的责任更大，应负的减排义务更多，这是显而易见的。中国的人均累计排放至今仍然低于世界平均水平。在排放权的问题上，谈减排责任、谈公平，必须坚持一条，那就是要讲历史、讲人均，根据人均累计排放来评估，不谈这一条，照目前的网络语言讲，就是‘耍流氓’。”[①] 实际上，在当今世界政治环境格局下，“发展权”和“环境权”已经是一个国家能否行稳致远的关键所在，也是一个国家的人们能否安居乐业、走向美好生活的关键要素。因此，无论是依照温茨所创造的“同心圆”理论（亲密度原则），还是为我国长期稳定发展考虑，我们都必须保护我们自主开发和利用自然生态资源的权利，也必须坚持我国环境资源政策自主的权利。

综合来看，解决我国的环境正义问题必须在我国的政策框架内完成，要坚决从依附性发展转向自主性发展，也就是由粗放型发展转向高质量发

① 丁仲礼：《谈碳排放权不谈历史和人均，就是“耍流氓”》，观察者网，https://www.guancha.cn/dingzhongli/2021_06_07_593443_2.shtml。

展。因此，发展问题与生态环境问题应该以“整体性”思维考量，绝不可扔掉发展只保护环境，也不可一边破坏环境一边发展，而若要使我国真正走向生态文明，捍卫我们的“发展权”“环境权”是必由之路。

二　承担全球环境治理责任

温茨在《现代环境伦理》中提出了“天下一家”的观点，他认为他所在的美国是一个富有的国家，掠夺了大量的自然生态资源，所以根据“同心圆”理论框架的说法，应该承担更多义务。而作为发展中国家的中国，虽然目前的人均收入还达不到发达国家的标准，但同样多次在国际和国内的重要会议和领导人讲话中表达了积极推进构建全球环境治理体系的想法，并且在多领域的合作中发挥“大国”作用。

习近平指出：“作为全球生态文明建设的参与者、贡献者、引领者，中国坚定践行多边主义，努力推动构建公平合理、合作共赢的全球环境治理体系。”[①] 从习近平的讲话中可以看出两点，其一是中国正在大力推进生态文明建设，生态文明建设是我国未来规划的一个重点方向，同时我国也正在发挥着全球环境治理的“引领作用”，支持并且鼓励与其他国家（包括发达资本主义国家）建立长期合作关系，共同应对全球生态危机；其二是中国作为发展中国家中的大国，有意愿帮助其他发展中国家解决环境问题，在与发展中国家合作治理方面，中国愿意出资、出人、出力，也愿意率先减排，并承诺2030年左右达到二氧化碳排放峰值，到2030年非化石能源占一次能源消费比重提高到20%。然而，虽然中国有意愿领导或参与全球环境治理，但在合作中还面临诸多困难和挑战。首先，我国国内的环境治理体系还不完善，各地区之间环境治理能力不均衡。自改革开放以来，我国是“以经济建设为中心”的，对环境问题的关注还不够多。随着西方环境正义运动的不断爆发，以及雾霾、污水处理不及时、生物多样性降低等问题在我国不断凸显，我国把生态文明建设提升到了前所未有的高度，但是，由于我国环境治理的起步较晚，有害物处理技术和环境管理能力的不足同日益恶化的生态环境之间的矛盾成为我国环境问题中的主要矛盾。更为困

---

① 《习近平出席领导人气候峰会并发表重要讲话》，中国政府网，http://www.gov.cn/xinwen/2021-04/22/content_5601535.htm。

难的情况是，各地区之间经济实力不均衡所导致的环境治理能力不均衡问题越来越突出，中国政府协调各地区之间的环境治理合作与交流面临巨大挑战。其次，就目前全球环境治理合作格局而言，西方发达国家话语权占据优势地位，中国在国际环境会议中处于弱势地位。推进全球环境治理合作的关键，不仅在于承认人类与自然之间的共生关系，更在于如何用生态哲学所分析出的理论指导实践，以一种“人与自然是生命共同体”的思维推动具体的经济、政治、社会、文化等机制的运行。但在现实世界中，生态资本主义始终是国际环境政治的主流思想，其主要目的还是通过技术、管理等手段维护资本主义地位，为资本主义国家可持续掠夺提供理论支撑。此外，在国际环境会议上，发展中国家关于“发展权”“环境权”问题的声音十分微弱，发达国家无视先发国家和后发国家之间的巨大经济、技术差距，强调要以统一的标准减少“碳排放”，这无异于一种“生态殖民主义”。最后，同国内外环境政治局势相比，更为艰难的挑战来自环境治理合作框架本身，在发达国家与发展中国家中间公平地分配“碳排放权”并不是一件容易的事情，从后京都议定书时代的国际环境合作可以看出，各国关于构建一个实质性国际环境治理框架还存在很大分歧。

习近平在出席联合国气候变化问题领导人工作午餐会时指出：“巴黎大会达成的协议要平衡处理减缓、适应、资金、技术等各个要素，拿出切实有效的执行手段。协议必须遵循气候变化框架公约的原则和规定，特别是共同但有区别的责任原则、公平原则、各自能力原则。各国要立足行动，抓好成果落实，根据本国国情，提出应对气候变化的自主贡献。”① 在习近平掷地有声的发言中可以看出，中国作为一个有能力、有担当的大国，正在逐渐克服以上三点困难，并且已经形成了中国在未来全球环境治理合作中的参与立场和一种具有“中国特色”的理论表达。更为关键的是，中国共产党作为世界第二大经济体的掌舵者，一方面要承担起“大国责任”，兑现“双碳”承诺；另一方面更要在单边主义环伺的世界格局中为后发国家尽可能多地争取“发展权”和“环境权”。

---

① 中共中央文献研究室编《习近平关于社会主义生态文明建设论述摘编》，中央文献出版社，2017，第 129～130 页。

第三节　对中国生态文明建设的启示

应该说，温茨并没有对生态文明建设提出具体的设想，但是他所建立的“同心圆”理论框架以及“环境协同论”伦理基础都对具体的生态文明建设产生有意义的影响。生态文明建设是中国共产党在历史发展的背景下提出的一种文明发展理念的新形态，实现环境正义即我国生态文明建设的价值旨归。它反映了以自然为中介的人与人关系的终极形式，同样也是人类文明发展的终极形式（实现人的解放）。建设生态文明，是关系人民福祉、关乎民族的长远大计。党的十八大以来，中国共产党所领导的中国政府把生态文明建设摆在突出位置，融入经济、政治、文化、社会等多方面建设内容。党的十九大以来，中国共产党更是在梳理前五年所取得成就的基础上，进一步提出了一系列新理念、新要求、新目标、新部署。可以说，我国的生态文明理论是在吸收世界多元生态文明理论下创新出来的。温茨的环境正义论对我国生态文明实践有三重启示：一是要寻求多元主体参与生态文明建设；二是要构建“人类命运共同体”，维护人类共同家园；三是要保护和发展“生态生产力”。

一　多元主体参与的生态文明建设

温茨的“同心圆”理论要求个体出于“义务普受尊重”的理由去帮助他者，尤其是在“我”已经从与他者的关系中获益之后（因某些环境非正义），“我”需要承担更多对他者的义务。这种“义务”学说为多元主体共同参与生态文明建设提供了理论基础，证明了“个体”对所有“他者”（也就是所有人）都存有义务关系，只是这种“义务”会随着亲密度的降低而减少。“个体义务”学说承认了公众参与生态文明建设的必要性，因而由社会公众所组成的“环境保护组织”以及其他关心生态文明建设的团体都有“义务”参与到具体实践中。也就是说，所有具有行为能力的主体都有义务参与环境治理，其中最核心、最常见的是政府参与（组织）环境治理，而其他主体应属于公共自治的范围。“与政府治理相对应，作为社会自治的主体显然不是指政府或国家，社会自治不是相对于……不同国家主权之间的主权国家自治，也不是基于政府自治或政治自治意义上的民族区域自治或地方政权自治……所以，社会自治的主体应当是指进行公共管理活动的非国家或非政府组织及其社会成员，其中作为标志的是各种社会自治组织。”①

传统中心化生态治理模式在过去几十年间取得了一定功效，政府也理所当然地成为生态治理主体中的核心。但随着生态环境形势不断恶化，由政府所承担和实施的环境治理的边际成本在不断增加，致使市场化生态治理与政府干预在面对环境治理问题时也出现了“治理失灵”的情况。对于生态治理，实践已经证明了单一市场治理模式或是政府－市场二元治理模式都难以奏效，生态治理主体呼唤多元化的原因基于以下两点。

第一，传统市场生态治理手段的“失灵”。对公共资源的开采及使用会产生负外部性，给社会的正常运转带来成本，而生态治理则是产生正外部性的行为。为了解决外部性问题，生态治理通常会求助于市场这只“看不见的手”，由其对公共资源进行有效分配。然而，市场只对一类很窄的商品发挥有效作用，而公共资源并不具备明晰的“产权”关系，最终导致了市场中心化治理手段的“失灵”。市场生态治理模式的支持者们认为市场之所以能够保护生态环境，是因为它的两大制度基础：产权制度和价格机制。其中产权制度为竞争性资源提供保护，价格机制为不同竞争性资源提供价值衡量的尺度。最早使用产权制度来讨论环保问题的是罗纳德·科斯教授，他提出的“科斯定理”表明，外部性问题同其他经济学问题一样，只不过是稀缺资源的使用问题。只要对生态资源进行明确的产权界定，使公共资源私有化、外部性内部化，就可以有效抑制生态恶化。然而，科斯的理论只适用于理想状态，在生态治理实践中漏洞百出。其一，科斯没有考虑到生态环境问题的复杂性，导致很难确定生态资源的产权和使用权，同时交易成本也很高。例如，臭氧层、空气资源、水资源等公共资源无法界定产权，其作为地球生物的共有资源，也无法明确分配给某些人或某些生物。其二，科斯定理也没有涉及代际正义，后代人无法同当代人进行产权交割，当代人对生态环境造成的损害也无法以“价格机制”的方式向后代人付费。其三，在交易两端的各方会为了争取到最大利益，宁可受到环保部门的行政处罚也不愿安装价格昂贵的治污设备。其四，在协商污染付费的过程中，需要召集所有相关的污染企业和因污染而受影响的人，并征询每一个企业

① 黄爱宝：《走向社会环境自治：内涵、价值与政府责任》，《理论探讨》2009 年第 1 期。

的愿意补偿额和每一个受影响人的要求补偿额，这个协商过程需要花费巨大的成本，并且他们的意见很难在实践层面达到一致。以上论述表明，环境公共资源市场调节的一个重要障碍就是生态资源的非排他性和非竞争性，致使环境污染付费在生态治理中沦为鸡肋。产权制度期望解决外部性问题，但市场无法有效消除环境保护中的负外部性，因为市场主体所具备的经济人属性，其在决定生产、消费和投资时只从自身的角度考虑面对的各种成本和收益，而对经济过程中的环境因素考虑不足，导致了更大的污染和浪费。由此看来，在市场治理模式中，企业仅仅会从市场的角度去考虑环境问题，并不会主动采取防治措施，使用公共自然资源的人也不会为保护公共资源的完整性而支付报酬，从而使公共自然资源最终走向了加勒特·哈丁所称的“公地悲剧”。“从伐木工的角度看，在市场经济中，采伐森林显然是最合理的选择，其结果是整片森林都会因此而受到伤害。”①

第二，传统政府干预生态治理模式的失灵。依靠市场进行公共资源配置显然是失效的，那么加入政府干预手段是否就能达到资源配置最优呢？实践证明，在市场生态治理模式中加入政府这一主体，并不能解决市场生态治理模式所产生的外部性问题。理想状态下，政府可以通过法制化监管使得破坏生态环境的成本增高，把污染物排放或开采自然资源的数量限制在一定的水平。例如，禁止在交配季节捕猎，强制渔民使用最小渔网网格标准，保留一个物种最大的群体作为种子库，以及禁止使用排放氟利昂的空调。但是，以政府－市场为二元主体的治理现状却与理想状态相反，监管规定一般不能满足配置效率的原则，完成减排任务的企业通常不愿意进一步减排，同时也缺乏对环保技术创新的有效激励。在市场治理模式失败之后，二元的政府－市场治理模式也遭遇了“失灵”。

在市场模式生态治理中，可以采用市场工具实现有效配置的目标，但对于公共资源而言，市场不能有效配置非排他性的资源，于是政府便通过限制规模以使原来免费的自然资源以及服务转化为稀缺的商品性资源，以期建立一套公共资源的产权制度，使这些资源变为排他性资源，并为它们分配产权。然而，这套公共资源的产权制度却产生了两个问题。其一是公

① 〔美〕赫尔曼·E. 戴利、乔舒亚·法利：《生态经济学：原理和应用》第2版，金志农等译，中国人民大学出版社，2014。

共资源一旦成为商品资源，也就成为有价值的资产。产权制度代表着财产原则，即一个人有权自由地干扰别人，或者自由地防止别人干扰。例如，一个人拥有一块土地，并有权去建造一个垃圾填埋场，那么这个填埋场的产权的拥有者可以自由运转填埋场、填埋垃圾，即便其会破坏邻居的生活体验，邻居也无权阻止。这就意味着产权的拥有者可以自由地在产权的范围内活动，只要他们支付足够的赔偿金。当他获得规定份额的排放许可证时，他的排污量只要小于许可证规定的最大值，就不会受到政府的惩罚，因此，几乎所有的排污企业的排污量都会尽量接近最大排污值，以获取最大的经济效益，而不会考虑环境方面的因素。其二是公共资源产权理论要求污染者赔偿那些受到不利影响的人。然而，对于公共资源而言，有些污染造成的伤害是产权拥有者无法在财务上付清赔偿的。比如，企业使用二噁英给小镇消除灰尘，但不知道二噁英的毒性，给小镇的几代居民都造成了难以预计的损失，企业无力赔偿。

政府在生态治理中必须处理生产规模问题，环境资源的可持续是人类未来赖以生存的基础条件。在讨论生态资源规模问题时，政府通常会遵从效率原则，从而达到市场对资源的帕累托最优配置，这个最优配置就是最大化地满足人类欲望。这种理想化的配置模式显然是乌托邦式的，它寄希望于扩大经济子系统的边界，将所有外部成本和效益内化于价格之中，直到它囊括整个生态系统。在计算环境产品价格时，因环境产品不能在市场上交易，所以政府赋予了环境产品“影子价格”。其最终目的是：生态系统中的任何东西，在其帮助或阻碍个人满足欲望的能力方面，都是可以相互比较价格的。20 世纪初，经济学家 A. C. 庇古开始努力解决环境外部性内部化的问题。庇古发明了一种简单的办法，即开征一种税，使税率等于外部成本，迫使破坏环境的经济主体将环境污染纳入经济成本内，从而创造一种平衡。庇古税从本质上为政府创建了一种环境产权，经济主体可以破坏环境，但是必须对污染造成的损失做出赔偿。虽然庇古税也不能精确地算出污染所导致的环境成本，但它可以有效降低环境成本，经济主体继续按照它们生产的每个单位的污染纳税，这意味着始终存在一种激励，这种激励表明税收是优于指令性管制的。但是，生态环境成本虽然可以内化于价格之中，从而进行所谓的公平分配，但这种将外部性内化于价格的模式是很容易被打破的。随着经济子系统的增长，虽然内部尺寸等比例变化，但生态系统本身并不会增大，经济系统相对于总系统而言，其所占比例会越来越大，自然资本相对于人造资本而言，将会变得越来越稀缺。如果按比例放大任何东西，那么将不可避免地改变非线性标量的大小。尽管配置效率被认为是实证的、可测量的，但实际上，当人类真的试图将与全球变暖有关的成本定量化时，会发现它超出了现代科学的计算能力，并且也不可能量化全球变暖对后代的影响，对全球变暖的贴现行为并不能改变后代人类享受稳定气候这一不可剥夺的权利。

政府－市场二元模式中最大的痛点在于公平分配，包括国家与国家之间的分配和个体与个体之间的分配。在经济全球化下，资本可以在国际市场上快速流动，理论上货币会流向有绝对生产优势的国家而远离没有生产优势的国家。在这个资源有限的地球上，发达国家的经济增长是通过掠夺发展中国家的不可再生资源实现的，这就意味着发展中的国家未来将无法利用这些资源以增加本国人民的福利。与此同时，资源的使用会相应产生大量的废弃物，良好的生态循环遭到极大破坏。这种情形让我们了解到了一个似乎被掩盖了的事实：大部分的发展中国家已经参与了全球化的贸易，他们开采自然资源作为出口的主要商品，并以销售这些资源作为他们收入的重要组成部分，其 GDP 从而得到增长。但是，当我们回顾收入的定义时，我们会发现，收入应该被定义为可以在一个时期消费但又不能影响下一个时期消费能力的数量，因此，发展中国家的出口收入在一定意义上不能算为收入。由于资源的大量流失，发展中国家的实际情况更为窘迫。政府－市场二元生态治理模式面对国际资源分配问题无能为力的最有力证据或许是碳排放的分配，正是绝对的经济增长导致了气候的变化和碳排放的增加，绝大多数的绝对增长毫无疑问流向了最富有的国家。而在国际会议上讨论限制碳排放的分配标准时，发达国家却将气候变化归咎于发展中国家（虽然它们在碳排放中获得了更多利益），发展中国家因此而承担的成本份额大幅增加。涉及个体之间的资源分配也一直是政府－市场二元生态治理模式的争议问题。首先，贫困的人们并不关心可持续性，他们的基本生活需要尚且无法得到满足，根本没有余力去考虑后代的资源是否够用，所以为了生存而工作的人们会被迫破坏土壤、砍伐树木、过度放牧和容忍过度污染；其次，拥有地球上 90% 以上资源的富人消耗了大量的有限资源，他们为了能够消费更多的奢侈品，而迫使后代生活在资源短缺的困境中；最后，从伦理学角度来看，人们拥有财富是因为他们劳有所获，政府不可能告诉那些为生存而打拼的人们，他们的权利必须继续遭受剥夺，以确保未来有可利用的资源。回顾政府旨在实现更公平分配的一些政策，这些政策希望既注重收入和财富，也注重市场商品和非市场物品。但是，从目前情况来看，大多数政策都是失效的。比如，政府试图为个人收入设定最高限额。政府希望整个社会都减少消费，以便使后代人像当代人一样，有相同的机会得到必要的资源，所以，许多国家的政府都制定了收入上限政策和一种税率很高的累进个人所得税，从而对某些人的收入进行直接的限制。然而，这种个人收入限额的政策往往达不到理想的效果，这种限制政策会对一些工作者产生负激励影响，也会让一些企业老板为了避税而缩小生产规模、减少就业岗位，产生一种恶性的循环；同时，在一些资本主义国家，限额政策真正影响的是那些中等富裕程度的人，对那些最富有的人并不产生影响，因为这些巨富的个人消费其实与普通收入的人差别不大，他们的钱大多用来集聚权力和提高地位，以巩固他们的垄断优势。

著名的“伊斯特林悖论”为我们解答了为何索取更多并不意味着幸福。按照伊斯特林的说法，收入水平提高，“人们的幸福感却出现了下降，即收入增长与幸福指数之间存在倒‘U’形关系”。[①] 对此悖论的解释是：收入的无限增多并不是最具幸福感的，相对收入尤为提升幸福感，一个国家的幸福度，不会因为国民收入增加而明显提高。在一些发达国家，居民幸福感水平越来越取决于获取资源之外的因素，包括公民权利、民主程度、社会公平以及生态环境，其中，生态环境无疑最受重视。不可否认的是，大多数发达国家都是通过牺牲生态环境来获取更多经济增长的，这在一定程度上提升了国民的幸福感；但从另一角度看，也正是生态环境的恶化损害了人们的健康，降低了幸福感。因此，收入的无限增多并不能为公民提供足够的幸福感，而优美的居住环境、公共资源的公平分配、干净且健康的食品源等因素在公民幸福感的影响因素中所占比重越来越大，这也就解释了为什么环保组织、企业、公民等非正式环保机构和个人希望积极参与到生态治理中。随着公民环保意识的逐渐提高，人们在自身生产、消费中对“公共资源”的使用更加审慎，更加注意对应有权益的维护，从而也产生了

① 叶林祥、张尉：《主观空气污染、收入水平与居民幸福感》，《财经研究》2020 年第 1 期。

更强烈的参与生态治理协商和对话的意愿，各方主体逐渐达成了生态道德共识，并在更深层次上影响和约束了环境行为方式。

从新中国成立至改革开放中期，我国的环境治理是以单一主体环境治理为主的。在新中国成立初期，我国施行的是中央控制型环境治理模式，这种模式的特点是由党中央统一调度，各级政府配合中央完成具体工作。从治理实例来看，这种模式在治理淮河等流域重大水患时效果显著，各级政府执行力强，可以在短时间内完成重大环境治理任务。改革开放初期，我国施行的是政府－市场二元环境治理模式，其主要特点是改变此前“头痛医头，脚痛医脚”的应急式治理，转变为“预防为主，治理为辅”的预防式治理。在这一阶段，我国环境治理能力大幅度提升，在政府主导的原则下同时兼顾了市场作用，让市场充分参与到环境治理中来，具体措施主要是征收环境税、发放排污许可证和引导企业自治。进入改革开放的新阶段（即新时代）以后，我国经济的高速增长所引发的复杂环境问题进一步凸显，特别突出的问题主要有两点：一是中国经济的增长十分依赖石油、天然气等不可再生能源，绿色能源的大规模使用还有待于技术的全面进步；二是我国环境治理面临着复杂的政治环境，发达国家长久把持“能源贸易”，以“美元”作为石油交易的结算货币，同时以“霸权政治”要挟我国加入发达国家所建立的“低碳体系”。在不利的环境治理格局下，我国亟须进一步改革现有的环境治理模式，充分释放所有主体的治理活力，让更多组织、个人参与到环境治理中。

多元主体参与生态文明建设的形式有以下四点。其一，政府主导、构建和推动非公组织和个人参与环境治理。由政府主导制定符合生态文明价值取向的政治制度。我国的社会主义性质决定了我国的生态文明建设是以人民的根本利益和长远利益为基的，政府要构建一套包括环境政治参与组织机构、环境政治参与形式、环境政治参与运行机制的多元环境治理体系，同时加快加强推进符合当前环境形势的生态文明法治化进程，严格依法行政，依法保护我国公民的环境权。其二，非公环保组织发挥协同作用，为社会提供环境公益性服务。非公环保组织是普通公众参与环境治理的重要民间机构，它的作用主要有四点。一是通过开展环保讲座、文艺演出、环境研讨会、展览等多种形式的环境保护宣传活动，提高公众的生态意识和环境保护观念，其内容包括但不限于保护生物多样性、低碳出行、有害物安全处理、节约能源。二是作为监督企业减排、环保部门环境执法的重要力量。环境政策要求企业减排与企业追求“利润”的目的相悖，所以在环境执法力量有限的情况下急需非公环保组织监督企业是否“偷排”，同时，环境执法过程中“权力寻租”的问题也时有发生，环保组织可借助媒体力量，对破坏生态文明政策落地的“寻租”行为进行“曝光”处理，推动环保执法部门依法履行职责。三是开展环境维权，帮助环境非正义的受害者获得法律援助。非公环保组织通常拥有专业的律师团队，可以帮助受到环境非正义对待的企业、公民排除法律障碍，对环境污染者和生态破坏者形成法律高压，促进环境正义的同时维护受害者利益。四是非公环保组织可利用其专业性帮助政府制定环境政策。非公环保组织大多为学术团体或研究型机构，会集了多领域的专家学者，可灵活发挥其自身优势，向政府提交环境法规咨询报告，为环境政策制定提供“一手资料”。其三，排污企业承担社会责任，发展稳态经济。排污企业是环境危害的“污染源头”，有责任也有义务选择环保属性的原材料、生产工艺、生产设备和终端产品，企业应切实贯彻有害物处理原则，推动自身转向“稳态经济模式”，培育自身生态文化。其四，社会公众拥有知情、监督和有效参与的权利。社会公众是环境保护的受益者，同时也是美好生活的建设者，因此社会公众应充分行使知情、监督权利，对不法企业和个人的违法排污、超标排污和恶意排污行为进行举报和曝光，此外，在环境政策或城市农村建设的实践中，社会公众有权利对环境政策草案、环评项目提出意见，同时也可以参加项目听证会、论证会，保障环保政策生根落地。

综上所述，我国的生态文明建设有赖于多元主体的共同努力，中国民间环保组织和个人为提升我国环境治理能力发挥重要作用。在环境治理中，以政府垄断为单一主体的治理模式已经不能适应新时代环境治理的新要求，随着中国市场经济的不断完善和我国公民环保意识的不断提升，建立起一支强有力的民间环保队伍是我国实现生态治理现代化的前提和保障。对于政府来说，如何调动民间环保队伍参与到环境治理行动中来，是一个必须研究的课题。

二　构建“人类命运共同体”，维护人类共同家园

温茨在对“天下一家”的解释中提到了“共同体”的概念。温茨对美国国际环境政策质问道：“难道我们为了战胜全球变暖而要求那些已经排放

较少二氧化碳的国家排放得更少，或者我们应该与那些排放最多的国家一起开始遵守？我们作为文化领导者与最大排放者的位置要求我们率先减少排放。”[①] 由温茨的话可以得出如下结论：其一，美国是世界文化领导者和最大排放者；其二，美国作为“领导者”有义务率先减少排放，且减少量级不应该与那些“排放总量较少的国家”或“排放量很大却仍处于发展阶段的国家”一样。客观地说，温茨所说的“美国是世界文化领导者”这一表述并不全面，而美国是20世纪排放总量最大的国家是一个基本事实，美国作为西方发达国家的代言人应该率先减排则更是一个国际社会共识。但与国际共识相反的是，美国曾多次退出包括《京都议定书》《巴黎协定》在内的国际环境保护协议，其根本目的还是维系本国经济增长，使美国能够在“能源贸易”的优势下继续维持霸权。

如何实现温茨所提出的“天下一家”构想？如何使全球环境治理在资本主义全球化所构建起的世界秩序中走向环境正义？如何修正霸权国家的单边主义？以上三个问题中国共产党在党的十八大上给出了明确的答案：要倡导人类命运共同体意识，在追求本国利益时兼顾他国合理关切。习近平总书记指出：“人类命运共同体，顾名思义，就是每个民族、每个国家的前途命运都紧紧联系在一起，应该风雨同舟，荣辱与共，努力把我们生于斯、长于斯的这个星球建成一个和睦的大家庭，把世界各国人民对美好生活的向往变成现实。”[②] 面对当今世界如此复杂的环境政治格局，“人类命运共同体”的提出真正让世界各国的繁荣发展与人类共同的福祉、命运联系在一起，为全球环境治理探索出一条可行的实践之路。具体来说，构建“人类命运共同体”对全球环境治理有三大贡献。

第一，“人类命运共同体”升华了“国家”在世界历史中的本质，实现了人的全面解放。黑格尔在对世界历史中的“国家”的描述中指出，“国家是一个存在者，具有实在性，个体在国家之中实现自己的自由，并能享受这种自由，但是其前提却必须是，个体知道、相信并欲求普遍”。[③] 黑格尔把“国家”当作个体实现自由的载体，个体在没有“国家”概念时，其主

① 〔美〕彼得·温茨：《现代环境伦理》，宋玉波、朱丹琼译，上海人民出版社，2007，第448页。

② 《习近平谈治国理政》第3卷，外文出版社，2020，第433页。

③ 〔德〕黑格尔：《黑格尔历史哲学》，潘高峰译，九州出版社，2011，第129页。

观意志就不是独立的（个人的情欲有限），他只能在个人的从属位置上满足个人的特殊目的和私欲，而当个体的实质生命或者说本质存在是个体的主观意志与集体的普遍意志的统一时，“国家”作为“伦理整体”就出现了。个体在国家内部，自由成为个体的对象，个体从国家那里实现了解放。但黑格尔也强调说：“这并不意味着，个人的主观意志要通过普遍意志得到贯彻和落实，后者仅仅是前者达成目的的一个手段。普遍意志也并不是人类意志的共同体，从而使所有个人的自由在这个共同体中都有所限制。”① 这就意味着人类个体与其他个体共同生活在地球上，但又由于对自由的偏好不同，他们无法在共同体中得到正面的满足，所以在黑格尔那里，“国家”本质上是一个“虚假”的共同体，无法成为人类共同发展的载体，只能驱使市民社会走向殖民主义，它的发展模式实际上是少数国家的“片面发展”。“人类命运共同体”概念的提出显然超越了黑格尔所说的“普遍发展”，它所指向的发展模式是“全面发展”，并不是为了满足某一国家的偏好或需要，而是为了促进全体成员的共同进步。“人类命运共同体”能够有效破除当今世界发展不平衡的现象，那些由发达资本主义国家凭借资本与技术优势所建立起的“资本共同体”无法实现人与自然的真正和谐，更加无法建立起真正的“共同体”全球环境治理体系。而中国共产党所提出的“人类命运共同体”能使人类社会摆脱西方中心全球治理的模式，改变“单边主义”所带来的“单向度的自由”，从而真正实现公正、平等、合理的“共同体”全球环境治理。

第二，“人类命运共同体”让不同政党、不同文明的意见得以共存。习近平总书记指出：“不同国家的政党应该增进互信、加强沟通、密切协作，探索在新型国际关系的基础上建立求同存异、相互尊重、互学互鉴的新型政党关系，搭建多种形式、多种层次的国际政党交流合作网络，汇聚构建人类命运共同体的强大力量。”② 构建“人类命运共同体”可以让世界多种文明形式共存，也就可以让全世界各个民族形成“共生性合力”。“国际社会虽然没有统一的政府，但是国际社会的所有行为体在社会生活的各个方面的互相往来和互相依赖却显示了多元共生状态。”③

---

① 〔德〕黑格尔：《黑格尔历史哲学》，潘高峰译，九州出版社，2011，第 130 页。

② 《习近平谈治国理政》第 3 卷，外文出版社，2020，第 435 页。

③ 金应忠：《试论人类命运共同体意识——兼论国际社会共生性》，《国际观察》2014 年第 1 期。

第三，“人类命运共同体”完善了全球治理体系，坚持了共商共建共享的全球治理观。习近平指出：“我们应该旗帜鲜明反对保护主义、单边主义，维护以世界贸易组织为核心的多边贸易体制，引导经济全球化朝着更加开放、包容、普惠、平衡、共赢的方向发展，在开放中扩大共同利益，在合作中实现机遇共享。”① 分析“经济全球化”导致“生态危机全球化”的具体原因，就必须追问以世界中心自居的发达国家所施行的“保护主义”“单边主义”经济政策和环境政策。由于环境问题的外部性特点，没有哪一个国家或者地区可以在环境问题上独善其身，全球气候变暖所导致的海平面上升同样会吞噬发达国家的“度假胜地”。因此，我们必须发挥“人类命运共同体”的引领作用，结束全球治理观从属“资本”的历史，构建起一种服务于全体人类的全球治理体系。

三　保护和发展“生态生产力”

温茨在论述“环境协同论”时指出：“我向人们昭示了珍视自然本身对人类的益处。尊重自然就增进了对人类的尊重，因而服务于作为群体的人类的最佳途径莫过于关心自然本身。”② 一些批评者评论说，他的这种观点是矛盾的，因为珍视自然必然意味着减缓人类发展，而人类发展又必须使自然屈服于人类。是的，从机械主义的观点看，大自然就是人类取之不尽、用之不竭的工具，一旦人类为了保护自然而停止索取自然资源，那么人类发展就必然会陷于停滞，因此人类为了自身发展就不得不加强对自然的控制，就像独裁统治者对“政治权力”的无限渴望一样。毫无疑问，这种把自然视为“工具”的观念影响了人与自然之间的关系，温茨也对此评论说：“当我们畏惧不受约束的政治权力时”，却热望着对自然的无限支配，“并把对自然的攫取称为‘进步’”。③ 遗憾的是，温茨并没有对“珍视自然以增加人类益处”做出进一步的说明，他只是从限制人类对自然的权利的角度证明了人类只有秉持非人类中心主义的观念时，才能限制支配自然的种种企图，从而缓和人与自然之间的紧张关系。在这一方面，习近平生态文明思想走在了温茨“环境协同论”

① 《习近平谈治国理政》第3卷，外文出版社，2020，第456～457页。

② 〔美〕彼得·温茨：《现代环境伦理》，宋玉波、朱丹琼译，上海人民出版社，2007，第262页。

③ 〔美〕彼得·温茨：《现代环境伦理》，宋玉波、朱丹琼译，上海人民出版社，2007，第263页。

的前面。习近平详细论述了生态文明不仅是人类对自然的保护和对人类权利的限制，更重要的是将保护自然同人类发展相结合，在人类发展中保护自然，保护自然能促进人类发展。2015 年 3 月，中共中央政治局通过了《关于加快推进生态文明建设的意见》，正式把“绿水青山就是金山银山”写进中央文件，这一理念也成为指导我国如何处理“发展与环保”问题的纲领性思想。

习近平总书记指出：“我们既要绿水青山，也要金山银山。宁要绿水青山，不要金山银山，而且绿水青山就是金山银山。”① 这一理念的提出揭示了经济发展与环境保护之间的重要联系，也阐释了保护生态环境实质上就是促进经济发展、保护生产力，环境保护事业其实就是在发展生产力。应该说，“绿水青山就是金山银山”这一理念的提出为人与自然和谐共生找到了新路径——发展“生态生产力”。相比较温茨的“环境协同论”而言，保护和发展“生态生产力”实现了以下三大创新。

第一，“环境协同论”强调“限制人类对自然的权利”，而“生态生产力”则是“以人民为中心”的。前文已经讨论过，“环境协同论”实质上是非人类中心主义的，它最关心的是动物、物种和生态系统所受到的不公正对待，并不关心人类的利益，它所创造的人与自然和谐共处只能是短暂的，其相处方式也是原始的，并不寻求人与自然的全面发展。“生态生产力”则完全不同，它首要关心的是“现实中的人”，强调保护环境就是保护民生，优美的环境是人民日益增长的美好生活需要。更为重要的是，虽然“生态生产力”也要求人类限制对自然的权利，但它所要求的是动员全社会以实际行动减少能源消耗和污染排放，并不是主动放弃发展。同时，“生态生产力”强调要以环境保护促进经济发展，坚持生态惠民、生态利民、生态为民，把优美的环境作为生态产品而吸引到更多经济资源和社会资源。

第二，“环境协同论”抵制科学技术，强调生态危机来源于技术革新；而习近平生态文明思想则坚持科技创新，要求以生态科技创新保护环境和满足人类发展的需要。“环境协同论者”相信，农业生产力的提高是由于化肥的大量使用，而土壤却因化肥遭到了损害，所以，农业技术的不断提升会降低生物多样性，并且剥夺原始农作方式的优势。“生态生产力”显然不

① 中共中央宣传部编《习近平新时代中国特色社会主义思想学习纲要》，学习出版社、人民出版社，2019，第 169～170 页。

同意回归原始的农作方式，它始终强调要加快科技创新和科学技术生态化的转型，因为只有不断提升我们对大自然的认识，掌握大自然规律，在“尊重自然、顺应自然、保护自然”的前提下运用科学技术（当然也包括农业科技），才能在使人类摆脱“粮食贫困”的同时也保护生态。习近平强调：“绿色发展注重的是解决人与自然和谐问题。绿色循环低碳发展，是当今时代科技革命和产业改革的方向，是最有前途的发展领域。”①

第三，“环境协同论”所珍视的“自然”实质上是“第一自然”，而“生态生产力”所保护和发展的则是“第二自然”。“环境协同论者”将生态危机归因于人类傲慢的“主子心态”，要求人与自然通过合作让被人类迫害的自然慢慢恢复，最终使人与自然的关系回归到原始状态（即“第一自然”）。“生态生产力”赞成人与自然应该合作，但这种合作绝不是竭泽而渔，更不应导致山穷水尽，而是重新审视人与自然的合作，把自然环境作为发展的新动能，让绿水青山成为自然财富、生态财富、社会财富、经济财富，这也就意味着“生态生产力”所强调的是保护和发展“第二自然”。“习总书记赋予‘两座山’以更加深刻的实践内涵，将对自然环境的态度置于人与自然协调发展的目标之内考虑，‘绿水青山’放置不理就只是自然的生态系统，不对人类社会发展具有太多的社会价值……也就是说由‘绿水青山’到‘金山银山’就是一个‘人化自然’的过程。”②

综合以上三点创新可以看出，由习近平总书记提出的“绿水青山就是金山银山”的理念重新定义了人与自然之间的和谐关系，由这一理念析出的“生态生产力”概念为解决生态环境领域的根本问题（即发展方式和生活方式的问题）找到了新出路。我们的发展绝不能只讲利用不讲修复、只讲索取不讲保护，同样，我们的保护也绝不能只讲恢复不讲民生、只讲优美不讲发展。可以说，以“绿水青山就是金山银山”这一理念为代表的习近平生态文明思想是习近平立足于治理实践和长期思考所提出的，“这一思想的诞生极大地增强了我国的生态文化建设，极大地丰富了马克思主义中国化的发展”。③

① 中共中央文献研究室编《习近平关于社会主义生态文明建设论述摘编》，中央文献出版社，2017，第28页。

② 赵建军、杨博：《“绿水青山就是金山银山”的哲学意蕴与时代价值》，《自然辩证法研究》2015年第12期。

③ 穆艳杰、韩哲：《中国共产党生态治理模式的演进与启示》，《江西社会科学》2021年第7期。

第六章　总结与展望

一　总结

彼得·温茨教授对环境正义理论的发展具有重大贡献，他运用多个学科的方法解析环境正义，涉及伦理学、法学、法哲学、生物医学、环境评估学等。他着重于环境分配正义理论的研究，关心利益与负担存在稀缺或过重时应如何分配的问题，他对多学科的融会贯通以及其文献视野的开阔性令学界印象深刻。但是，温茨所提出的环境分配正义，是“生态资本主义”的环境正义学说，他希望以一种温和的治理政策应对乃至解决当今世界所面临的环境非正义难题。纵览彼得·温茨环境正义论学说，本书可以得出如下结论。

其一，温茨基于反思平衡法所构建的“同心圆”理论框架对于环境正义理论（特别是环境分配正义理论）有重大意义，“同心圆”框架是在对德性分配理论、财产权理论、人权理论、动物权利论、功利主义、成本效益分析以及罗尔斯的正义论等正义诸理论的批判性分析中完成构建的。温茨的理论框架有效解决了人类在处理环境问题时该选择何种正义理论的问题，同时也创新性地提出了“以人际关系亲密度”来判断所应承担义务程度，这种方法极大地加强了“环境正义论”的适用弹性，让每一种正义论都可以在“同心圆”理论框架的作用下进行修正或是调和，最终形成了一种多元环境正义论。

其二，温茨是一名非人类中心主义、生态中心主义学者，他不仅关心人类所应拥有的正义权利，并且更加关心非人存在物以及无知觉环境所应拥有的权利。他完全同意深生态学、生态整体主义有关“内在价值”的观点，并以此为由提出“内在价值”应该包含在任何的多元环境正义论之中。因此，他要求人类尽其所能避免生态系统遭到破坏和物种灭绝，他相信

“尊重人类”和“尊重自然”具有某种协同作用，人类可以在发展与保护环境之间找到某种平衡。

其三，从温茨所支持的生态价值观和所构建的环境正义论学说看，他的观点从本质上是为了维护资本主义分配方式，并且相信一个人道的、社会公正和有利于环境的资本主义是可能存在的。资本主义分配方式发展至今，已经不再像早期资本主义那样通过对“剩余价值”的剥削和粗暴的“殖民主义”来完成对底层人士的不公正分配，而是通过一种更为隐秘的剥削方式——以资本和技术积累的优势，通过全球化分工对全球生态资源进行不公平占有、分配和利用。温茨虽然清楚地表达了对资本主义分配方式的厌恶，但他还是希望在不改变资本主义生产方式的前提下通过柔性的分配手段改变资本主义分配方式，要求个体或者国家（资本主义分配方式受益者）尽可能帮助或补偿遭受不公正分配的人和非人存在物。他的观点显然无法解决当下的环境非正义问题，因为“生态危机的根源在于资本主义生产方式”，改变资本主义分配方式仅仅可以延缓生态危机的发生，给“清洁的空气”、“诱人的风景”或“荒野”、“雨林”等自然资源贴上“价格标签”，不过是自欺欺人罢了。

彼得·温茨环境正义理论强调运用科学的方法解决环境非正义难题，并建构了“同心圆”环境正义框架作为选取正义理论的基础。实际上，中国的生态文明建设亦采用了与彼得·温茨“同心圆”环境正义框架相类似的反思平衡方法，中国在不同的历史阶段，不断总结历史经验，选取符合时代背景的生态治理模式。应该说，无论是彼得·温茨的环境正义理论，还是中国生态文明建设中的理论创新，都合理运用了反思平衡科学方法，并且都对具体生态文明实践具有指导作用。在不同的历史阶段，生态治理模式具有不同的运行机制，也显现出不同的生态诉求。戴维·哈维解释说：“巩固某种特殊的社会关系，道路之一便是生态改造，为维持这种改造，需要那些特殊社会关系的再生产。”① 中国始终坚持人与自然和谐共处的生态治理理念，在走向生态文明的道路上，中国的生态治理模式不断变革，生态治理逐步走向成熟。有鉴于此，有必要对中国生态治理模式的演进进行

① 〔美〕戴维·哈维：《正义、自然和差异地理学》，胡大平译，上海人民出版社，2010，第209页。

历史的分析，从不断积累的生态治理经验中提炼精华，从而满足人民日益增长的优美生态环境需要。

（一）基础阶段：政府－市场二元生态治理模式

1972 年，中国政府派出代表团前往斯德哥尔摩参加了联合国组织召开的人类环境会议，这次会议使中国第一次认识到了逐渐恶化的地球生态状况，并在随后的生态治理模式改革中借鉴了国外的成功经验。在周恩来、陈云等党和国家领导人的积极推动下，1973 年 8 月召开了中华人民共和国第一次全国环境保护会议，会议上集中讨论了我国环境保护和生态治理的若干问题，确立了“32 字方针”。从 1973 年起，我国陆续成立了国务院环境保护领导小组，出台了《关于保护和改善环境的若干规定（试行草案）》，国家计委、国家建委、国务院环境保护领导小组联合开展了关于治理工业“三废”的活动。可以说，从我国参加国际环境会议开始，我国政府为生态治理做出了许多积极的努力，但也由于缺乏治理经验和整体性的认识，我国生态治理的速度仍然远远落后于工业生产所带来的生态资源破坏的速度。而后，随着改革开放的到来，我国经济建设大踏步前进，中国这艘以社会主义市场经济建设为导航点的“大船”，对生态资源的消耗进一步增加，生态治理也成为国家治理的工作重点。

1978 年 3 月，我国首次将“国家保护环境和自然资源”的条款引入《宪法》中；1979 年 9 月，我国首部环境保护法——《中华人民共和国环境保护法（试行）》颁布并开始实施；1983 年，第二次全国环境保护会议召开；1989 年，第三次全国环境保护会议召开；等等。从以上史实可以看出，这一时期的中国已经迈出了生态治理改革的第一步，包括邓小平、陈云等中央领导同志在内的党的第二代中央领导集体高度重视生态治理工作，组织召开了几次全国性的环保会议，成立了环境保护工作的领导机构，对重点城市、重点领域都做了相应的工作安排。但是，由于这一时期的治理主体只有中国政府，生态治理手段还是不够灵活，治理形式表现出“头痛医头、脚痛医脚”的应急式治理特点，因此中国共产党人认识到必须让市场机制参与到生态治理中来。从 20 世纪 90 年代开始，党中央对生态治理模式进行了一次改革，从原来的点状治理、局部治理的政府一元生态治理模式迈入系统治理、科学治理的政府－市场二元生态治理模式。在增加市场机制这一点上，陈云同志在总结生态治理的经验和教训后，强调中国不能走“先污染，再治理”的老路。陈云在写给李鹏、姚依林等同志的信中说：“治理污染、保护环境，是我国的一项大的国策，要当作一件非常重要的事情来抓。这件事，一是要经常宣传，大声疾呼，引起人们重视；二是要花点钱，增加投资比例；三是要反复督促检查，并层层落实责任。”① 1996 年 7 月，第四次全国环境保护会议召开，明确了中国生态保护与污染防治并举的环境保护工作方向；1998 年特大洪水发生后，我国又发布了《全国生态环境建设规划》，明确了生态建设的奋斗目标、总体布局和政策措施；2000 年，国务院颁布了《全国生态环境保护纲要》，开启了生态功能保护的新篇章，纲要中要求，形成上下配套的生态环境保护与监管体系，提高对重要生态功能保护区的管护能力；2003 年，胡锦涛在中央人口资源环境工作座谈会上指出，要加快转变经济增长方式，将循环经济的发展理念贯穿到区域经济发展、城乡建设和产品生产之中，使资源得到最有效的利用，最大限度地减少废弃物排放，逐步使生态步入良性循环；② 党的十七大将建设生态文明作为全面建设小康社会的新要求，号召全党、全国加强能源资源节约和生态环境保护，增强可持续发展能力，建设“资源节约型、环境友好型”社会。

（二）成熟阶段：多元主体参与生态治理模式

经过一段时间的努力，在发展经济的过程中，我国生态治理工作也进入了新的阶段。

面对国内生态治理困境和复杂的国际生态政治环境，中国政府在总结前一阶段生态治理工作的基础上，认为政府 - 市场二元生态治理模式已经不能适应当前的环境形势，其原因有二。一是市场治理模式主张运用产权界定来解决“外部性”问题（科斯定理），但实际情况却是市场模式经常出现治理失灵，因为科斯定理至今无法解决诸如空气、臭氧层、后代人权益等无法界定产权的公共资源的分配问题，同时在给环境污染权定价的过程

① 《陈云文选》第 3 卷，人民出版社，1995，第 364 页。

② 本刊编辑部：《足印——中国共产党成立 95 周年回眸：生态文明建设篇（1950. 10 ~ 2008. 12）》，《重庆社会科学》2016 年第 5 期。

中也难以避免企业经营者为了赢得最大化利益而有意使边际成本曲线下移（降低污染的补偿费不如增大排污产生的效益高）；二是虽然加入政府干预更有利于对市场行为进行监管，但仅凭政府和市场这两个治理主体是不能有效统筹所有治理手段的，政府所掌握的环境信息资源有限、环境评价体系难以适应、府际治理难以协调、政府监管成本巨大、监管人员权力寻租等都是二元治理模式的痛点。由此，我们认识到必须打破政府和市场的二元垄断，只有寻求更多主体的参与和合作，才能使生态治理政策落地生根。

伟大的变革呼唤伟大的理论，创新的理论又必将推进新的伟大实践。党的十八大以来，以习近平同志为核心的党中央高度重视生态治理工作，坚持把生态文明建设作为统筹推进“五位一体”总体布局和协调推进“四个全面”战略布局的重要内容。习近平创造性地提出了“绿水青山就是金山银山”“良好生态环境是最普惠的民生福祉”“保护生态环境就是保护生产力”“要按照系统工程的思路，抓好生态文明建设重点任务的落实”“实行最严格的生态环境保护制度”等一系列新思想新举措，解决了政府－市场二元生态治理模式的转型问题，习近平在中央财经领导小组第六次会议上强调：“推动能源消费革命，不仅要成为政府、产业部门、企业的自觉行动，而且要成为全社会的自觉行动。”[①] 此后，中国共产党又在一系列文件和报告中对多元主体参与生态治理模式做出了规定。2015 年 4 月，《中共中央 国务院关于加快推进生态文明建设的意见》第二十三条指出：积极推进环境污染第三方治理，引入社会力量投入环境污染治理。第二十九条、第三十条、第三十一条又分别对提高全民生态文明意识、培育绿色生活方式、鼓励公众积极参与做出了说明。习近平在党的十九大报告中指出：“坚持全民共治、源头防治，持续实施大气污染防治行动，打赢蓝天保卫战。”[②]《中共中央关于坚持和完善中国特色社会主义制度 推进国家治理体系和治理能力现代化若干重大问题的决定》又强调了要完善群众参与基层社会治理的制度化渠道，发挥群团组织、社会组织作用，发挥行业协会商会自律功能，实现政府治理和社会调节、居民自治良性互动。2020 年 3 月下发的

① 中共中央文献研究室编《习近平关于社会主义生态文明建设论述摘编》，中央文献出版社，2017，第 117 页。

② 习近平：《决胜全面建成小康社会 夺取新时代中国特色社会主义伟大胜利——在中国共产党第十九次全国代表大会上的报告》，《党建》2007 年第 11 期。

《关于构建现代环境治理体系的指导意见》规定：坚持多方共治，明晰政府、企业、公众等各类主体权责，畅通参与渠道，形成全社会共同推进环境治理的良好格局。从党的十八大至今，多元主体参与生态治理模式达到了预期效果，中国共产党人陆续打赢、打好了蓝天保卫战、碧水保卫战、净土保卫战，在生态环保督查执法中，只2020年一年就受理转办了群众举报1.05万余件，[①] 生态环境质量在多元主体的共同努力下得到了总体改善。

进入新时代这一历史转折时期，习近平创造性地提出了“生态兴则文明兴”“绿色发展”“绿水青山就是金山银山”“人与自然是生命共同体”“保护生态环境必须依靠制度、依靠法治”等一系列观点，这一系列创新性观点可以统称为“习近平生态文明思想”。这一思想的创立，为我们党辩证地看待经济发展与生态治理的关系和从单一主体治理生态环境转型到多元主体共治提供了强有力的理念支撑。习近平生态文明思想以人与自然和谐共生为思想来源，提出“山水林田湖草是生命共同体”概念，以系统性和整体性思维寻求新的治理之道。习近平生态文明思想的核心在于由二元主体向多元主体转型，形成党委领导、政府主导、企业主体、公众参与的中国特色社会主义生态环境治理体系。习近平指出：“生态文明是人民群众共同参与共同建设共同享有的事业，要把建设美丽中国转化为全体人民自觉行动。每个人都是生态环境的保护者、建设者、受益者，没有哪个人是旁观者、局外人、批评家，谁也不能只说不做、置身事外。”[②] 综合来看，从“政府一元治理模式”到习近平所提出的“多元主体参与治理模式”，中国在生态治理实践中不断增进对生态治理模式改革的认识。从发展的角度来看，中国生态治理模式的不断变革就是一部“党领导人民从人与自然对抗到人与自然和谐共生”的历史大剧。

二　展望

彼得·温茨所支持的“环境协同论”实质上是介于西方“深绿”思潮和“浅绿”思潮的一种生态价值观，他既支持“深绿”所提出的“内在价

---

① 《2020中国生态环境状况公报》，https://www.mee.gov.cn/hjzl/sthjzk/zghjzkgb/202105/P020210526572756184785.pdf。

② 习近平：《推动我国生态文明建设迈上新台阶》，《求是》2019年第3期。

值论”，又没有完全按照“深绿”所要求的通过“社区自治和个人生活方式的变革”来实现环境正义，而是把希望寄托于“浅绿”的做法，即通过自然资源市场化方案（“同心圆”理论所要求的补偿）解决生态危机导致的环境非正义。应该说，温茨所提出的环境分配正义，是“生态资本主义”的环境正义学说。温茨希望以一种温和的治理政策应对乃至解决当今世界所面临的环境非正义难题，但是，即使这种方式对缓和双方（收益方和受害方）矛盾有一定效果，从长远来看，在所有发达资本主义国家中，那种致力于生态、市政和社会总体规划的国家机构或社团型的环境规划机制也是不存在的。有鉴于此，温茨的环境正义论是一种“修补论”生态文明理论，它并没有从生态危机根源入手解决环境问题，也没有以人民为中心分析环境非正义难题。所以，现阶段的人类必须找到一条“人与自然和谐共生”的未来绿色文明之路。

中国提出的“人与自然和谐共生的现代化”开拓了一条不同于生态资本主义的全新生态文明之路。当今世界正处于大变革、大调整、大动荡之中，世界上绝大多数国家都意识到了气候变化和能源问题是当前突出的全球性挑战，也同样意识到了当前阶段正是追赶先发国家或扩大经济优势的最好时机。因此一些西方发达国家企图利用“气候能源问题”输出西式价值观，并采用诸如“生态现代化”等绿色话语，设计有利于西方的生态政策和碳排放条款。然而，西式价值观是以抽象人性论为基础的，其宗旨是为西方发达国家的利益服务，打击其他竞争对手。与“西式价值观”之路不同，“人与自然和谐共生的现代化”之路昭示世界各国人民：通往未来文明的道路不止一条。任何国家、民族都不应该认为自己所选择的道路是一条“唯一道路”（其他国家别无选择，必须模仿跟随），更不应该把本国的“绿色发展”建立在他国的“生态灾难”之上。生态文明是人类文明的美好未来愿景。中国共产党人经过长期探索总结出：中华文明若要迈入生态文明，既不能只顾发展不顾环境，也不能只恢复生态放弃发展，我们要把生态摆到发展之路的突出位置，既要金山银山，也要绿水青山。进一步解释说，“生态文明”与物质文明、政治文明、精神文明、社会文明共同构成了人类文明新形态的基本要素。在“共时态”语境下的文明体系中，“生态文明”虽然是诞生最晚的一个，却与其他文明存在紧密的联系，“‘自然资源和生态环境在现代化建设中的基础性、保障性、普惠性作用’，决定了人与自然和谐共生现代化在中国式现代化新道路中起着基础性、支撑性、保障性的作用”。[①] 更具体地说，只有推动人与自然和谐共生，才能保障人与自然的物质交换过程，即保障全体人类都获得充足的生产资料（物质文明）；只有站在“人与自然和谐共生”的高度上谋求发展，才能保障人民群众的根本利益、切实利益、长远利益，因为生态环境是关系党的使命宗旨的重大政治问题（政治文明）；只有树立起“人与自然和谐共生”的生态价值观，人类才会回归“宁静、和谐、美丽”的自然之美、生命之美、生活之美，摒弃奢靡审美之风（精神文明）；只有实现了“人与自然和谐共生”的生态正义，“人与人之间生态资源的分配不公”这个根本问题才能得到解决，社会正义才能实现（社会文明）。

从当前的生态文明建设实践来看，生态文明建设既可以依靠市场机制，也可以依靠政府干预，但是这两者都存在失灵的可能性。因此，必须发挥“社会治理机制”，将其作为对“政府治理机制”和“市场治理机制”的有效补充，完善生态治理体系。运用多元主体协同机制可以培养区域内公民的“生态共同体”意识和生态道德意识，从而“形成节约资源、保护环境的空间格局、产业结构、生产方式、生活方式，为子孙后代留下天蓝、地绿、水清的生产生活环境”。[②] 具体来说，多元主体协作有三方面内容。

其一，多元主体协作模式促进了生态技术创新，拓宽了环保投融资渠道，为环境治理打开了新局面。关于生态保护和环境污染治理的科学机理研究和技术研发转化，长期以来都是生态治理中的核心，也正是因为污染处理技术的不断更新，才有了我国生态环境的明显好转。然而，传统政府干预治理模式的生态技术研究与转化，基本都是由政府的财政资金支持下的研究机构来完成，这些机构由于技术垄断，出现了高投入低成效的问题，同样也是因为生态技术研发的资金投入规模巨大，政府的财力也无法独立承担。对相关资料的不完全统计显示，“十一五”规划以来，我国针对水、大气、土壤、核辐射等相关研究投入多达 100 多亿元，但这些成果距离生态

① 耿步健：《人与自然和谐共生的现代化：习近平生态文明思想的核心与特色》，《探索》2023 年第 1 期。

② 中共中央文献研究室编《习近平关于社会主义生态文明建设论述摘编》，中央文献出版社，2017，第 20 页。

环境管理和治理应用的“最后一公里”却始终没有打通。[①] 另外，环保科学研究机构对市场走向明显预判不足，这使得很多技术成果不能直接落地，也无法满足当下的环境治理需求。因此，推动多元主体的生态技术合作，只有建立行之有效的技术服务交流平台，才能使技术成果转化落在实处。同时，鼓励社会资本进入环保领域，也能为政府解决资金难题。

其二，从发达国家的生态治理经验看，将多元主体引入生态技术投资、研发、转化、评估等领域，为改善生态环境做出了巨大贡献。在20世纪70年代中后期，发达国家的环保投资比例逐年上升，有些国家的环保投资甚至已占到国民生产总值的2%。[②] 后来鉴于基本的环境污染状况逐渐改善，环保投资趋于稳定。另外，发达国家的投融资运行体制也呈现多元化，政府在其中发挥组织作用，审批环保项目、规定付费、给予投融资政策优惠、提供银行贷款担保，民间资本或是通过政府的公开招标或是通过环保组织进入环保领域。多元化的投融资渠道保证了环保资金来源丰富，资金筹集、融通的各种市场化手段被加以利用。此外，市场化的环保运营机制也保证了资金的高效利用。在这个方面，美国的亚利桑那州凤凰城项目取得了成功的经验，其在公共环保事业民营化以后，年经费预算减少了1/2，工作人员减少了1/3，但其服务范围却增大了。由此可见，多元化的环保投融资渠道，不仅有助于有雄厚资金实力和技术领先的企业进入，还有助于推动环保服务规模化、专业化发展。

其三，从我国的生态治理现状来看，将多元化社会资本和技术全面引入环保领域，不仅十分重要，还十分紧迫。据统计，目前我国有约4万家环保企业，潜在的服务对象有近40万家规上工业企业，覆盖我国333个地级行政区，将在未来创造超过4万亿元的环保产业投资需求。[③] 但是，由于我们的环保投融资占比较低，资金的使用效率严重低下，且围绕产、学、研搭建的技术交流平台通常缺乏对技术落地应用层面的深度服务，所以我们的多元化生态合作难以汇聚资金、技术、专家、市场等要素，难以推动技术供需的有效会面。在投资主体方面，我国的环保投资严重依赖政府部门，

① 付军、任勇：《推动生态环境科技成果转化的对策研究》，《中国环境管理》2019年第5期。

② 孙冬煜：《环保投资增长规律及其模型研究》，《四川环境》2002年第3期。

③ 付军、任勇：《推动生态环境科技成果转化的对策研究》，《中国环境管理》2019年第5期。

企业投入较少，且本应作为投资主体的企业缺乏投资积极性，这也间接地造成了环境治理资金缺口大的问题。以垃圾处理为例，2002 年以前的垃圾处理设备基本上靠政府提供，环卫经费来源于地方财政，不少地区还未构建好运营投资偿还机制，没有建立起完善的垃圾处理收费制度，收费标准和收缴率较低，这给很多地方政府造成了极大困难，仅能勉力维持垃圾收集和运输。要改变我国长期以来以政府为主的投资和管理格局，必须创新融资手段，建立多元化融资体系，允许和鼓励社会资本、民间资本、外国资本采取独资、合资等多种形式，参与环境基础设施建设、营运和管理，以多元化的合作应对日益严峻的环境问题。

世界人民不断探索生态文明建设的行动指南和实践方略，期望在人口与资源、经济发展与生态环境保护等辩证关系中找到人类未来文明发展的突破口。进一步说，实现彼得·温茨所期许的环境正义，既需要全世界人民团结一致努力保护生态环境，更需要从对文明形态的解构中勾画出未来文明的生态图景。因此，下面我们尝试展望未来的文明形态。

（一）生态文明会是人类文明的未来形态吗？

从人类社会历史的大背景看，由于劳动生产力水平的不同，人类文明史大致被分为原始文明、农业文明和工业文明三个阶段。农业文明改变了原始社会简单的、以采集和狩猎为主的生存方式，通过农业技术革命生产出较易加工的农作物，提高了生态系统中可供人类消费的资源比例；工业文明则改变了农业文明的产业结构，并由此诞生了资产阶级，资产阶级以现代科技为手段大幅提高劳动生产率，疯狂开采地球资源的同时也带来了大量污染。于是，随着生态危机的不断爆发以及化石能源的逐渐枯竭，人类越来越意识到如今的工业文明已经走到了尽头，人类文明亟待转型，一种生态的文明成为必然。就如习近平总书记所说："生态文明是人类社会进步的重大成果。人类经历了原始文明、农业文明、工业文明，生态文明是工业文明发展到一定阶段的产物，是实现人与自然和谐发展的新要求。"①那么，我们从农业文明、工业文明走到了生态文明，"生态文明"这一文明

① 中共中央文献研究室编《习近平关于社会主义生态文明建设论述摘编》，中央文献出版社，2017，第 6 页。

形态到底是工业文明的延续还是一种新的文明形态呢？“人与自然和谐共生”的文明新形态又是如何形成的呢？

1. 文明形态的考察

“生态文明”一词来自对“文明”的拓展。而“文明”（civilization）一词源自拉丁文 civitas（城邦），起初是指受过教育的人或公民、市民，随着 18 世纪“启蒙运动”的兴起，文明的含义逐渐由个人转向了社会，法国启蒙思想家相对于“野蛮状态”提出了“文明”，旧社会代表着野蛮状态，技术进步、道德层次更高的新社会则代表着文明。一般而言，“文明的要素”大致被分为两大类，一类强调精神内容，另一类则更为强调物质内容。亨廷顿是强调文明精神内容属性的代表人物，他认为文明概念与文化概念实际上是共用一个主题。“文明和文化都涉及一个民族全面的生活方式，文明是放大了的文化。它们都包括‘价值观’、准则、体制和在一个既定社会中历代人赋予了头等重要性的思维模式。”[①] 具体解释说，一个文明是一个最广泛的文化实体，每一种文明都有着区别于其他文明的文化特征，这些文化特征既包括诸如语言、历史、宗教、习俗、体制等客观因素，当然也包括文明社会中的人的主观自我认同。布罗代尔则更为强调文明的物质内容性质，他把地域条件（包括土地、气候和人的衣食住行等）、社会条件、经济条件视为文明的基础，同时也承认文明包含着思维方式、宗教和价值观。马克思、恩格斯则进一步对文明的物质内容和精神内容做出区分，强调经济基础（物质）是上层建筑（精神）的基础，恩格斯指出：“马克思发现了人类历史的发展规律……人们首先必须吃、喝、住、穿，然后才能从事政治、科学、艺术、宗教等等；所以，直接的物质的生活资料的生产，从而一个民族或一个时代的一定的经济发展阶段，便构成基础，人们的国家设施、法的观点、艺术以至宗教观念，就是从这个基础上发展起来的。”[②] 由此，文明的基本要素逐步被学界概括为物质文明、政治文明和精神文明。1987 年，我国学者叶谦吉在全国农业问题讨论会上基于生态学的视角提出了“生态文明”的概念，叶先生认为，所谓生态文明就是人类既获利于自

---

① 〔美〕塞缪尔·亨廷顿：《文明的冲突与世界秩序的重建》，周琪等译，新华出版社，2017，第 25 ~ 26 页。

② 《马克思恩格斯文集》第 3 卷，人民出版社，2009，第 601 页。

然，又还利于自然，在改造自然的同时又保护自然。从以上论述可知，生态文明的概念是基于对“文明的构成要素”的分析而得来的，它代表着人类文明要素的一个方面，并与物质文明、政治文明和精神文明并列。

但是，对“文明”的讨论并不仅仅限于“文明的要素”，从人类改造自然的生产方式来看，人类文明经历了一个漫长的演进过程，亨廷顿更是强调说：“人类的历史是文明的历史。不可能用其他任何思路来思考人类的发展。”① 包括人类学家、哲学家、社会学家、历史学家在内，几乎所有理论学者都在试图划分人类文明的各个阶段，马克斯·韦伯、埃米尔·涂尔干、汤因比、威廉·麦克尼尔等众多学者探索文明的起源、形成、兴起、相互作用以及衰落和消亡，但真正影响文明形态划分的研究实际上是社会形态变迁的理论。早期古典政治经济学把经济关系确定为社会形态变迁的根本因素，斯图亚特在《政治经济学原理研究》一书中把人类社会发展分为三种形态。一是游牧经济形态，人们依赖自然的施舍自由捕猎，由此创造出一个天然自由的社会形态；二是农业经济形态，人们迫于人口增长的压力，不得不从事土地生产以结余更多的粮食，由此人与人之间产生了主奴式的强制关系；三是交换经济形态，资产阶级社会关系的确立意味着人们不再满足于粮食结余，由此诞生了标志着追求剩余产品的交换体系，通过商业的生产交换创造了一个全新的契约文明。此外，琼斯也表达过类似观点，他认为，当人类社会在文明和财富方面有了一定发展以后，就开始了农业向工业的转变，此时的国家管理权就落入了不同于地主的人手里，这类人就是资本家，农业经济形态下地主与佃农的矛盾就变为资本家与劳动者的矛盾，人类由此进入了资本主义文明形态。马克思在古典政治经济学的基础上提出了“生产方式”的理论，以生产力和生产关系、经济基础和上层建筑的矛盾来解释社会的发展阶段，在《〈政治经济学批判〉序言》中，马克思指出：“大体来说，亚细亚的、古希腊罗马的、封建的和现代资产阶级的生产方式可以看做是经济的社会形态演进的几个时代。”② 马克思后来又根据摩尔根的《古代社会》把“亚细亚的生产方式”确立为原始社会的最

---

① 〔美〕塞缪尔·亨廷顿：《文明的冲突与世界秩序的重建》，周琪等译，新华出版社，2017，第24页。

② 《马克思恩格斯文集》第2卷，人民出版社，2009，第592页。

后阶段，由此对人类社会形态的考察就被总结为原始社会、奴隶社会、封建社会和资本主义社会。在历代学者大量研究的基础上，学界根据不同社会形态的生产力水平把文明史划分为原始文明、农业文明和工业文明，1995年，美国评论家罗伊·莫里森在《生态民主》一书中首次将“生态文明”作为一种“文明形态”，并将其列为工业文明之后的一种文明形态。

综合以上分析可知，“生态文明”实际上可以在两种语境中表达。一种语境是“共时态”语境，它可以与物质文明、政治文明、精神文明并列；另外一种是“历时态”语境，它代表着人类所处的文明形态。所以，现今学界所讨论的“生态文明形态之争”是在“历时态”语境下进行的。

2. “后工业文明论”与“文明新形态论”之辨

在“历时态”的语境下，有学者提出生态文明只是一种生态化的工业文明形态，也有学者认为生态文明是一种新形态文明。具体来说，学界争论的焦点问题在于：生态文明究竟是一种介于工业文明形态与新文明形态之间的后工业文明，还是一种超越工业文明的全新文明形态？在此争论的基础上，学界分为“后工业文明论”与“文明新形态论”两种截然不同的观点。

汪信砚教授是支持前一种观点的，即“生态文明的‘文明新形态’论是难以成立的，生态文明不是也不可能是一种新的文明形态。所谓生态文明，其实就是生态化的文明，或者说就是使我们现有的工业文明生态化”。[①] 他的理由有三点。其一在于生态文明并不能成为一个独立的文明形态，区分文明形态的关键在于人类的生产实践活动，显然农业文明由农业生产所创造，而工业文明则由工业生产所创造，按照这种分类方式，人类有且只有两种文明形态，即农业文明与工业文明，生态文明只是对工业文明的一种补充式的改造；其二，工业文明永远不会过时，人类文明的起源和发展依靠的是物质工具对自然力的放大和延伸，现代科技的发明和应用就是这种物质工具，比如第一次工业革命中的蒸汽机、第二次工业革命中的电气技术和第三次工业革命中的信息技术，都是以物质工具的形式应用于人对自然界的改造，虽然在应用的过程中出现了大量污染和对地球的破坏，但那也只是人在改造自然过程中的负面影响，并不会阻碍工业文明的向前发

① 汪信砚：《生态文明建设的价值论审思》，《武汉大学学报》（哲学社会科学版）2020年第3期。

展，因而工业文明只会随着技术的变革永远地无限延伸下去；其三，生态文明的提法是随着生态治理技术的发明而诞生的，其本质也只是工业文明的一种延伸，无论是生态农业、生态工业还是生态生活方式都依托于所谓的绿色技术，生态文明的价值旨归并不是超越工业文明，而是使工业文明向低碳化、生态化发展，使工业文明的底色从“黑色”变为“绿色”。

在学界更为流行的“后工业文明论”是一种技术生态论的观点，强调处于工业文明中的人类需要重构一套生态性的观念与思维方式，以此来审视技术与生态之间的关系。技术生态论“认为技术是独立于社会的自主力量，能够从外部对社会施加影响并引起社会的变迁”。[①] 简要说来，技术生态论者承认工业革命所带来的技术变革给生态环境造成的破坏，但他们也相信只要保持技术发展的生态平衡技术革命同样也可以促进人与自然的和谐统一，因此人类并不需要迈向更新形态的文明，目前的人类的确处于并将长期处于以技术生态化维系地球健康的工业文明时代。他们的理由主要有两点。其一，技术本身就是人的外化，技术的本质在于其作为实现人类目的的手段。在工业文明的发展期和成熟期，资本主义将巨机器技术[②]作为实现人类最高目的的手段。在后工业文明时代，资本主义则不再盲目依赖巨机器，回归以人类生存和生活为核心的生命技术。如此工业文明就得以延续，人与自然之间的紧张关系也将得到缓解并最终回归原初状态。其二，地球上的有机生命体都存在着如“代谢”或“分解”、“吸收”或“排泄”、“生长”或“死亡”的两极状态，正反两极相互对抗也相互依存，任何一种状态过于强大则会失去这种平衡，因此为了维持生态平衡，人类必须不断地修正两极，所谓技术的生态化就是对资本主义工业文明巨机器技术进行修正并最终达到动态平衡。“开放时代的特征是动态平衡，而不是无限的发展；是平衡，而不是单方面的突进；是保护，而不是无节制的掠夺。”[③]

与“后工业文明论”不同，持“文明新形态论”观点的学者认为，工业文明已经成为过去时，生态文明成为当下人类文明的新形态。当然，支

---

① 孙恩慧、王伯鲁：《“技术生态”概念的基本内涵研究》，《自然辩证法研究》2022年第3期。

② 刘易斯·芒福德强调，以“效率－目标”为准则的资本主义制度可称为工业时代的巨机器，巨机器与现代科技的结合所形成的巨机器技术极大地提高了生产力，而巨机器技术的滥用也同样造成了生态危机。

③〔美〕刘易斯·芒福德：《技术与文明》，陈允明等译，中国建筑工业出版社，2009，第380页。

持“文明新形态论”的观点中也存有分歧，学界关于“何为生态文明”主要有三种不同意见。

第一，西方“深绿”思潮认为，人类的生活必然要与大自然发生冲突，人的行为也必然会对生态环境造成局部的影响，工业文明时代爆发生态危机的根本原因在于人类中心主义生态价值观的影响，任何存在于地球上的有机个体都是具有内在价值的，人类并不是万物的主宰，而只是有机个体中的一员。在深生态学看来，那种认为人只对主体负有义务的观点是犯了以偏概全的错误，这种错误源自人的“主体癖”，在“主体癖”的作用下，人类仅仅将目光投注于生态系统的后期成果（有心理能力的生命，除此之外的所有物种都被人降低为这种生命的奴仆），而真正的价值之母是生态系统。罗尔斯顿解释说：“自然系统的创造性是价值之母，大自然的所有创造物，就它们是自然创造性的实现而言，都是有价值的。”[①] 所以西方“深绿”思潮认为，在“深生态学”的影响下，“工业文明”的时代已经走到了尽头，一种由“深绿”思潮所构建的生态文明到来了，这个新形态的文明具有如下特征。一是坚持“自然价值论”和“自然权利论”，承认所有有机个体的内在价值（某个体所拥有价值并不因人的主观评价而存在，而是该个体的内在属性）。这就意味着生态文明并不仅仅是人的生态文明，所有具有内在价值的自然物都有权利通过对环境的主动适应来谋求自身的生产和发展，且人与其他非人存在物在相互依赖、相互竞争之中协同进化。二是在工业文明时代生产力得到了飞速发展，人口数量也随之急速膨胀，人口大爆炸导致了地球已达到承载力的极限，因而生态文明时代需要对人口进行限制。阿恩·奈斯解释说：人类生命与文化繁荣、人口的不断减少不矛盾，而非人类生命的繁荣要求人口减少。[②] 三是人类应当承担起保卫生态系统的义务，人与自然既是生命共同体，同时也是道德共同体。在地球上，人类是唯一具有客观地评价其他存在物能力的物种，所以也只有人能以宽广的胸怀关注所有生命个体，人应当扮演一个完美的生态道德监督者的角色。综合来看，“深绿”思潮所构建的新形态文明实质上是一种原始状态的自然

---

① 〔美〕霍尔姆斯·罗尔斯顿：《环境伦理学——大自然的价值以及人对大自然的义务》，杨通进译，中国社会科学出版社，2000，第 269 ~ 270 页。

② 〔加拿大〕A. 德雷森：《关于阿恩·奈斯、深生态运动及个人哲学的思考》，施经碧译，《世界哲学》2008 年第 4 期。

文明（或为荒野文明），他们要求尽可能地消除人类在地球上所改造的痕迹，让地球回归为田园牧歌式的第一自然，让人类回归为原始人，并要求人类成为其他非人存在物的道德代理人。

第二，有学者认为“生态文明”不可能成为一种生态化的工业文明，所谓的“黑色文明”也没有可能发展为“绿色文明”。理由在于：工业文明与生态文明在“自然观”上是相异的，工业文明的自然观是以“人对自然的改造”为核心的，工业文明的生产方式、生活方式以及发展模式都是由“征服论自然观”所决定的，而生态文明的自然观则更关注于人与自然的和谐共生，也就是说，生态文明的生产方式、生活方式以及发展模式是由“和谐论自然观”所决定的。因此，这部分学者所理解的生态文明是“人与自然和谐论”视域下的生态文明，其主要特征有三点。其一，与“深绿”思潮不同，“和谐论”虽然也认为所有存在物都有内在价值，却是反对“众生平等”的，强调人类的内在价值要高于非人存在物，如王凤才所说：“对非人类中心主义，尤其是其过分强调自然界的利益和自然事物本身的‘内在价值’的观点，是应该严厉批判的……自然事物本身的‘内在价值’与人类本身的‘内在价值’不在同一个水平线上，更不能因为自然事物本身的‘内在价值’而牺牲人类本身的‘内在价值’。”① 其二，“和谐论”坚决反对“生态文明”是“工业文明”的一种升级模式，且认为生态文明是超越工业文明的一种全新文明形态。“和谐论”所认为的“生态文明”，是一种将自然拟人化的文明形态，它突出生态文化的重要影响力，把人与自然的关系化为人与人之间的关系。所谓“升级模式”的工业文明，即通过工业技术、智能技术的发展推动人类的生产生活方式向低碳化、绿色化、生态化转型，从而实现克服或暂缓生态危机，但“和谐论”者认为，单一从技术改革方面对工业文明进行转型升级是绝无可能完全克服生态危机的，因为工业文明的资本主义发展模式从根本上是反生态的，工业文明的基础并不是“人的可持续发展”，而是“资本的可持续发展”，只有变革“追求统治自然的资本主义文化观”，才能克服生态危机，形成全新的文明形态。其三，“和谐论”既反对生态中心主义，也不完全支持人类中心主义，而是

---

① 王凤才：《生态文明：人类文明4.0，而非“工业文明的生态化”——兼评汪信砚〈生态文明建设的价值论审思〉》，《东岳论丛》2020年第8期。

强调作为全新文明形态的“生态文明”应是“弱人类中心主义”的文明形态。具体解释来说，生态中心主义过分强调非人存在物的内在价值，拒斥一切价值尺度的人类中心主义，忽略了人类需要和人类利益，造就了一个“反人道主义”的文明形态。而人类中心主义的生态文明理论应分为“强人类中心主义”和“弱人类中心主义”两种文明形态，所谓“强人类中心主义”，强调人在自然界的主导地位，不认可人对于自然界的改造是一种破坏行为，也不承认其他非人存在物的内在价值，“强人类中心主义”所构建的生态文明突出人的核心地位，保护生态的根本目的在于保护人类本身，绝不会为自然的可持续发展而牺牲人的利益。“和谐论”支持的是一种“弱人类中心主义”的文明形态，这一文明形态突出强调人对自然界的义务属性，反对个体本位和群体本位的人类中心主义（狭义的人类中心主义），支持“个体本位和群体本位 + 类本位”的人类中心主义（广义的人类中心主义）。①“弱人类中心主义”把“人与自然和谐共生”的基础设置为“人类美好生活的实现”。为了“美好生活”，人要向大自然的可持续发展进行妥协，但这种“妥协”是一种有限度的、单一方向的妥协（即人向自然妥协且自然无须向人妥协），最终形成符合人类长远利益的新文明形态。

第三，生态学马克思主义学者认为，资本主义为人类带来“工业文明”的同时也带来了生态灾难，生态危机的根源在于资本主义制度的缺陷。因此生态学马克思主义不再拘泥于生态价值观问题（人类中心/非人类中心），而是从人与自然关系的危机入手探讨人与人之间关于占有、支配和使用地球资源的危机，无论是人类中心主义价值观，还是非人类中心主义价值观，都会在资本主义制度和生产方式的作用下引发生态危机。所以，工业文明的生态化并不能通过生态技术的革新彻底解决人与自然之间的矛盾（虽然生态文明并不意味着否定工业文明所取得的历史成就），只有迈入新的文明形态（生态文明）才能实现人与自然和谐共生。

“后工业文明论”把“生态文明”视为工业文明的升级模式，“文明新形态论”则把“生态文明”视为一种不同于以往文明的全新文明形态。实际上，学界还有第三种声音：生态文明既没有超越工业文明，也没有依附

① 王凤才：《生态文明：人类文明4.0，而非“工业文明的生态化”——兼评汪信砚〈生态文明建设的价值论审思〉》，《东岳论丛》2020年第8期。

于工业文明，而只是贯穿于人类文明始终的基本要求。“生态文明存在着一个从原始发生到现实发生、从自发发生到自觉建设、从零星表现到系统呈现的过程。”[①] 也就是说，在人类历史发展的任何阶段，生态都只是文明的调控形式，任何一种文明形态只要采用了生态的生产方式，理性调控人与自然之间的物质变换，就会形成该文明形态的生态文明。综上所述，以上三种论点都从各自角度解释了“何为生态文明”的问题，也都做出了较为清晰的论证，但比较三种论点，“后工业文明论”与“生态文明贯穿论”均有较大局限，无法自证。第一，“后工业文明论”强调任何一种文明形态都是以物质工具的形式应用于人对自然的改造，只要人类继续发展生态技术，生态危机自然会得以解决，所以工业文明的时代还远没有结束。但是，如果只要发展生态技术就可以摆脱生态危机，那么缘何人类武器技术已经发展到21世纪，战争依然没有休止呢？如马克思所说，“不论是机器的改进，科学在生产上的应用，交通工具的改良，新的殖民地的开辟，向外移民，扩大市场，自由贸易，或者是所有这一切加在一起，都不能消除劳动群众的贫困”。[②] 如此看来，无论技术如何发展，在何种价值观或社会制度下使用技术都是关键，也就是说，资本主义生产的利润动机决定了生态危机的必然性。第二，在“生态文明贯穿论”论证中，“人与自然和谐共生”是贯穿人类文明史的，无论是原始文明、农业文明还是工业文明都曾经或正在调控人的生产方式或生活方式。从调控人与自然的关系角度看，的确，任何文明形态都会形成其特有的物质文明、精神文明、政治文明、社会文明和生态文明，但这里所说的“生态文明”与表述文明形态所说的“生态文明”是完全不同的概念。如前文所述，“生态文明”的概念有“共时态”和“历时态”之分，“贯穿论”所表达的生态文明是“共时态”的。不仅如此，“贯穿论”还忽略了一切社会的历史都是阶级斗争的历史，[③] 只有部落氏族首领、奴隶主、封建地主、资产阶级所生活的区域才是被调控的区域，而那些被压迫者（包括奴隶、佃农、无产阶级等）生活的区域从来都是“反生态”的，统治阶级的世界里只有对自然界和受压迫阶级的

---

① 张云飞：《面向后疫情时代的生态文明抉择》，《东岳论丛》2020年第8期。

② 《马克思恩格斯文集》第3卷，人民出版社，2009，第10页。

③ 《马克思恩格斯文集》第2卷，人民出版社，2009，第31页。

征服。第三，由前两点可知，任何过往的文明形态都不是一种“全人类的生态文明”，那么是否存在一个新的文明形态能够实现“人与自然和谐共生”呢？“文明新形态论”形成了三种不同的“生态文明”构想，人类该走向怎样的文明形态呢？问题的答案只能从文明形态史背景下“对工业文明的批判”中找寻。

3. 从文明形态变革史看工业文明的暂时性

在人类文明史上，人们通常把文明形态变革的原因解释为“生产力极大发展”，而马克思、恩格斯对文明形态变迁的理解则是更为具体的，他们从内在矛盾的角度来审视和解读生产力和交往形式的发展史，并以此来解释生产力的发展与私有制形式（分工）之间的对立关系所带来的“文明形态革命”。恩格斯关于文明的重要论断——“文明是实践的事情，是社会的素质”,[①] 揭示了“文明形态变革，就其本质来说，就是人的自由发展和社会结构变迁相统一的形态变革”,[②] 因此，每一次人的发展和社会形态的巨大变革都会引发文明形态革命，最终形成新的文明形态。

马克思在《德意志意识形态》中指出：“一切历史冲突都根源于生产力和交往形式之间的矛盾”，且“生产力与交往形式之间的这种矛盾……每一次都不免要爆发为革命，同时也采取各种附带形式，如冲突的总和，不同阶级之间的冲突，意识的矛盾，思想斗争，政治斗争，等等”。[③] 在此意义上，世界上各个文明之间（例如东正教文明与西方文明）的冲突都只是狭义历史概念下的冲突，而真正广义历史概念下的文明冲突实质上是前一文明形态的生产力与交往方式之间发生的冲突，从而导致了文明新形态革命。在原始文明时期，人类主要依靠狩猎、畜牧和简单耕作为生，生产力的不发达与自然形成的分工相适应，由此逐渐形成了父权部落所有制下的原始文明。随着生产方式的不断进步，极大提高了的生产力与自然形成的分工形式产生了激烈的矛盾，几个部落于是以契约的形式联合为一个国家或城邦（奴隶制的），而后又在军事制度的影响下过渡为封建所有制，使贵族掌握了支配农奴的权力，交往方式进化为统治阶级与生产者阶级之间的等级

① 《马克思恩格斯文集》第1卷，人民出版社，2009，第97页。

② 王庆丰：《重思恩格斯关于文明的论断》，《社会科学辑刊》2021年第3期。

③ 《马克思恩格斯文集》第1卷，人民出版社，2009，第567～568页。

制关系，农业文明得以发展。农业文明的发展使物质劳动和精神劳动的分工成为历史上最大的一次分工，城市与乡村开始分离。马克思指出："城乡之间的对立是随着野蛮向文明的过渡、部落制度向国家的过渡、地方局限性向民族的过渡而开始的，它贯穿着文明的全部历史直至现在。"[①] 于是，一个反对农村贵族统治的新的团体"市民"产生了，市民中的商人承担起了联系城与城之间的任务，城市之间的分工的直接结果就是工场手工业的产生，旧文明形态的农奴制交往方式不再适应工场手工业的迅猛发展，新的分工形式进一步扩大为生产与交往的分离，这也是资本主义工业文明之滥觞；资本主义工业文明并没有就此止步，18 世纪殖民主义商业交往所开辟出来的"世界市场"促使手工业进一步发展至第二阶段，迅速扩大的商业版图加速了资本的积累，大资产阶级诞生了；资本进一步集中并全部投入工业生产中，工厂大量采用机器生产以及实现了最广泛的分工，资产阶级社会大工业创造了交通工具和现代的世界市场，进入被马克思称为"大工业"的第三阶段。值得关注的是，资本主义工业文明的每一个阶段都伴随着生产力与交往方式的矛盾，"分工"这一人类文明诞生以来就存在着的交往方式一步步丧失了自然形成的性质，并把自然形成的关系一步步变成了货币关系。

与社会形态变迁同步进行的是人的发展，人的发展也被马克思分为三个阶段——原始的、完全自然发生的"人的依赖性关系阶段"，普遍的、多方面需求的、社会物质交换的"物的依赖性关系阶段"和人类共同的社会生产能力成为他们的社会财富这一基础上的自由个性的"个人全面发展阶段"。具体来说，人的发展的前两个阶段已经存在于人类文明史之中，第三阶段是马克思基于前两个阶段的考察所构想的未来阶段。在第一阶段，虽然人与人之间存在着某种联系，但这种联系却表现为某种规定性的人际关系。如原始文明中部落成员，他们并不是把自己当作劳动者，而是作为劳动共同体的成员；再如农业文明中的奴隶、佃农，他们也并不是独立的劳动者，而是作为奴隶主的仆人、地主的农奴或是种姓成员存在着，他们的地位并不与处于等级制顶端的人相同，而是同生产的无机条件及生产工具并列（与土地、牲畜并列）。在这一阶段中，人们的社会关系是以自然血缘或宗法关系为纽带的地方性联系，个人需要依赖于一个特定的共同体，表

① 《马克思恩格斯文集》第 1 卷，人民出版社，2009，第 556 页。

现为“人的依赖性关系”。在第二阶段，在主导性的交换关系作用下，人与人的关系被历史地颠倒为事物与事物的关系。一方面，从前文明形态中的规定性人际关系被打碎了（人的血统差别），个人可以独立地追求自由交往并在自由经济中交换商品；但另一方面，不断被神化的自由交换却让人际关系走向疏远，人不再关心人而只关心交换关系本身，人的发展走向片面化、畸形化，本是人际关系中介的货币关系成为主体，人与人之间的社会关系转化为物与物的社会关系，人的能力转化为物的能力。总结来说，文明形态变革内含社会形态变迁和人的发展，原始社会的部落所有制向奴隶社会和封建社会的等级制过渡，代表着旧形态的原始文明升级为新形态的农业文明，封建社会的等级制又在生产力和交往关系内在矛盾的作用下向资产阶级现代所有制过渡，与之同时进行的是人的发展从“人的依赖关系”向“物的依赖关系”过渡，于是爆发了文明形态革命，一种资本流通更快、分工更广泛、创造出大量生产力的工业文明出现了。

从以上论述可见，任何一种文明形态都不是永恒的，工业文明当然也不能例外，虽然资本主义发展的各个阶段都伴随着各自阶段的“生产力与交往方式的矛盾”，但这些内在矛盾都尚不足以成为文明形态变革的“导火索”，真正的导火索来源于人与自然之间的冲突，而点燃导火索的正是“资本主义工业文明”自身（后工业文明时代井喷式的生产力与私有制分工交往方式已不再相适应，表现为生态危机）。具体原因如下。第一，资本主义工业文明把人与自然的张力推到了极限。“资本主义的主要特征是，它是一个自我扩张的价值体系，经济剩余价值的积累由于根植于掠夺性的开发和竞争法则赋予的力量，必然要在越来越大的规模上进行。”[①] 资本主义工业文明的经济行为以利润增长为首要目的，所以要不惜一切代价追求增长，这种迅猛增长通常也意味着极速的能源消耗，如马克思所说，“资产阶级在它的不到一百年的阶级统治中所创造的生产力，比过去一切世代创造的全部生产力还要多，还要大”。[②] 而如今，在资本主义生产方式长达几百年的统治下，地球能源已显露枯竭趋势，化石能源所产生的“温室气体”已导

① 〔美〕约翰·贝拉米·福斯特：《生态危机与资本主义》，耿建新等译，上海译文出版社，2006，第29页。

② 《马克思恩格斯文集》第2卷，人民出版社，2009，第36页。

致大量冰川融化，如不能遏制全球变暖的趋势，一场更为可怕的生态灾难在所难免，由此看来，工业文明的发展模式对地球的破坏是不可逆的，人与自然的新陈代谢已濒临断裂。第二，工业文明的“生态资本主义”只能是一种妥协式发展模式。如“后工业文明论”所述，人类文明的起源和发展依靠的是物质工具对自然力的放大和延伸，生态危机必然会随着绿色技术的成熟得以解决。但事实并非如此，清洁能源技术越是进步，“大量生产、大量消费”就越是变本加厉，生态资本主义提出的“生态现代化”治理模式越是成熟，人类向大自然所排放的污染物也就越多。因此，当我们结合马克思“资本积累”的知识来分析生态危机时，我们就会发现“静止的”资本主义生产方式是不可能存在的，资本主义制度需要的是不断扩张，“生态资本主义”对生产和消费的干预只能是一种妥协。第三，人与自然的关系是人与人之间关系的纽带，资本主义工业文明异化人与人之间的关系。自然界并不是孤立运行的个体，它与社会的发展密切相关，在原始文明和农业文明时代，人与自然之间是一种从属关系，人类试图摆脱外在自然的支配，而工业文明则打破了自然的束缚，人成为自然的主宰。随工业文明而来的生态问题虽然表现为人与自然的矛盾，但根本原因却是人与人之间的关系出现了问题，马克思指出：“自然界的人的本质只有对社会的人说来才是存在的；因为只有在社会中，自然界对人说来才是人与人联系的纽带……因此，社会是人同自然界的完成了的本质的统一，是自然界的真正复活，是人的实现了的自然主义和自然界的实现了的人道主义。”① 所以，生态危机源自资本主义工业文明对人与人关系的异化，这种异化表现在三个方面。其一，单个人无法摆脱独立于他们之外的“物的关系”。劳动是维持人的肉体生存的手段，自然界一方面给人提供生活资料，另一方面也给人的劳动提供生产资料。但可悲的是，资本主义条件下的工人越是通过劳动占有外部世界，感性的外部世界就越来越不成为他的对象，也就越来越不给他提供直接意义的生活资料，工人把产品当作使自己富有的条件，而事实却是工人所生产的产品只能是他人富有和自己贫困的条件（个人的劳动不属于自己，属于别人）。其二，当人同自身相对立的时候，他也同他人相对立。人是类存在物，通过实践改造无机界、对象世界。与动物不同，

① 《马克思恩格斯全集》第42卷，人民出版社，1979，第122页。

人把类当作自己的本质，把自己同自己的生命活动区分开来，动物只在肉体的直接需要的支配下生产，而人的需要则是改造自然界。资本主义条件下，人被异化劳动夺去了他的生产的对象，夺去了类生活，所有人都只能与动物一样在“物”的驱使下劳动，人与自身之间、人与他人之间的关系也就变为物与物的交换关系。其三，人的发展停留在“物的依赖性关系阶段”，人与自然的矛盾会随着人对“物的依赖”而不断升高。如前文所述，人发展到“物的依赖性关系阶段”创造了工业文明，在这一阶段的人陶醉在无限扩张的生产力和物欲享受中，人无法分辨“谋生的生产”和“有生命的活动”，也无法分辨“物的消费”和“精神的、文化的消费”，人受商品拜物教、技术拜物教和货币拜物教的束缚，沦落为“精神动物”。如此，在“物”的作用下，人类不再追求更高的文明层次，对地球的洗劫也就永远不会停歇。综上所谈，资本主义条件下的人与人之间的异化关系是生态危机的根源所在，无产阶级与资产阶级的对立导致了人与自然的对立。在现今资本主义工业文明的社会结构下，社会形态变革和人的发展使人类文明全面进化，工业文明的不可持续性最终预言了资本主义必将灭亡。

“文明新形态论”提供了三种生态文明发展模式，这也就意味着学界提供了三种生态问题的政治哲学思路，讨论三种“生态文明”既是一个“何为生态文明”的问题，又是一个“生态文明何以构建”的问题。三种生态文明发展模式中，“深绿”思潮强调的是基于社会个体的生态伦理观变革，“和谐论”强调的是在变革资本主义制度的基础上采用环境友好的经济技术或生态治理手段，生态学马克思主义强调的是取代资本主义制度的生态社会主义变革。具体来说，“深绿”思潮的生态政治学思路是浪漫主义的，更是“西方中心主义”的产物。“深绿”思潮把生态问题归结于生态伦理问题，他们所认为的自然是一种未经人类改造过的自然，并把人与自然的关系对立起来，否定了人类作为自然的主体和中心地位。与此同时，“深绿”思潮还要求人类回归“荒野自然”，为保护自然权利而限制人类的发展，这就激化了发达资本主义国家与发展中国家在生态资源占有、分配和利用上的矛盾。一方面发达国家为了回归荒野，通过国际分工转移大量工业垃圾和高污染企业到发展中国家；另一方面发达国家又利用“碳排放权”限制发展中国家的工业化转型，指责发展中国家污染了地球，造成了当前的生态危机。因此，“深绿”思潮把“生态文明”看作西方发达国家独享的文明形态，其本质是一种“西方中心论”思想。与“深绿”思潮的乌托邦相比，“和谐论”则提出了生态文明建设的具体内容，更相信“生态文化”起到的作用（把“生态文明”看作“生态文化的文明”）。“和谐论”认为，生产力与生产关系都具有两个维度。生产力既是客观维度的，又是主观维度的。客观维度指的是它由自然界提供的生产资料、生产工具、生产对象构成，主观维度指的是其受文化实践活动影响的协作方式。生产关系同样具有双重维度。生产关系的发展受到价值规律、竞争规律以及其他资本主义规律等客观规律影响，更为重要的是主观的文化实践活动对生产关系的作用。文化建构了特定的剥削方式，例如企业文化对人力资源的重要影响，美国式的、以个体主义为核心的企业文化在中国、日本等东方国家并不适用。在“和谐论”者看来，文化同时作用于生产力和生产关系（作用于社会劳动），自然也就对人与自然的关系起到决定性作用。然而，以“生态文化”作为生态文明建设的主要内容显然忽视了生态文明建设的全方位性和系统性。生态文明建设是一个系统性的大工程，它包括生态经济建设、生态政治建设、生态社会建设和生态文化建设，任何一个环节的缺失或突出其中某一环节都会造成制度缺位。生态文化建设固然是这一系统性工程的一个重要方面，但“文化”只能作为生态文明形态的一个构成要素（精神文明方面），经济与民生（物质文明方面）亦是生态文明建设的关键所在。三种发展模式中争议最大的是生态学马克思主义的生态文明建设理论，争议的核心点在于生态学马克思主义的非建构属性。诚然，生态学马克思主义对资本主义制度的批判是科学的，它所关注的社会自然与社会关系之间的生态矛盾解释了生态危机的根源，更具体地说，工业文明体系下的资本主义制度使人与人之间的关系异化为冷酷无情的货币交易关系，在资本的繁殖性和扩张性作用下，环境资源的存量显然不能满足资本的胃口，资本的加速趋势则进一步加重了环境负担，资本主义打破了自人类史以来的平衡共生关系，人与自然之间的良性新陈代谢链条发生了断裂。相比于对生态危机根源的详尽挖掘，生态学马克思主义对生态文明的实践指向带有强烈的乌托邦色彩。实际上，虽然几乎所有生态学马克思主义学者都倡导建立生态社会主义，但他们对生态社会主义的构想是有差异的。一方面，他们都要求生态社会主义彻底变革资本主义制度，从生产目的着手使商品的交换价值从属于使用价值，倡导全人类放弃无节制的经济增长并从人的本性出发调控人与自然之间的物质变换过程。另一方面，他们的具体实践路径是有分歧的。例如，科威尔、奥康纳等人认为，马克思忽视了自然的内在价值和低估了自然在生产中的作用，生态社会主义除了要实现自然使用价值的回归，还要对内在价值进行合理利用，现实的社会主义国家对改革的推动仍旧是在支配自然的工业化中进行的，这样的社会主义只会使人类对增长的狂热愈演愈烈，因此现实的社会主义依旧彰显了工业化世界观中的科技乐观主义和生产主义的相关逻辑，无法拯救处于生态危机中的地球。所以，他们声称生态社会主义并不会在现有的社会主义国家中产生，而是产生于一个类似巴黎公社似的自由联合共同体中。这一“共同体”是由自由劳动者组成的，对生活必需品去商业化，政治上采取非暴力形式抵制全球化和军事化，联合其他生态中心组织实现生态自治。福斯特、柏克特、斋藤幸平等人驳斥了以上观点，重申经典马克思主义关于资本主义生态和社会批判的辩证法方法论是生态实践的基础，由马克思主义所指导构建的现实社会主义仍旧是生态社会主义的必经之路。他们强调人与自然是一个由代谢交互为中介的整体，任何生态问题都是由于这种新陈代谢断裂而产生的，所以福斯特等人的生态社会主义就要求人类修复新陈代谢断裂，建立“一种具有现实基础的理性生态学和人类自由——生产者联合起来的社会”。[①] 从上述生态学马克思主义学者的构想中可以看出，有关生态社会主义的讨论还处于不成熟阶段，主要理由有三点。第一，对生态社会主义的讨论不仅没有结合全球生态文明建设的实际困境，甚至“社会主义”的合理性也被部分学者否定了。其实无论是资本主义国家还是处于初级阶段的社会主义国家，直接地或仓促地进入共产主义都会导致社会的剧烈震荡和改革的失败，有效规范资本和市场的运行轨迹仍是生态文明建设必经之路。第二，科威尔等人提出的生态自治违反了全球生态治理一体化的基本格局。地方自治的前提是无政府主义，没有政府的统一部署和各国政府间的通力合作，仅凭 NGO 之间的松散联盟只会导致由资源分配不均而引起的新生态危机。第三，生态社会主义带有明显的“红绿”思潮特征，没有建构出符合各国实际的革命道路，特别是没有考虑到发展中国家所面临的“一手要

① 〔美〕约翰·贝拉米·福斯特：《生态危机与资本主义》，耿建新等译，上海译文出版社，2006，第 287 页。

发展，一手要生态”的双重困境。对于革命道路的建构者来说，革命主体、革命方式、革命成功后的社会基本制度都是生态社会主义实践的难题，离开了这些实践内容的革命构想只能成为一种愿景。从欧洲绿党的经验看，仅凭一腔热血所构建的绿色政治在全球能源格局变化的冲击下最终也向黑色能源妥协了。

（二）一种生态的人类文明何以构建

在工业文明发展面临困境的今天，人类已经踏出了构建生态文明形态的第一步。自《寂静的春天》的发表引发全球环境运动以来，即便西方国家明通过环保技术和转移高污染企业改善了本国环境，但全球变暖的事实让发达国家不得不回到谈判桌前与发展中国家一道签订气候协议。正如前文已经指出的，“工业化的生态文明”背后实质上是西方中心主义，学界的三种生态文明发展模式亦会遭遇现实的生态实践困境，发展中国家急需找到一条符合本国实际的生态文明之路。在全球环境治理的严峻形势面前，中国人民在中国共产党的领导下为世界人民开拓出一条社会主义生态文明之路，实践证明，这条路径已经在中国取得了显著成效。

中国始终坚持以科学体系作为生态文明建设的根本遵循和行动指南。科学体系承载了“科学性”与“逻辑性”两种属性。从作为形容词的“科学的”所具有的价值评判功能来看，“科学的”既检测了理论的“客观真实正确”，也验证了理论的“可行性”“适应性”“先进性”，一个“科学的”理论一定是通过观察实验等方法客观反映理论本身及其规律的，“科学的”体现了理论对实践的指导意义；从现有科学体系的基本特征来看，体系是内容的逻辑形式，也是人们意识到的内容的逻辑，体现了一个理论虽经历了一个演变过程，但其始终围绕着一个核心并统一于相同的内在逻辑之中。有鉴于此，中国的生态文明建设在以下四个方面取得了成功。

1. 中国生态文明建设的思维范式创新

托马斯·库恩在《科学革命的结构》一书中论述了思维范式对科学革命的指导意义，指出科学的理论所面对的对象并不是一些“僵死的事实”和“冷冰冰的数据”，而是有生命力的人和充满变化的可塑自然，这就意味着对科学规律的追寻需要像艺术一样不断重构解释客观世界的解释原则，思维范式则是创新解释原则的源泉。由此来说，“‘范式’是用来评价科学革命的标准和尺度”,[1] 把握科学体系需依托于思维范式的视角。从人类认识史和思想发展史的视角看，学界通常认为有两种理论研究的范式，一种是分析性思维范式，另一种则是整体性思维范式。分析性思维范式可以追溯到古希腊时期，古希腊哲学家德谟克里特提出“原子论”学说，他认为物质的本原（最小组成单位）是原子，原子本身是直接地被规定的，原子之间的相互排斥、冲击、碰撞产生了自然界。在古希腊哲学的分析性思维范式中，原子是自然界中的唯一实体，它在虚空中的运动（无论是强制的运动抑或是自然的运动）构成了全部思维的基础，任何多样性的事物或一切可感知的质的差别，都来源于原子在虚空中不同的排列组合。在“原子论”的影响下，分析性思维范式成为人类研究活动的主流范式，在启蒙运动时期，更高阶的“机械论”占据了自然观的主导地位，主张把世界想象为由相互割裂的机械构件所组成的巨型机器，要充分和完整地认识世界，就必须不断把世界分割为更为基础的部分（直到不能分割为止），只要把自然界最核心、最基础的构件分析清楚了，即可彻底地认识所有事物并解决一切问题。由此，分析性思维范式理论进入了鼎盛时期并长久统治了理论界。但是随着近代哲学辩证法思想的兴起，理论界认识到现象与物之间存在辩证关系，单纯的、主观的、分散式的自我意识活动并不能在本体论意义上通达物本身（即得到真理），由科学的思维范式所形成的理论就意味着其会在一定范围内按照一定秩序或内在联系形成一个整体。对此，黑格尔曾指出：“关于理念或绝对的科学，本质上应是一个体系，因为真理作为具体的，它必定是在自身中展开其自身，而且必定是联系在一起和保持在一起的统一体，换言之，真理就是全体。”[2] 由此看来，黑格尔把“整体性结构”作为科学思维范式的唯一标准，整体性结构中的每一部分都会作为全体中的有机环节打破它的特殊因素所给它的限制，从而构建出一个由无数个有机环节所组成的整体。然而，生硬地制造整体性体系必然会导致为整体而整体式的僵化，正如恩格斯所说：“由于‘体系’的需要，他在这里常常不得不求救于强制性的结构。”[3] 马克思、恩格斯认为，科学的思维范式

① 吴宏政：《21 世纪马克思主义世界历史观的叙事主题》，《中国社会科学》2021 年第 5 期。

② 〔德〕黑格尔：《小逻辑》，贺麟译，上海人民出版社，2009，第 71 页。

③ 《马克思恩格斯选集》第 4 卷，人民出版社，2012，第 225 页。

必然是深入人类历史和社会实践活动的，必然是以整个世界和人的发展为研究对象的。思维范式的科学性一部分是通过其“完整的结构”属性来表现的，更大的另一部分则是随着动态的社会历史发展不断演进的，实践是科学思维范式的叙事主题。

中国共产党经过长期思考，在马克思主义生态学和中华优秀传统文化的基础上建构了“人与自然和谐共生”的思维范式。一方面，“人与自然和谐共生”继承了马克思、恩格斯所创立的唯物史观思维范式。唯物史观认为，人是自然界的产物，自然界是人的无机的身体，因而无论是人的实践活动抑或是精神活动都要同自然界相联系，人靠自然界生活。马克思、恩格斯把自然界作为人类生存和发展的前提，更加强调人与自然关系的辩证统一性，认为人不仅仅是自然存在物，更是属人的自然存在物，人把自身当作普遍的因而也是自由的存在物来对待，这就说明了人类与自然界不可分割，属人的自然是人与人之间的纽带，人有“再生产自然界”的责任。另一方面，“人与自然和谐共生”也汲取了中华传统文化中所蕴含的“天人合一”思维范式。汉代思想家董仲舒在《春秋繁露》中说：“天人之际合而为一，同而通理，动而相益，顺而相受，谓之道德。”[①] 天、地、人三者乃是万物之本，人与自然的关系从一开始就是一个整体，人的活动应限于必要和顺乎自然的范围。“必要”是指达到某个具体有限的目标；“顺乎自然”是指按照时势和事物的本性，不强行要求。

中国生态文明建设对“人与自然关系”的理解没有止步于前人的思维范式，“人与自然和谐共生”思维范式进一步迈向了人类实践基础上的自然观和历史观的辩证统一，把“生态文明建设事关中华民族永续发展”这一重大时代判断融入了“人与自然如何实现和谐共生”这一根本问题中。党和政府在深入考察了人类起源和文明形态的演进历史后发现，人与自然是一种共生关系，当人类合理利用和保护自然时，自然将给予慷慨的回报，当人类粗暴掠夺时，自然将会反噬人类，人与自然和谐共处是人类生存在这个星球上的根基。习近平总书记指出：“越来越多的人类活动不断触及自然生态的边界和底线。要为自然守住安全边界和底线，形成人与自然和谐

① 董仲舒：《春秋繁露》，周桂钿等译注，山东友谊出版社，2001，第367页。

共生的格局。这里既包括有形的边界，也包括无形的边界。”[①] “有形的边界”与“无形的边界”的表述反映了“人与自然和谐共生”的思维范式打破了旧式的、片面的、只重眼前不计长远的修补型思维范式，取而代之的则是从客观事物的内在联系、全局角度以及系统论出发的综合型思维范式。

综上所述，“人与自然和谐共生”思维范式破除了“分析性”思维范式的机械自然观，实现了对人与自然整体性、系统性、共生性的把握，进一步拓展了马克思主义生态学和中国古代生态智慧的思维范式，为引导全人类走向与大自然的全面和解提供了中国智慧。

2. 中国生态文明建设的主题主线确立

所谓主题主线，简而言之就是理论研究的主要问题或对象。毛泽东曾指出：“问题就是事物的矛盾，哪里有没有解决的矛盾，哪里就有问题。”[②] 问题导向是理论与实践结合的载体，问题本身就是一个理论研究的主要对象，实践的发展是永无止境的，矛盾运动也就随之永无止境，旧的问题解决了，又会产生新的问题。新时代以来，面对持续的资源危机和环境危机，中国政府从整体层面研判国内外发展局势，系统谋划生态文明体制改革，使我国的环境状况实现了历史性的转变。在思考绿色发展的过程中，党和政府认识到在当前时代背景下，中国社会主要矛盾已转变为“人民日益增长的美好生活需要和不平衡不充分的发展之间的矛盾”，“美好生活需要”意味着人民群众要在宜居的生态环境中生产生活。因此，以“为什么建设生态文明、建设什么样的生态文明、怎样建设生态文明”为主题主线，中国生态文明建设深刻地阐释了为什么人民需要美好生活、人民需要什么样的美好生活以及如何带领人民实现美好生活。

关于“为什么建设生态文明”，古代文明的历史兴衰和现代文明的现实需求告诉我们，“生态兴则文明兴，生态衰则文明衰”。[③] 中国生态文明建设从三个方面阐释这一论断。一是历史上所有灿烂的古代文明都发源于生态优美地区，而历史上所有衰退的文明都在经历了不同程度的生态退化之后湮没于万顷流沙之下，所以延续中华文明的关键在于保护生态；二是我国

① 《习近平谈治国理政》第 4 卷，外文出版社，2022，第 356 页。

② 《毛泽东选集》第 3 卷，人民出版社，1991，第 839 页。

③ 习近平：《论坚持人与自然和谐共生》，中央文献出版社，2022，第 2 页。

环境保护面临着诸多困难，生态系统脆弱且各地区间环境质量发展不均衡，相比于其他地区的国家来说，中国建设生态文明的意愿更为强烈；三是由于我国的社会主要矛盾的变化，人民把绿水青山作为新需求的重要内容，所以“生态文明建设”表现为“最普惠的民生福祉”，功在当代，利在千秋。关于“建设什么样的生态文明”，中国生态文明建设从两种语境进行阐释。一是从“共时态”的语境看，“共时态”生态文明表示一种文明的要素，与物质文明、政治文明、精神文明、社会文明并列，强调生态文明既是物质文明和政治文明存在和发展的前提条件，又是精神文明和社会文明的重要组成部分，五大文明要素相互联系也相互促进。二是从“历时态”的语境看，它代表着人类所处的文明形态。人类陆续经历了原始文明、农业文明和工业文明，将走向一种更加关注“生态”的文明形态，这一文明形态超越了以往资本主义工业文明对“物的依赖”，走向了人与自然的全面和解，把人与自然的共同福祉放在首位。关于“怎样建设生态文明”，“实现美好生活”必须加强对“三个辩证关系”的认识。一是加强对“人与自然辩证关系”的认识，自然界既是人类的生命之母，又是人类实践的对象，因此人类虽然可以利用自然、改造自然，但与此同时也必须敬畏自然、尊重自然、保护自然，保护自然就是保护人类自身。所以“实现美好生活”的首要任务就是破除人类主宰自然的思想，在与自然的互动中生产、生活、发展。二是加强对“经济发展与生态环境保护辩证关系”的认识，长久以来人类为了追求高速经济发展致使生态环境遭受了严重破坏，之所以“发展与保护”之间难以协调，其本质原因在于没有把保护生态环境同自然资本增殖联系起来。习近平总书记提出了著名的“绿水青山就是金山银山”的重要发展理念，阐明了绿水青山与金山银山之间是一种既矛盾又统一的辩证关系，揭示了良好的生态环境本身就蕴藏着无穷的经济价值，指明了使“绿水青山持续转化为金山银山”的新路径。三是加强对“系统性治理与局部治理之间辩证关系”的认识，生态本是统一的自然系统，治理生态就好比我们在治理一种生态病，“这种病一天两天不能治愈，一副两副药也不能治愈，它需要多管齐下，综合治理，长期努力，精心调养”。[①]

---

① 中共中央宣传部、中华人民共和国生态环境部编《习近平生态文明思想学习纲要》，学习出版社、人民出版社，2022，第72页。

从以上论述可知，中国生态文明建设以时代问题为导向确立了鲜明清晰的“主题主线”。依托于“鲜明清晰的主题主线”视角，中国生态文明建设为全体中国人民实现美好生活指明了航向。

3. 中国生态文明建设的层次结构设计

层次结构是准确把握一种理论的特质的关键，也是一种理论区别于其他理论的基本依据。“任何一种理论都是有层次的，否则会出现逻辑的错位，导致理论对实践指导的断裂。”① 所以，把握科学体系需依托于层次结构的视角。经过多年理论探索，中国生态文明建设完成了顶层设计，建构了一套层次分明、结构严密的科学体系，凝练地阐释了科学体系的科学性、逻辑性。具体而言，应分为“核心思想”和“基本命题”两个层次。“核心思想”是科学体系的核心层次，也是科学体系树状逻辑结构的顶点；“基本命题”是科学体系的分支层次，也是树状逻辑结构的枝叶。作为一个学术研究对象，“中国生态文明建设”依靠其逻辑严密的层次结构，一方面为中国生态文明建设的主要权威文献提炼出一整套共同性核心概念和基本命题，② 另一方面为梳理解决“我国新时代生态文明理论与实践的具体问题”提供了理论支撑。

在当今世界生态文明理论之中，西方生态资本主义鼓吹建立一个可持续发展的资本主义绿色文明，他们着眼于超越末端治理的技术革新，希望借此摆脱传统的扩张式资本增殖模式，完成从传统资本主义到生态资本主义的转型。这就意味着西方国家选择了“浅绿”的生态治理模式，并以此为“核心思想”提出了诸如“生态现代化”“绿色资本”“绿色经济增长”“明智的规制”“全球环境管治”等基本命题。“浅绿”生态资本主义的核心思想是在现代民主政治体制和市场经济体制共同组成的资本主义制度的基础上建立一个以经济技术革新为手段的缓和性理论体系，该理论体系的核心是将“生态资源”和“生态产出”视为一种自然资本（货币化），并且将这种人为制造的自然资本纳入资本市场中，从而赋予“自然资本”价值。但生态资本主义的“货币化自然资本”存在着两点明显弊端，其一是

① 秦宣：《习近平新时代中国特色社会主义思想的主题、内容和逻辑结构》，《马克思主义研究》2020 年第 4 期。

② 张云飞：《习近平生态文明思想话语体系初探》，《探索》2019 年第 4 期。

作为“资本”的生态资源必然会纳入企业成本中，当经济收益小于“自然资本”所演化的成本时，企业将不可避免选择放弃“绿色”；其二是很难界定“生态产出”货币化数值，比如由于各个国家的自然资源分布不同，中东产油国的绿色能源成本可能会高于海洋国家。简而言之，生态资本主义的“核心思想”和“基本命题”无法克服资本主义生态文明逻辑起点下的资本逐利性和市场短视本性。

习近平高瞻远瞩地指出了“我们建设现代化国家，走美欧老路是走不通的，再有几个地球也不够中国人消耗”[①] 这一客观事实，因此与西方生态文明理论不同，中国生态文明建设的逻辑结构以“社会主义生态文明”为核心观念。习近平在党的十九大报告中指出，“我们要牢固树立社会主义生态文明观，推动形成人与自然和谐发展现代化建设新格局，为保护生态环境作出我们这代人的努力”。[②]“牢固树立社会主义生态文明观”强调了生态文明的社会主义属性，社会主义属性意味着中国生态文明建设具有三点特征。其一，社会主义生态文明以“人民性”为价值取向，“人民性”彰显了保护人民、依靠人民、造福人民的人民情怀。社会主义生态文明要求把“人民性”作为一切工作的出发点和落脚点，中国特色社会主义进入新时代，人民不仅有物质文化的需求，同时也对绿水青山提出了更高要求。其二，社会主义生态文明以实现“人与自然和谐共生”为价值旨向，内在地规定了“消除人与人的异化是摆脱生态危机的前提”。人与自然的矛盾并非来源于自然界内部，实质上是人类社会矛盾冲突的体现，生态危机并非工业生产和社会发展的直接结果，而是资本主义发展的必然结果。只有从解决社会问题出发，才能走上解决人与自然异化问题的正确道路，因此实现生态文明必须要从改造社会即消灭资本主义制度入手，消除资本主义人与人的异化，从而解决生态危机。其三，社会主义生态文明以全面建成“社会主义现代化强国”为中心任务，指明了生态文明是社会主义大发展的内在要求。党的二十大报告明确了中国共产党的中心任务是全面建成社会主义现代化强国，中国式现代化是人与自然和谐共生的现代化，这就意味着

① 中共中央文献研究室编《习近平关于社会主义生态文明建设论述摘编》，中央文献出版社，2017，第3页。

② 习近平：《决胜全面建成小康社会 夺取新时代中国特色社会主义伟大胜利——在中国共产党第十九次全国代表大会上的报告》，《党建》2017年第11期。

实现社会主义生态文明有赖于“社会主义现代化”的不断发展，社会主义制度才是适合生态文明的现实社会形态。

在“社会主义生态文明观”的指引下，中国生态文明建设大力推动理论创新、实践创新、制度创新，创造性地建构了一系列基本命题，从根本保证、基本原则、历史依据、核心观念、宗旨要求、战略路径、系统观念、制度保障、社会力量、全球倡议等方面对生态文明建设进行了全面系统的部署安排，可以总结为“十个坚持”。

“十个坚持”中，“坚持党对生态文明建设的全面领导”是生态文明建设的根本保证。中国共产党是带领中国人民走向中华民族伟大复兴的党，是为人民创造美好生活的党，也是生态文明建设的政治保障。新的《中国共产党章程》总纲中明确规定了“中国共产党领导人民建设社会主义生态文明”。“坚持生态兴则文明兴”是生态文明建设的历史依据，这一历史依据诠释了中国生态文明建设对人类文明历史趋势和辩证唯物主义世界观的深刻理解，系统地阐释了“生态环境兴衰”对我国历史以及人类历史的重要影响。“坚持人与自然和谐共生”是生态文明建设的基本原则，揭示了“生态环境没有替代品，用之不觉，失之难存”[①] 的道理。当人类合理利用自然时，自然会慷慨地回报人类，当人类无序伤害自然时，自然往往对人类进行无情的惩罚。“坚持绿水青山就是金山银山”是生态文明建设的核心理念，揭示了保护生态环境就是保护生产力，改善生态环境就是发展生产力的道理，既要从思想认识上看到绿水青山和金山银山绝不是对立关系，而是辩证统一关系，更要从具体行动上探索推广绿水青山转化为金山银山的路径，把生态优势转化为生态生产力。“坚持良好生态环境是最普惠的民生福祉”是生态文明建设的宗旨要求，揭示了生态文明建设的奋斗目标是实现人民对美好生活的向往。良好生态环境是14亿中国人民共同心愿，也是建设美丽中国的必然选择，改善环境就是改善民生。“坚持绿色发展是发展观的深刻革命”是生态文明建设的战略路径。坚持绿色发展就是坚持贯彻新发展理念，就是对生产方式、生活方式、思维方式和价值理念的全方位深刻革命，就是中国生态文明建设行动纲领的战略发展路径。“坚持统筹山水林田湖草沙系统治理”是生态文明建设的系统观念，揭示了生态环境

① 习近平：《论坚持人与自然和谐共生》，中央文献出版社，2022，第9页。

治理与保护的方法论。中国生态文明建设要从客观事物的内在联系去把握事物，要从全局角度认识问题、处理问题，从多重目标中寻找动态平衡。“坚持用最严格制度最严密法治保护生态环境”是生态文明建设的制度保障，揭示出“制度与法治”的引领与规范作用。环境保护中的问题大多来源于制度不严格、法治不严密、执行不到位等，因此必须将生态文明建设与制度建设、法治建设结合起来，完善制度配套，强化制度执行，以法治理念、法治方式构建起科学严密、系统完善的生态保护法律制度体系。“坚持把建设美丽中国转化为全体人民自觉行动”是生态文明建设的社会力量，揭示出“每个人都是生态环境的保护者、建设者、受益者”的道理。生态文明建设是全体公民的共同事业，任何人都不能只当评论家、批评家，而是要做推动者、践行者。“坚持共谋全球生态文明建设之路”是生态文明建设的全球倡议，揭示了中国在生态文明建设中期望携手世界人民共同构建“地球生命共同体”的决心。生态问题是全球性问题，必须以“全球生态合作”共建美丽世界，而不是搞单边主义独善其身。

综合来说，依托于层次结构的视角，中国生态文明建设不仅对新形势下生态文明建设的战略定位、目标任务、总体思路等做出了系统谋划，也标志着社会主义生态文明建设达到了新的高度。

4. 中国生态文明建设的话语表述创新

对于一个科学体系来说，思维范式的创新、鲜明的主题主线、逻辑严密的层次结构都是其内在属性，而外在属性则表现为其话语表述能否真正深入人心。法国哲学家米歇尔·福柯曾在题为《话语的秩序》的演讲中论述了“话语”所产生的强大社会力量，他把话语概述为真理、知识和权力的集中体现，话语是生活主体和对象能够相互交融的中介点，当把话语从说话者主体之中分出时，话语也就成为一种支撑社会实践主体的权势力量，最终形成了话语影响力。因此，充分把握中国的生态文明建设，必须深刻理解如何在理论与实践的不断结合中构建影响重大的话语体系，并通过广泛的宣传阐释工作扩大其理论的话语影响力与国际认同。

事实上，在建设萌芽期，中国生态文明建设力求学术话语、政治话语与群众话语相结合，以“标示性话语表达”推动话语内容的传播与接受。例如习近平在河北正定时主持制定的《正定县经济、技术、社会发展总体规划》强调："宁肯不要钱，也不要污染，严格防止污染搬家、污染下乡。"① "不要钱"与"不要污染"所表达的是"经济"与"环保"之间的辩证问题，"严格防止污染搬家"所表达的是防止"城乡生态治理不平衡"问题。习近平改变了以往"文件式表达"的话语风格，不仅使学术界和机关部门能领会，也使广大人民群众听得清、读得懂，这种富有亲和力和吸引力的话语表述让中国生态文明建设极大地提高影响力。在生态文明建设的探索阶段，这一阶段不仅诞生了"绿水青山就是金山银山"这一核心理念，生态经济转化、生态文化输出、创建生态省份和生态文明制度创新也有更为详细的解读话语。比如 2002 年 11 月习近平在浙江丽水调研时说："生态的优势不能丢，这是工业化地区和当时没有注意生态保护的地区，在后工业化时代最感到后悔莫及的事情……千万不要以牺牲环境为代价换取一点经济的利益。"② "不以牺牲环境为代价换经济利益"的表述既通俗易懂，又亮明了生态红线，用简单平实的语句勾画了后工业时代的弊病。再比如 2005 年习近平在湖州安吉余村考察时又说："下决心停掉一些矿山，这个都是高明之举。绿水青山就是金山银山。我们过去讲既要绿水青山，又要金山银山，实际上绿水青山就是金山银山。"③ 这一段话语表述既准确地诊断出生态问题的核心，又通过"由浅入深""从轻到重""从散到整"的句法论述了"经济发展与环境保护"的辩证关系，语惊四座的同时，平实易懂、深入人心。应该说，探索时期的中国绿色话语沿袭了一以贯之的言语风格，又在"平实"表述的基础上对中国生态文明建设的核心观点进行系统阐释。

进入新时代以来，中国生态文明建设进入了成熟阶段，并在以往"标志性话语表达"的基础上进一步完善了话语表述。"话语表述"与"社会主义生态文明建设"相对接使中国生态文明建设进一步深入人心、落地生根，也让"中国式生态治理理念"在全球生态治理格局中占据了重要一席。从

---

① 《习近平：不要"要钱不要命"的发展》，2016 年 3 月 18 日，央视网，http://news.cctv.com/2016/03/18/ARTIQysbZQnxtcqjBQRLglnV160318.shtml。

② 《美丽浙江新画卷——"八八战略"实施 15 周年系列综述·生态优势篇》，2018 年 6 月 29 日，浙江日报百家号，http://baijiahao.baidu.com/s? id = 1604569502059092580&wfr = spider&for = pc。

③ 中共浙江省湖州市委：《"绿水青山就是金山银山"的湖州实践》，2020 年 9 月 1 日，求是网，http://www.qstheory.cn/dukan/qs/2020 - 09/01/c_1126430043.htm。

传播效果上看，中国生态文明建设的“话语表述”在国内国际两个传播域都形成了巨大影响力。

具体而言，在国内传播域，中国生态文明建设的话语表述一方面针对资源约束趋紧、环境污染严重、生态系统退化等突出环境问题提出了明确要求，另一方面也为“生态文明建设”定下了总基调。例如习近平关于2013年第一季度经济形势的讲话中指出：“今年以来，我国雾霾天气、一些地区饮水安全和土壤重金属含量过高等严重污染问题集中暴露，社会反映强烈。经过三十多年快速发展积累下来的环境问题进入了高强度频发阶段。这既是重大经济问题，也是重大社会和政治问题。”① 这段讲话是在我国新时代初期“雾霾天气”和“城乡大面积环境污染问题集中暴露”的历史背景下说出的，中国生态文明建设对环境民生问题予以积极的回应，讲话直面当时我国反响最为强烈的突出环境问题，并指明解决环境问题务必要从经济、社会、政治等几个方面同时入手。再如习近平在全国生态环境保护大会讲话时说：“建设生态文明的时代责任已经落在了我们这代人的肩上。全党全国各族人民要紧密团结在党中央周围，齐心协力，攻坚克难，大力推进生态文明建设，为全面建成小康社会、开创美丽中国建设新局面而努力奋斗！”② “时代责任”的表述为生态文明建设定下了总基调，建设生态文明的任务不能再留给后代人，而是要抓住当前这个关键历史时期，咬紧牙关迈过“粗放性增长模式”这道坎，彻底解决生态环境问题。总的来说，在国内传播域，中国生态文明建设的“话语表述”系统论述了“生态文明建设的重大意义、理论内涵、未来愿景和重大战略部署”，既对群众关心的突出环境问题做出了“通识性”解答，也为全党全国各族人民阐释了中国共产党的生态文明理念。

在国际传播域，中国生态文明建设的话语表述在以下三个方面提升中国绿色话语影响力。一是以“构建人类命运共同体”推动全球气候合作。全球气候变化给人类文明带来了巨大挑战，保护大气环境、控制二氧化碳排放已在全世界范围内达成共识。然而，虽然国际社会于2015年通过了全

① 中共中央文献研究室编《习近平关于社会主义生态文明建设论述摘编》，中央文献出版社，2017，第4页。

② 习近平：《论坚持人与自然和谐共生》，中央文献出版社，2022，第22页。

球气候公约《巴黎协定》，但作为缔约国之一的美国在2017年基于本国利益宣布单方面退出，其他一些发达国家也受困于“零和博弈”思维，拒绝履行以资金支持发展中国家的承诺，致使全球气候合作陷入困境。在此背景下，习近平总书记在国际会议上多次强调人类是一荣俱荣、一损俱损的命运共同体，坚持多边主义，共建清洁美丽世界等倡议，使“人类命运共同体”概念在国际社会获得高度评价和热烈响应，包括联合国在内的多个国际组织在文件中写入“人类命运共同体”，充分体现了“人类命运共同体”理念已深入人心，中国绿色话语影响力显著增强。

二是以“共同打造绿色‘一带一路’”向全世界推荐中国绿色方案。习近平以其独有的、富有亲和力的话语向全世界传递中国绿色声音，倡议把“一带一路”建设成为开放之路、绿色之路、文明之路。在习近平绿色“一带一路”的倡议下，世界各国应者云集，中国通过建立智库网络、绿色企业联盟、南南合作计划等多个平台与非洲、南美、中亚、西亚等地区的国家展开绿色合作，一个个水电站、风力发电机组在世界各国拔地而起，让清洁与绿色成为现实。

三是以“双碳目标承诺”展示了一个负责任的大国形象。为了让全世界人民都看得到一个真实的中国，为了让那些“中国资源掠夺论”等妖魔化诽谤彻底消失，为了让世界各国政府都能领略到一个绿色开放的中国是如何深度参与全球环境治理，中国向全世界发出庄严承诺：“中国将力争二〇三〇年前实现碳达峰、二〇六〇年前实现碳中和。”[①] 双碳目标的承诺一字千钧、掷地有声，作为世界上最大的发展中国家，这一承诺既表明中国放弃了“以牺牲环境换取一时发展”的短视做法，也表明中国不会让步于单边主义，愿意担负起大国责任，与世界上其他国家一道构建起全球环境治理体系。中国所发出的庄严承诺收获了世界各国的一致肯定，增强了世界人民对中国人民的情感认同，也把中国人胸怀天下、主持公道、伸张正义的大国形象推广到世界的每一个角落。综上所述，中国生态文明建设的话语表述增进了人民群众对“生态文明建设”的理解与认同，表达了中国人对“美好生活”的现实愿景，极大地增强了“中国绿色声音”的话语影响力和国际认同。

---

① 习近平：《论坚持人与自然和谐共生》，中央文献出版社，2022，第277页。

从中国生态文明建设取得的成功和彼得·温茨对未来环境正义的构想中，我们可以看到，只有坚持多边主义，以“求同存异”的态度共建全球环境治理体系，才能真正实现人与自然之间的和谐相生，让生态系统得以休养生息，让世界上的每一个人都享有绿水青山。作为发达国家环境哲学家的彼得·温茨，可以怀着“批判”的态度为发展中国家和其他弱势地区所遭受的环境非正义对待积极发声，同时试图以“环境协同论”生态价值观和“同心圆”理论框架为指导思想，希望发达国家可以对解决环境非正义问题负有更多义务，帮助抑或补偿贫穷的发展中国家因不公正对待所受到的环境资源损失，这充分显示出温茨教授是一名国际主义者。他关注并探析了世界环境正义运动爆发的根源问题，且并不赞同所谓的“西方中心论”。对于作为发展中国家的我国来说，只有捍卫好本国的发展权和环境权，使中国的环境保护与经济增长同步进行，同时积极为其他发展中国家争取公平公正的发展空间，努力推动构建公平合理、合作共赢的全球环境治理体系，才是“大国环境治理之道”。应该说，温茨所主张的“天下一家”思想与我国所提出的“人类命运共同体”有相似之处，这两种思想都彰显了同舟共济、权责共担的命运共同体意识。

参考文献

一　中文文献

（一）专著

[1]〔德〕阿尔贝特·施韦泽著，汉斯·瓦尔特·贝尔编《敬畏生命——五十年来的基本论述》，陈泽环译，上海人民出版社，2017。

[2]〔英〕安德鲁·多布森：《绿色政治思想》，郇庆治译，山东大学出版社，2005。

[3]〔美〕奥尔多·利奥波德：《沙乡年鉴》，侯文蕙译，译林出版社，2019。

[4]〔加〕本·阿格尔：《西方马克思主义概论》，慎之等译，中国人民大学出版社，1991。

[5]〔美〕彼得·温茨：《环境正义论》，朱丹琼、宋玉波译，上海人民出版社，2007。

[6]〔美〕彼得·温茨：《现代环境伦理》，宋玉波、朱丹琼译，上海人民出版社，2007。

[7]〔美〕彼得·辛格：《动物解放》，祖述宪译，青岛出版社，2006。

[8] 陈学明：《生态文明论》，重庆出版社，2008。

[9]〔美〕戴维·哈维：《正义、自然和差异地理学》，胡大平译，上海人民出版社，2010。

[10]〔英〕戴维·米勒：《社会正义原则》，应奇译，江苏人民出版社，2001。

[11]〔英〕戴维·佩珀：《生态社会主义：从深生态学到社会正义》，刘颖译，山东大学出版社，2012。

[12]〔美〕丹尼尔·A. 科尔曼：《生态政治：建设一个绿色社会》，梅俊杰

译，上海译文出版社，2006。
[13]〔美〕丹尼斯·米都斯等：《增长的极限——罗马俱乐部关于人类困境的报告》，李宝恒译，吉林人民出版社，1997。
[14]〔美〕费雷德里克·杰姆逊、三好将夫编《全球化的文化》，马丁译，南京大学出版社，2002。
[15] 韩立新：《环境价值论》，云南人民出版社，2005。
[16]〔德〕汉斯·萨克塞：《生态哲学》，文韬、佩云译，东方出版社，1991。
[17]〔德〕黑格尔：《黑格尔历史哲学》，潘高峰译，九州出版社，2011。
[18]〔德〕黑格尔：《法哲学原理》，范扬、张企泰译，商务印书馆，1999。
[19] 郇庆治编《当代西方绿色左翼政治理论》，北京大学出版社，2011。
[20] 郇庆治主编《重建现代文明的根基——生态社会主义研究》，北京大学出版社，2010。
[21] 郇庆治：《自然环境价值的发现：现代环境中的马克思恩格斯自然观研究》，广西人民出版社，1994。
[22]〔美〕霍尔姆斯·罗尔斯顿：《环境伦理学——大自然的价值以及人对大自然的义务》，杨通进译，中国社会科学出版社，2000。
[23]〔英〕杰里米·边沁：《道德与立法原理导论》，时殷弘译，商务印书馆，2000。
[24] 雷毅：《深层生态学思想研究》，清华大学出版社，2001。
[25] 李惠斌、薛晓源、王治河主编《生态文明与马克思主义》，中央编译出版社，2008。
[26] 李世书：《生态学马克思主义的自然观研究》，中央编译出版社，2010。
[27] 刘仁胜：《生态马克思主义概论》，中央编译出版社，2007。
[28] 刘同舫：《马克思的解放哲学》，中山大学出版社，2015。
[29]〔美〕罗伯特·诺齐克：《无政府、国家与乌托邦》，何怀宏等译，中国社会科学出版社，1991。
[30]《马克思恩格斯全集》第46卷，人民出版社，2003。
[31]《马克思恩格斯全集》第30卷，人民出版社，1995。
[32]《马克思恩格斯全集》第1卷，人民出版社，1956。
[33]《马克思恩格斯全集》第46卷（上），人民出版社，1979。

[34]《马克思恩格斯文集》第5卷，人民出版社，2009。
[35]《马克思恩格斯文集》第7卷，人民出版社，2009。
[36]《马克思恩格斯文集》第8卷，人民出版社，2009。
[37]《马克思恩格斯文集》第6卷，人民出版社，2009。
[38]《马克思恩格斯文集》第4卷，人民出版社，2009。
[39]《马克思恩格斯文集》第1卷，人民出版社，2009。
[40]《马克思恩格斯文集》第2卷，人民出版社，2009。
[41]《马克思恩格斯文集》第3卷，人民出版社，2009。
[42]〔德〕马克思：《1844年经济学哲学手稿》，人民出版社，2018。
[43]〔美〕迈克尔·J. 桑德尔：《自由主义与正义的局限》，万俊人等译，译林出版社，2011。
[44]〔美〕南茜·弗雷泽、〔德〕阿克塞尔·霍耐特：《再分配，还是承认？——一个政治哲学对话》，周蕙明译，翁寒松校，上海人民出版社，2009。
[45]〔美〕乔·杜明桂、薇琪·鲁宾：《富足人生》，洪秀芳译，九州出版社，2002。
[46]〔美〕乔尔·科威尔：《自然的敌人 资本主义的终结还是世界的毁灭?》，杨燕飞、冯春涌译，中国人民大学出版社，2015。
[47]〔法〕让·雅克·卢梭：《社会契约论》，李平沤译，高等教育出版社，2018。
[48]〔美〕汤姆·雷根：《动物权利研究》，李曦译，北京大学出版社，2010。
[49]〔美〕汤姆·雷根、卡尔·科亨：《动物权利论争》，杨通进、江娅译，中国政法大学出版社，2005。
[50]〔美〕唐奈勒·H. 梅多斯、丹尼斯·L. 梅多斯、约恩·兰德斯：《超越极限：正视全球性崩溃，展望可持续的未来》，赵旭、周欣华、张仁俐译，上海译文出版社，2001。
[51]王韬洋：《环境正义的双重维度：分配与承认》，华东师范大学出版社，2015。
[52]王雨辰：《生态批判与绿色乌托邦——生态学马克思主义理论研究》，人民出版社，2009。

[53] 王雨辰：《生态学马克思主义与后发国家生态文明理论研究》，人民出版社，2017。
[54] 王雨辰：《生态学马克思主义与生态文明研究》，人民出版社，2015。
[55] 〔加〕威廉·莱斯：《自然的控制》，岳长玲、李建华译，重庆出版社，2007。
[56]《习近平谈治国理政》第3卷，外文出版社，2020。
[57] 解保军：《马克思自然观的生态哲学意蕴——“红”与“绿”结合的理论先声》，黑龙江人民出版社，2002。
[58] 〔英〕休谟：《道德原则研究》，曾晓平译，商务印书馆，2001。
[59] 杨耕等：《马克思主义哲学基础理论研究》，北京师范大学出版社，2013。
[60] 杨耕：《为马克思辩护 对马克思哲学的一种新解读》，北京师范大学出版社，2004。
[61] 〔德〕伊曼努尔·康德：《纯粹理性批判》，邓晓芒译，杨祖陶校，人民出版社，2017。
[62] 〔德〕伊曼努尔·康德：《道德形而上学原理》，苗力田译，上海人民出版社，2005。
[63] 余谋昌、雷毅、杨通进主编《环境伦理学》，高等教育出版社，2019。
[64] 俞吾金主编《国外马克思主义研究报告2008》，人民出版社，2008。
[65] 〔美〕约翰·罗尔斯：《正义论》，何怀宏、何包钢、廖申白译，中国社会科学出版社，2009。
[66] 〔英〕约翰·洛克：《洛克论人权与自由》，石磊编译，中国商业出版社，2016。
[67] 〔美〕詹姆斯·奥康纳：《自然的理由——生态学马克思主义研究》，唐正东、臧佩洪译，南京大学出版社，2003。
[68] 赵岚：《美国环境正义运动研究》，知识产权出版社，2018。
[69] 中共中央文献研究室编《习近平关于社会主义生态文明建设论述摘编》，中央文献出版社，2017。
[70] 中共中央宣传部编《习近平新时代中国特色社会主义思想学习纲要》，学习出版社、人民出版社，2019。

（二）期刊论文

[1]〔德〕阿克塞尔·霍耐特：《承认与正义——多元正义理论纲要》，胡大平、陈良斌译，《学海》2009年第3期。

[2]〔美〕艾伦·伍德：《马克思对正义的批判》，林进平译，李义天校，《马克思主义与现实》2010年第6期。

[3] 陈雨豪：《温茨同心圆理论关于责任与正义的价值取向分析》，《学理论》2020年第5期。

[4]〔美〕大卫·施朗斯伯格：《重新审视环境正义——全球运动与政治理论的视角》，文长春译，《求是学刊》2019年第5期。

[5] 高国荣：《美国环境正义运动的缘起、发展及其影响》，《史学月刊》2011年第11期。

[6] 韩立新：《美国的环境伦理对中日两国的影响及其转型》，《中国哲学史》2006年第1期。

[7] 韩立新：《自由主义和地球的有限性》，《清华大学学报》（哲学社会科学版）2004年第2期。

[8] 何秋：《环境正义的信息基础》，《社会科学家》2015年第2期。

[9] 郇庆治：《“碳政治”的生态帝国主义逻辑批判及其超越》，《中国社会科学》2016年第3期。

[10] 郇庆治：《西方生态社会主义研究述评》，《马克思主义与现实》2005年第4期。

[11] 黄爱宝：《走向社会环境自治：内涵、价值与政府责任》，《理论探讨》2009年第1期。

[12] 金应忠：《试论人类命运共同体意识——兼论国际社会共生性》，《国际观察》2014年第1期。

[13] 郎廷建：《论马克思的自然观》，《江汉论坛》2012年第9期。

[14] 李佃来：《马克思正义思想的三重意蕴》，《中国社会科学》2014年第3期。

[15] 林剑：《论马克思历史观视野下的社会正义观》，《马克思主义研究》2013年第8期。

[16] 刘杰：《反思平衡的环境正义论——彼得·温茨的〈环境正义论〉述

评》，《国外社会科学》2013 年第 1 期。
[17] 穆艳杰、韩哲：《环境正义与生态正义之辨》，《中国地质大学学报》（社会科学版）2021 年第 4 期。
[18] 穆艳杰、韩哲：《中国共产党生态治理模式的演进与启示》，《江西社会科学》2021 年第 7 期。
[19] 秦书生、王宽：《马克思恩格斯生态文明思想及其传承与发展》，《理论探索》2014 年第 1 期。
[20] 孙正聿：《辩证法：黑格尔、马克思与后形而上学》，《中国社会科学》2008 年第 3 期。
[21] 孙正聿：《历史的唯物主义与马克思主义的新世界观》，《哲学研究》2007 年第 3 期。
[22] 孙正聿：《历史唯物主义的真实意义》，《哲学研究》2007 年第 9 期。
[23] 孙正聿：《历史唯物主义与哲学基本问题——论马克思主义的世界观》，《哲学研究》2010 年第 5 期。
[24] 孙正聿：《列宁的“三者一致”的辩证法——〈逻辑学〉与〈资本论〉双重语境中的〈哲学笔记〉》，《中国社会科学》2012 年第 9 期。
[25] 孙正聿：《毛泽东的“实践智慧”的辩证法——重读〈实践论〉〈矛盾论〉》，《哲学研究》2015 年第 3 期。
[26] 陶火生：《多元承认视野中的生态正义》，《东南学术》2012 年第 1 期。
[27] 王聪聪：《超越“人类中心主义”——马克思的自然观与生态批判》，《云南社会科学》2012 年第 5 期。
[28] 王凤才：《从承认理论到多元正义构想——霍耐特哲学思想发展的基本轨迹》，《学海》2009 年第 3 期。
[29] 王素萍：《生态马克思主义与我国生态治理现代化》，《山东社会科学》2021 年第 8 期。
[30] 王新生：《马克思正义理论的四重辩护》，《中国社会科学》2014 年第 4 期。
[31] 王雨辰：《论生态文明的本质与价值归宿》，《东岳论丛》2020 年第 8 期。
[32] 王雨辰：《生态马克思主义研究的中国视阈》，《马克思主义与现实》

2011 年第 5 期。

[33] 王雨辰、游琴:《基于“反思平衡”方法的环境正义论——评彼得·S. 温茨的“同心圆”理论》,《吉首大学学报》(社会科学版)2016 年第 1 期。

[34] 王云霞:《分配、承认、参与和能力:环境正义的四重维度》,《自然辩证法研究》2017 年第 4 期。

[35] 吴照玉:《论分配正义的现代转型——从亚里士多德到苏格兰启蒙运动》,《江汉学术》2019 年第 4 期。

[36] 姚大志:《正义的张力:马克思和罗尔斯之比较》,《文史哲》2009 年第 4 期。

[37] 郁乐:《环境正义的分配、矫正与承认及其内在逻辑》,《吉首大学学报》(社会科学版)2017 年第 2 期。

[38] 张盾:《马克思与生态文明的政治哲学基础》,《中国社会科学》2018 年第 12 期。

[39] 张首先:《批判与超越:后人道主义和谐生态理念之构建》,《社会科学辑刊》2008 年第 4 期。

[40] 赵建军、杨博:《“绿水青山就是金山银山”的哲学意蕴与时代价值》,《自然辩证法研究》2015 年第 12 期。

(三)学位论文

[1] 陈红睿:《生态马克思主义的理性审视与现实价值》,博士学位论文,吉林大学,2017。

[2] 郎廷建:《论生态正义》,博士学位论文,武汉大学,2013。

[3] 李霞:《马克思主义生态正义观及其当代启示》,博士学位论文,中共中央党校,2018。

[4] 彭曼丽:《马克思生态思想发展轨迹研究》,博士学位论文,湖南大学,2014。

[5] 祁松林:《走向生态正义的自然概念和需要概念——反思威廉·莱斯生态学马克思主义的概念基础》,博士学位论文,吉林大学,2019。

[6] 申治安:《当代资本主义批判与绿色解放之路——本·阿格尔生态学马克思主义思想研究》,博士学位论文,上海交通大学,2012。

[7] 王希艳：《环境伦理学的美德伦理学视角——西方环境美德思想及其实践考察》，博士学位论文，南开大学，2010。

[8] 王小文：《美国环境正义理论研究》，博士学位论文，南京林业大学，2007。

二 英文文献

（一）英文专著

[1] Andrew Dobson, ed., *Fairness and Futurity: Essays on Environmental Sustainability and Social Justice* (New York: Oxford University Press, 1999).

[2] Chris J. Cuomo, *Feminism and Ecological Communities: An Ethic of Flourishing* (New York: Routledge, 1998).

[3] David Harvey, *Justice, Nature, and the Geography of Difference* (Cambridge: Blackwell Publishers, 1996).

[4] D. Gordon, *Steering a New Course: Transportation, Energy, and the Environment* (Washington, DC: Island Press, 1991).

[5] Jeremy Waldron, *The Right to Private Property* (New York: Oxford University Press, 1988).

[6] John Locke, *The Second Treatise of Government* (New York: Library of Liberal Arts, 1965).

[7] Julian L. Simon, *The Ultimate Resource* (Princeton: Princeton University Press, 1981).

[8] Karen J. Warren, *Ecofeminist Philosophy: A Western Perspectives on What It Is and Why It Matters* (Lanham, MD: Rowman and Littlefield, 2000).

[9] R. D. Bullard, *Confronting Environmental Racism: Voices from the Grassroots* (Boston: South End Press, 1993).

[10] R. Newman, *Love Canal: A Toxic History from Colonial Times to the Present* (New York: Oxford University Press, 2016).

（二）英文论文

[1] Arne Naess, The Deep Ecological Movement: Some Philosophical Aspects

(paper represented at Georage Sessions, Deep Ecology For 21st Century, Shambhala, 1995).

[2] Ramachandra Guha, "Radical American Environmentalism and Wilderness Preservation: A Third World Critique," in Andrew Brennan, ed., *The Ethics of the Environment* (Aldershot: Dartmouth, 1995).

[3] R. Bullard and G. Johnson, "Environmental Justice: Grassroots Activism and Its Impact on Public Policy Decision Making," *Journal of Social Issues*, 56 (3), 2000.

[4] Jodi L. Jacobson, "Abandoning Homelands", in Lester R. Brown et al., *State of the World* 1989: *A Worldwatch Institute Report on Progress Toward a Sustainable Society* (New York: W. W. Norton, 1989).

三　电子文献

[1] ABC MEP Annexes V4, "Universal Declaration of Human Rights (1948)," UN Human Rights Office, https://www.ohchr.org/Documents/Publications/ABCannexesen.pdf.

[2] The US General Accounting Office, "Siting of Hazardous Waste Landfills and Their Correlation with the Racial and Socio-Economic Status of Surrounding Communities," 1983, http://archive.gao.gov/d48t13/121648.pdf.

[3] 丁仲礼:《谈碳排放权不谈历史和人均，就是"耍流氓"》，观察者网，https://www.guancha.cn/dingzhongli/2021_06_07_593443_2.shtml。

[4]《5000多家本土企业不敌一个美国孟山都，这场饭碗之争不能再输了!》，凤凰网，https://finance.ifeng.com/c/82RQ0KspBgR。

[5]《习近平出席领导人气候峰会并发表重要讲话》，中国政府网，http://www.gov.cn/xinwen/2021-04/22/content_5601535.htm。

后　记

本书的写作目的在于系统阐释彼得·温茨的环境正义理论，并以此为我国生态文明建设提供理论借鉴和启示。

本书得到了吉林大学马克思主义学院的大力支持，穆艳杰教授、李桂花教授、于天宇副教授、马德帅、陈旭、胡建东、秦铭等老师和同学参与了本书个别问题的探讨。

当然，笔者对环境正义理论的探究还处于起步阶段，未来希望与国内外学界同人一道，为追求以人民美好生活为价值旨归的环境正义而不懈努力。

图书在版编目(CIP)数据

反思与重构：彼得·温茨环境正义论研究 / 韩哲著
. -- 北京：社会科学文献出版社，2023.8
ISBN 978-7-5228-2091-0

Ⅰ.①反… Ⅱ.①韩… Ⅲ.①环境科学-伦理学-研究 Ⅳ.①B82-058

中国国家版本馆 CIP 数据核字(2023)第 128176 号

反思与重构：彼得·温茨环境正义论研究

著　　者 / 韩　哲

出 版 人 / 冀祥德
组稿编辑 / 陈凤玲
责任编辑 / 宋淑洁
文稿编辑 / 卢　玥
责任印制 / 王京美

出　　版 / 社会科学文献出版社 (010) 59367226
地址：北京市北三环中路甲 29 号院华龙大厦　邮编：100029
网址：www.ssap.com.cn
发　　行 / 社会科学文献出版社 (010) 59367028
印　　装 / 三河市尚艺印装有限公司

规　　格 / 开 本：787mm×1092mm　1/16
印 张：14　字 数：227 千字
版　　次 / 2023 年 8 月第 1 版　2023 年 8 月第 1 次印刷
书　　号 / ISBN 978-7-5228-2091-0
定　　价 / 99.00 元

读者服务电话：4008918866